安装工程工程量清单计价与案例分析

周　耀　主　编
刘　军　副主编

化学工业出版社

·北京·

本书依据《建设工程工程量清单计价规范》（GB 50500—2008）、全国统一安装工程定额及有关规范手册的规定编写而成。全书共分六章，系统地介绍了建筑安装工程预算费用的组成、《建设工程工程量清单计价规范》的详细内容以及建筑安装工程工程量计算的规则，并且列举了工程量清单计价预算的实例。

本书建筑安装预算的内容包括电气设备安装工程，消防及安全防范设备安装工程，给排水、采暖、燃气工程和通风空调工程。在每章的前部分详细讲解有关预算的相关知识和识图方法。

本书对2008年辽宁省建设工程费用标准做了解释，所举的实例均执行了该标准，并使用了2008年辽宁省建筑工程计价定额库，采用2008版工程量清单计价方法进行计算。实例中的计算过程和输出方法使用了广联达预算软件。

本书可作为从事相关工程概（预）、结算造价师（员）和工程管理人员的参考用书，也可以作为大中专相关专业的教材使用。

图书在版编目（CIP）数据

安装工程工程量清单计价与案例分析/周耀主编. —北京：化学工业出版社，2010.7
ISBN 978-7-122-08747-8

Ⅰ. 安… Ⅱ. 周… Ⅲ. ①建筑安装工程-工程造价
Ⅳ. TU723.3

中国版本图书馆 CIP 数据核字（2010）第 101801 号

责任编辑：董　琳	文字编辑：糜家铃
责任校对：周梦华	装帧设计：周　遥

出版发行：化学工业出版社（北京市东城区青年湖南街13号　邮政编码100011）
印　　装：三河市延风印装厂
787mm×1092mm　1/16　印张18¼　字数529千字　2010年9月北京第1版第1次印刷

购书咨询：010-64518888（传真：010-64519686）　售后服务：010-64518899
网　　址：http://www.cip.com.cn
凡购买本书，如有缺损质量问题，本社销售中心负责调换。

定　　价：48.00元

前　言

随着我国经济的迅猛增长，工程建设行业得到了突飞猛进的发展，工程建设模式也逐步同国际接轨。工程量清单计价是工程价格管理体制改革与完善的重要组成部分，也是国际上通行的一种计价方式。工程建设造价的计价方法和模式的最终目标是建立以市场形成价格为主的价格体制，这既是建设工程工程量清单计价规范的任务，也是建设工程造价模式和方法在市场经济发展下的必然结果。

2003年2月17日，原建设部发布了国家标准《建设工程工程量清单计价规范》（GB 50500—2003），规范从2003年7月1日开始实施，标志着工程建设预决算方法由原来的国家定价的定额法向由市场定价的工程量清单法转变的开始。从这以后，我国逐步建立起了以工程定额为指导，市场形成价格为主的工程造价机制，这种机制在工程建设和经济发展中起到了很大的作用。

虽然国家标准《建设工程工程量清单计价规范》（GB 50500—2003）在工程建设中起了很大的作用，但是随着工程量清单法计价方法广泛和深入的使用，其本身逐步暴露出了一些缺点和不足。为了完善工程量清单法计价方法，使广大的工程管理人员更好地使用该方法，在补充和总结《建设工程工程量清单计价规范》（GB 50500—2003）的基础上，原建设部发布了国家标准《建设工程工程量清单计价规范》（GB 50500—2008），并自2008年12月1日起开始实施。

新规范对老规范的缺点和不足进行了修改和完善，补充了很多新的规定，把建设工程造价由原来的工程建设前的概预算扩展到工程建设的始终，直至验收交工，新规范都发挥作用。

随着《建设工程工程量清单计价规范》（GB 50500—2008）在全国建设市场的贯彻执行，有关《建设工程工程量清单计价规范》（GB 50500—2003）版本的工程量清单计价的相关教材和参考书逐渐不适用新的规范要求。为了帮助广大造价人员更好地理解《建设工程工程量清单计价规范》（GB 50500—2008），提高他们对新规范的理解能力，适应新规范的要求，总结实际工作中的经验，提高计价的能力和技巧，掌握实际工程中针对性较强的问题，作者严格以《建设工程工程量清单计价规范》（GB 50500—2008）为基础，编写了本书。

本书中收录了比较全面的资料和实例，包括建筑安装工程制图图例、制图符号、工程含义表示方法以及各种安装工程的材料规格等，使造价人员能迅速和方便地学习和掌握工程量清单的编制和计价方法。

本书的主要特点如下。

（1）详细讲解了我国建设工程费用的组成和工程概预算的形式和分类，全面讲解了《建设工程工程量清单计价规范》（GB 50500—2008）和全国统一安装工程定额的工程量计算规则，参考和吸收有关工程量清单计价方法的其他书籍中合适的内容。

（2）采用大量的图表，对有关工程造价的相关知识进行全面细致的讲解，并注意理论的深度和预算员应该所学的范围，配以最新的清单计价案例进行讲解。

（3）由于现阶段全国大部分省份还依然采用定额来作为工程量清单报价的基础，所以本书把全国统一安装工程定额工程量计算规则与建设工程工程量清单计价规范工程量计算规则对比来讲解，这样更能符合我国现阶段的实际情况，反映了我国现行工程计价管理方面特点和要求。

（4）在内容结构上，本书每章首先讲解有关造价的预备知识，包括建筑安装工程的有关技术知识，以及该类工程施工图的识读和计价要用到的各种参考资料、公式和数据，为下一步预算打下基础。

（5）注重理论与实际相结合，内容全面，举例新颖恰当。

在本书的编写过程中，得到了有关部门、专家和造价师的帮助和支持。沈阳建筑大学的吕美和鲁迅美术学院的杨帆编写了有关工程识图的内容。沈阳市财政局工程预决算审查中心的陆德斌提供了工程实例，并参与了部分的编写工作，汪爽同志提供了政策法规资料，在这里向他们的支持和帮助表示感谢。

由于作者的水平能力有限，书中不妥及疏漏之处在所难免，恳请同行专家和广大读者批评指正。

编者

2010年5月

目　录

第一章 概论

第一节 工程建设的概念

工程建设是构建或扩大固定资产的活动，它是通过投资决策、计划立项、勘察设计、施工安装和竣工验收等阶段以及其他相关部门的经济活动来实现的，最终形成满足特定使用功能和价值的建设工程产品，其内容有建筑工程、设备购置、安装工程以及其他建设工程等。

工程建设项目包括基本建设项目和更新改造项目。基本建设项目包括新建、扩建等扩大生产能力的项目。更新改造项目则以改进技术、增加产品品种、提高质量、治理三废、劳动安全、节约资源等为主要目的。

基本建设是一种宏观的经济活动，既有物质生产活动，又有非物质生产活动。同时，基本建设也包含了微观经济活动内容，例如建设项目的决策、工艺流程的确定和设备选型、生产准备、征用土地、拆迁补偿、地质勘察、建筑设计、建筑安装、培训生产职工、试生产、竣工验收和考核等环节的经济活动。这种经济活动是通过建筑业的勘察、设计和施工活动，以及其他有关部门的经济活动来实现。

一、基本建设程序

基本建设程序是指基本建设项目从策划、选择、评估、决策、设计、施工到竣工验收、投入生产或交付使用的整个建设过程中，各项工作必须遵循的先后工作顺序。按照我国现行规定，一般大中型及限额以上工程项目的建设程序可以分为以下八个阶段。

（1）项目建议书阶段　项目建议书是业主单位向国家提出的要求建设某一项目的建议文件，是对工程项目建设的方案设想。项目建议书的主要作用是推荐一个拟建项目，论述其建设的必要性、建设条件的可行性和获利的可能性。

项目建议书按要求编制完成后，应根据建设规模和限额划分分别报送有关部门审批。项目建议书经批准后，可以进行详细的可行性研究工作。

（2）可行性研究阶段　项目建议书一经批准，即可着手开展项目可行性研究工作。可行性研究是对工程项目在技术上是否可行和经济上是否合理进行科学的分析和论证。

根据发展国民经济的设想，对建设项目进行可行性研究，减少项目决策的盲目性，使建设项目的确定具有切实的科学性。这就需要确切的资源勘探，工程地质、水文地质勘察，地形测量，科学研究，工程工艺技术试验，地震、气象、环境保护资料的收集。在此基础上，论证建设项目在技术上、经济上和生产力布局上的可行性，并做多方案的比较，推荐最佳方案，作为设计任务书的依据。

可行性研究工作完成后，需要编写出反映其全部工作成果的"可行性研究报告"。各类项目的可行性研究报告内容不尽相同，但一般应包括以下基本内容：

① 项目提出的背景、投资的必要性和研究工作依据；

② 需求预测及拟建规模、产品方案和发展方向的技术经济比较和分析；

③ 资源、原材料、燃料及公用设施情况；

④ 项目设计方案及协作配套工程；

⑤ 建厂条件与厂址方案；

⑥ 环境保护、防震、防洪等要求及其相应措施；

⑦ 企业组织、劳动定员和人员培训；

⑧ 建设工期和实施进度；

⑨ 投资估算和资金筹措方式；

⑩ 经济效益和社会效益。

可行性研究报告经过正式批准后，将作为初步设计的依据，不得随意修改和变更。如果在建设规模、产品方案、建设地点、主要协作关系等方面有变动，且突破原定投资控制数时，应报请原审批单位同意，并办理变更手续。可行性研究报告经批准后，建设项目才算正式确定。

（3）设计工作阶段　设计是对拟建工程的实施在技术和经济上进行的全面而详尽的安排，是基本建设计划的具体化，同时是组织施工的依据。工程项目的设计工作一般划分为初步设计和施工图设计两个阶段。重大项目和技术复杂项目，根据需要增加技术设计阶段。

① 初步设计阶段　初步设计是根据可行性研究报告的要求所做的具体实施方案，目的是为了阐明在指定的地点、时间和投资控制数额内，拟建项目在技术上的可能性和经济上的合理性，并按照对工程项目所做出的基本技术经济规定，编制项目总概算。

初步设计不得随意改变已被批准的可行性研究报告所确定的建设规模、产品方案、工程标准、建设地址和总投资等控制目标。如果初步设计提出的总概算超过了可行性研究报告总投资的10%以上或其他主要指标需要变更时，应说明原因和计算依据，并重新向原审批单位报批可行性研究报告。

② 技术设计阶段　应根据初步设计和更详细的调查研究资料编制，以进一步解决初步设计中的重大技术问题，例如工艺流程、建筑结构、设备选型及数量确定等，使工程建设项目的设计更具体、更完善，技术指标更好。

③ 施工图设计阶段　根据初步设计或技术设计的要求，结合现场实际情况，完整地表现建筑物外形、内部空间分割、结构体系、构造状况以及建筑群的组成和周围环境的配合，它还包括各种运输、通信、管道系统、建筑设备的设计。在工艺方面应具体确定各种设备的型号、规格及各种非标准设备的制造加工图。

（4）建设准备阶段　项目在开工建设之前要切实做好各项准备工作，其主要内容包括：

① 征地、拆迁和场地平整工作；

② 完成施工用水、电、路等工作；

③ 组织设备、材料订货；

④ 准备必要的施工图纸；

⑤ 组织施工招标，择优选择施工单位。

按规定进行了建设准备和具备了开工条件以后，便应组织开工。一般项目在报批新开工前，必须由审计机关对项目的有关内容进行审计证明。审计机关主要是对项目的资金来源是否正当及落实情况，项目开工前的各项支出是否符合国家有关规定，资金是否存入规定的专业银行进行审计。新开工的项目还必须具备按施工顺序需要至少3个月以上的施工图纸，否则不能开工建设。

（5）施工安装阶段　工程项目经批准新开工建设，项目即进入了施工阶段。项目开工时间，是指工程建设项目设计文件中规定的任何一项永久性工程第一次正式破土开槽施工的日期。

施工安装活动应按照工程设计要求、施工合同条款及施工组织设计，在保证工程质量、工期、成本、安全、环保等目标的前提下进行，达到竣工验收标准后，由施工单位移交给建设单位。

（6）生产准备阶段　对于生产性工程建设项目而言，生产准备是项目投产前由建设单位进行的一项重要工作。它是衔接建设和生产的桥梁，是项目建设转入生产经营的必要条件。建设单位应适时组成专门班子或机构做好生产准备工作，确保项目建成后能及时投产。

生产准备工作的内容根据项目或企业的不同，其要求也各不相同，但一般应包括以下主要内容。

① 招收和培训生产人员　招收项目运营过程中所需要的人员，并采用多种方式进行培训。特别要组织生产人员参加设备的安装、调试和工程验收工作，使其能够尽快掌握生产技术和工艺流程。

② 组织准备　主要包括生产管理机构设置、管理制度和有关规定的制定，生产人员的配备等。

③ 技术准备　主要包括国内装置设计资料的汇总，有关国外技术资料的翻译、编辑，各种生产方案、岗位操作法的编制以及新技术的准备等。

④ 物资准备　主要包括落实原材料、协作产品、燃料、水、电、气等的来源和其他协作配合的条件，并组织工作服、器具、备品、备件等的制造或订货。

（7）竣工验收阶段　当工程项目按照设计文件的规定内容和施工图纸的要求全部建完后，便可组织验收。竣工验收是工程建设过程的最后一环，是投资成果转入生产或使用的标志，也是全面考核基本建设成果、检验设计和工程质量的重要步骤。竣工验收对促进建设项目及时投产、发挥投资效益及总结建设经验都有重要作用。通过竣工验收，可以检查建设项目实际形成的生产能力或效益，也可避免项目建成后继续消耗建设费用。

工程项目全部建成，经过各单位工程的验收，符合设计要求，并具备竣工图、竣工决算、工程总结等必要的文件资料，由项目主管部门或建设单位向负责验收的单位提出竣工验收申请报告。竣工验收要根据工程项目规模及复杂程度组成验收委员会或验收组，对工程建设的各个环节进行审查，听取各有关单位的工作汇报。审阅工程档案、实地查验建筑安装工程实体，对工程设计、施工和设备质量等做出全面评价。不合格的工程不予验收。对遗留问题要提出具体解决意见，限期落实完成。

（8）后评价阶段　项目后评价阶段是工程项目竣工投产、生产运营一段时间后，再对项目的立项决策、设计施工、竣工投产、生产运营等全过程进行系统评价的一种技术经济活动，是固定资产投资管理的一项重要内容，也是固定资产投资管理的最后一个环节。通过建设项目后评价，可以达到肯定成绩、总结经验、研究问题、吸取教训、提出建议、改进工作、不断提高项目决策水平和投资效果的目的。

项目后评价的内容包括立项决策评价、设计施工评价、生产运营评价和建设效益评价。在实际工作中，可以根据建设项目的特点和工作需要而有所侧重。

项目后评价采用对比法。将工程项目建成投产后所取得的实际效果、经济效益和社会效益、环境保护情况与前期决策阶段的预测情况相对比，与项目建设前的情况相对比，从中发现问题，总结经验和教训。

在实际工作中，一般从以下三个方面对项目进行后评价。

① 影响评价　通过项目竣工投产（营运、使用）后对社会的经济、政治、技术和环境等方面所产生的影响来评价项目决策的正确性。如果项目建成后达到了原来预期的效果，对国民经济发展、产业结构调整、生产力布局、人民生活水平的提高、环境保护等方面都带来有益的影响，说明项目决策是正确的；如果背离了既定的决策目标，就应具体分析，找出原因，引以为戒。

② 经济效益评价　通过项目竣工投产后所产生的实际经济效益与可行性研究时所预测的经济效益相比较，对项目进行评价。没有达到预期效果的，应分析原因，采取措施，提高经济效益。

③ 过程评价　对工程项目的立项决策、设计施工、竣工投产、生产运营等全过程进行系统分析，找出项目后评价与原预期效益之间的差异及其产生原因，使后评价结论有根有据，并针对具体问题提出解决的办法。

二、基本建设项目划分

建设项目指在一个总体设计或初步设计范围内，由一个或几个单项工程组成，在经济上统一核算，行政上有独立的组织形式，实行统一管理的建设单位。

一个建设项目也就是一个建设单位。一般以一个企业、事业单位或大型独立工程作为一个建设项目。在工业建设中，一般是以一个工厂为建设项目，在民用建设项目中，一般是以一个事业单位作为一个建设项目。在一个总体设计范围内，可以由一个或几个单项工程组成建设项目。

为满足合理确定建筑安装工程造价的需要，将建设项目划分为单项工程、单位工程、分部工程、分项工程项目等层次。

（1）单项工程　单项工程是建设项目的组成部分，指在一个建设单位中，具有独立的设计文件、单独编制综合预算、竣工后可以独立发挥生产能力或使用效益的工程。

一个建设项目既可以包括许多单项工程，也可以只有一个单项工程。在工业建设中能独立生产的车间，如一家工厂中的主要生产车间、辅助车间、仓库和办公楼等；在非工业建设中能发挥设计规定的主要效益的各个独立工程，如一所学校中的教学楼、图书馆、办公楼等都是单项工程。

（2）单位工程　单位工程是单项工程的组成部分，指具有单独设计的施工图纸和单独编制的施工图预算文件，可以独立施工及独立作为计算成本对象，但建成后不能独立发挥生产能力或使用效益的工程。

通常按照单项工程所包含的不同性质的工程内容，根据能否独立施工的要求，将一个单项工程划分为若干个单位工程。例如民用建筑工程中的土建、给水排水、采暖、电气照明等工程，都是民用工程中包括的不同性质的工程内容的单位工程。

建筑安装工程一般是以单位工程为对象来编制设计概算、施工图预算和进行工程成本核算。由于每一个单位工程仍然无法直接确定其造价，所以还需要进一步分解。

（3）分部工程　分部工程是单位工程的组成部分。按照单位工程的各个部位、工程结构性质、使用的材料、工程种类、设备的种类和型号等不同来划分。如采暖工程可以划分为支架安装工程、管道安装工程、散热器安装工程、刷油工程、保温工程等分部工程。当分部工程较大或较复杂时，可按材料种类、施工特点、施工程序、专业系统及类别等划分为若干分部工程。

（4）分项工程　分项工程是分部工程的组成部分，是将分部工程划分为若干个更小的部分，即分项工程。分项工程应按主要工种、材料、施工工艺、设备类别等进行划分，是构成建筑或安装工程的基本单元。分项工程是计价工作中的基本计量单元，是概预算定额编制对象，是建筑安装工程的一种基本构成因素，是为了确定建筑安装工程造价和计算人工、材料、机械等消耗量以及进行工程质量检查而设定的一种过程产品，它独立存在没有意义。如消防管道的安装，可按不同管径分为若干个分项工程。

为了更准确评价工程质量和验收的角度，《建筑工程施工质量验收统一标准》（GB 50300—2001）规定了工程建设项目划分为单位工程（子单位工程）、分部工程（子分部工程）、分项工程。

三、基本建设经济文件的类型

基本建设经济文件包括投资估算、设计概算、施工图预算、施工预算、工程结算、竣工决算等。

（1）投资估算　投资估算是基本建设前期工作的重要环节之一，在项目决策阶段，根据现有的资料和一定的方法，对建设项目的投资数额进行估计的经济文件。一般由建设项目可行性研究主管部门或咨询单位编制，由于是在设计前编制的，因此编制的主要依据不可能很具体，只能是粗线条的。

（2）设计概算　设计概算是在工程初步设计或扩大初步设计阶段，根据初步设计或扩大初步设计图纸、概算定额（或指标）、材料和设备预算价格及有关取费标准编制的单位工程概算造价的经济文件，一般由设计单位编制。

（3）施工图预算　施工图预算是在工程施工图设计阶段，根据施工图纸、施工组织设计、预算定额及有关取费标准编制的单位工程预算造价的经济文件，一般由施工单位或招标单位编制。

（4）施工预算　施工预算是在施工阶段，施工企业根据施工图纸、施工定额、施工组织设计及有关施工文件，按照班组核算的要求进行编制，体现企业个别成本的劳动消耗量文件，一般由施工单位编制。

（5）工程结算　工程结算是指一个工程（单项工程、单位工程、分部工程、分项工程）在竣工验收阶段，施工企业根据施工图纸、现场签证、设计变更资料、技术核定单、隐蔽工程记录、预算定额、材料预算价格和有关取费标准等资料，在施工图预算的基础上编制，确定单位工程造价的经济文件，一般是由施工单位编制。

（6）竣工决算　竣工决算是指在竣工验收后，由建设单位编制的综合反映该工程从筹建到竣工验收、交付使用等全部过程中各项资金的实际使用情况和建设成果的总结性经济文件。

四、建设项目总费用的构成

建设项目总费用，又称工程造价，是指某一建设项目从开始设想到竣工再到使用阶段所耗费的全部建设费用。按照原国家计委、建设银行计标的规定，建设项目总费用由单项工程费用、其他费用及预备费用三个部分组成。其中，单项工程费用是由单位工程费用（建筑安装工程费用）和设备、器具购置费组成。

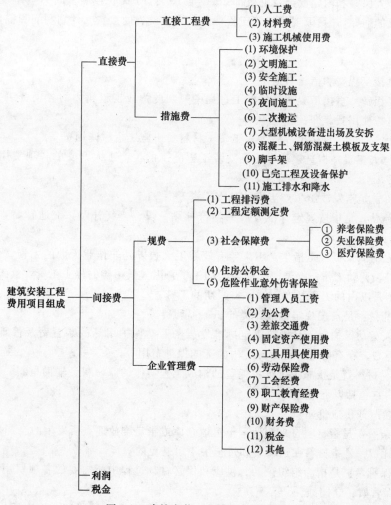

图 1-1　建筑安装工程费用项目组成

我国现行建筑安装工程费用项目组成（参见建标〔2003〕206号关于印发《建筑安装工程费用项目组成》的通知）如图1-1所示，包括直接费、间接费、利润和税金。其中直接费包括直接工程费与措施费。

第二节　安装工程费用构成

由于装饰产品具有建设地点的固定性、施工的流动性、产品的单件性、施工周期长、涉及面广等特点，建设地点不同，各地人、材、机单价的不同及规费收取标准的不同，各企业管理水平不同等因素，决定了建筑产品价格必须由特殊的定价方式来确定，必须单独定价。目前，我国安装工程费用计价的模式有两种，即工料单价（定额）法计价模式和工程量清单计价模式。

工料单价法计价模式是我国计划经济时期所采用的行之有效的计价模式，它是20世纪50年代就开始试用，其中的人工、材料、机械定额消耗量以及人工单价、材料预算价格、各种周转性材料摊销、费用及利润的标准等均由建设行政主管部门根据以往的历史经验数据制定，在目前我国的招投标计价中还占据重要的地位。

工料单价法计价模式就是"单位估价表"，即根据国家或地方颁布的统一预算定额规定的消耗量及其计价，以及配套的取费标准和材料预算价格，计算出工程造价。

根据原中华人民共和国建设部及财政部2003年10月15日联合颁发的关于印发《建筑安装工程费用项目组成的通知》，我国现行建筑工程费用由直接费、间接费、计划利润和税金四部分组成。

一、直接费

直接费由直接工程费和措施费组成。

（1）直接工程费　直接工程费是指施工过程中耗费的构成工程实体的各项费用，包括人工费、材料费、施工机械使用费。即：

直接工程费＝人工费＋材料费＋施工机械使用费

① 人工费　人工费是指直接从事建筑安装工程施工的生产工人开支的各项费用，它包括以下内容。

a. 基本工资：是指发放给生产工人的基本工资。

b. 工资性补贴：是指按规定标准发放的物价补贴，煤、燃气补贴，交通补贴，住房补贴，流动施工津贴等。

c. 生产工人辅助工资：是指生产工人年有效施工天数以外非作业天数的工资，包括职工学习、培训期间的工资，调动工作、探亲、休假期间的工资，因气候影响的停工工资，女工哺乳时间的工资，病假在6个月以内的工资及产、婚、丧假期的工资。

d. 职工福利费：是指按规定标准计提的职工福利费。

e. 生产工人劳动保护费：是指按规定标准发放的劳动保护用品的购置费及修理费，徒工服装补贴，防暑降温费，在有碍身体健康环境中施工的保健费用等。

② 材料费　材料费是指施工过程中耗费的构成工程实体的原材料、辅助材料、构配件、零件、半成品的费用，它包括以下内容。

a. 材料原价（或供应价格）。

b. 材料运杂费：是指材料自来源地运至工地仓库或指定堆放地点所发生的全部费用。

c. 运输损耗费：是指材料在运输装卸过程中不可避免的损耗。

d. 采购及保管费：是指为组织采购、供应和保管材料过程中所需要的各项费用，包括采购费、仓储费、工地保管费、仓储损耗。

e. 检验试验费：是指对建筑材料、构件和建筑安装物进行一般鉴定、检查所发生的费用，包括自设实验室进行实验所耗用的材料和化学药品等费用，不包括新结构、新材料的实验费和建设单位对具有出厂合格证明的材料进行检验，对构件做破坏性实验及其他特殊要求检验实验的费用。

③ 施工机械使用费　施工机械使用费是指施工机械作业所发生的机械使用费以及机械安拆费和场外运费。施工机械台班单价应由下列七项费用组成。

a. 折旧费：指施工机械在规定的使用年限内，陆续收回其原值及购置资金的时间价值。

b. 大修理费：指施工机械按规定的大修理间隔台班进行必要的大修理，以恢复其正常功能所需的费用。

c. 经常修理费：指施工机械除大修理以外的各级保养和临时故障排除所需的费用，包括为保障机械正常运转所需替换设备与随机配备工具附具的摊销和维护费用，机械运转中日常保养所需润滑与擦拭的材料费用及机械停滞期间的维护和保养费用等。

d. 安拆费及场外运费：安拆费指施工机械在现场进行安装与拆卸所需的人工、材料、机械和试运转费用以及机械辅助设施的折旧、搭设、拆除等费用；场外运费指施工机械整体或分体自停放地点运至施工现场或由一施工地点运至另一施工地点的运输、装卸、辅助材料及架线等费用。

e. 人工费：指机上司机（司炉）和其他操作人员的工作日人工费及上述人员在施工机械规定的年工作台班以外的人工费。

f. 燃料动力费：指施工机械在运转作业中所消耗的固体燃料（煤、木柴）、液体燃料（汽油、柴油）及水、电等。

g. 养路费及车船使用税：指施工机械按照国家规定和有关部门规定应缴纳的养路费、车船使用税、保险费及年检费等。

（2）措施费　措施费是指为完成工程项目施工，发生于该工程施工前和施工过程中非工程实体项目的费用。

① 措施费的内容

a. 环境保护费：是指施工现场为达到环保部门要求所需要的各项费用。

b. 文明施工费：是指施工现场文明施工所需要的各项费用。

c. 安全施工费：是指施工现场安全施工所需要的各项费用。

d. 临时设施费：是指施工企业为进行建筑工程施工所必须搭设的生活和生产用的临时建筑物、构筑物和其他临时设施费用等。

临时设施包括：临时宿舍、文化福利及公用事业房屋与构筑物、仓库、办公室、加工厂以及规定范围内道路、水、电、管线等临时设施和小型临时设施。临时设施费用包括：临时设施的搭设、维修、拆除费或摊销费。

e. 夜间施工费：是指因夜间施工所发生的夜班补助费、夜间施工降效、夜间施工照明设备摊销及照明用电等费用。

f. 二次搬运费：是指因施工场地狭小等特殊情况而发生的二次搬运费用。

g. 大型机械设备进出场及安拆费：是指机械整体或分体自停放地运至施工现场或由一个施工地点运至另一个施工地点，所发生的机械进出场运输及转移费用及机械在施工现场进行安装、拆卸所需的人工费、材料费、机械费、试运转费和安装所需的辅助设施的费用。

h. 混凝土、钢筋混凝土模板及支架费：是指混凝土施工过程中需要的各种钢模板、木模板、支架等的支、拆、运输费用及模板、支架的摊销（或租赁）费用。

i. 脚手架费：是指施工需要的各种脚手架搭、拆、运输费用及脚手架的摊销（或租赁）费用。

j. 已完工程及设备保护费：是指竣工验收前，对已完工程及设备进行保护所需费用。

k. 施工排水、降水费：是指为确保工程在正常条件下施工，采取各种排水、降水措施所发生的各种费用。

② 措施费的计算

本部分只列出通用措施费项目的计算方法，各专业工程的专用措施费项目的计算方法由各地区或国务院有关专业主管部门的工程造价管理机构自行制定。

a. 环境保护费：

$$环境保护费＝直接工程费×环境保护费费率(\%)$$

b. 文明施工费：

$$文明施工费＝直接工程费×文明施工费费率(\%)$$

c. 安全施工费：

$$安全施工费＝直接工程费×安全施工费费率(\%)$$

d. 临时设施费：是指因建筑施工需要而搭设的生产和生活用的各种设施的费用。临时设施包括临时宿舍、文化福利及公共事业房屋，以及仓库、办公室、加工厂、施工现场规定的临时道路、管线等设施。

临时设施费由三部分组成：周转使用临建（如活动房屋）；一次性使用临建（如简易建筑）；其他临时设施（如临时管线）。

其他临时设施在临时设施费中所占比例，可由各地区造价管理部门依据典型施工企业的成本资料经分析后综合测定。

e. 夜间施工增加费。

f. 二次搬运费。

g. 大型机械进出场及安拆费。

h. 混凝土、钢筋混凝土模板及支架费。

i. 脚手架搭拆费。

j. 已完工程及设备保护费。

k. 施工排水、降水费。

二、间接费

间接费是指施工企业为组织和管理工程施工所需要的各种费用，以及为企业职工生产、生活服务所需支出的一切费用。它不直接作用于安装工程的实体，也不属于某一部分（项）工程，只能间接地分摊到各个安装工程的费用中。

（1）间接费的组成　间接费是由规费和企业管理费组成。

① 规费　规费是指政府和有关权力部门规定必须缴纳的费用（简称规费），包括以下几项费用。

a. 工程排污费　工程排污费是指施工现场按规定缴纳的工程排污费。

b. 工程定额测定费　工程定额测定费是指按规定支付工程造价（定额）管理部门的定额测定费。

c. 社会保障费　社会保障费包括以下内容。

Ⅰ. 养老保险费：是指企业按照规定标准为职工缴纳的基本养老保险费。

Ⅱ. 失业保险费：是指企业按照国家规定标准为职工缴纳的失业保险费。

Ⅲ. 医疗保险费：是指企业按照规定标准为职工缴纳的基本医疗保险费。

d. 住房公积金　住房公积金是指企业按照规定标准为职工缴纳的住房公积金。

e. 危险作业意外伤害保险　危险作业意外伤害保险是指按照建筑法规定，企业为从事危险作业的建筑安装施工人员支付的意外伤害保险费。

② 企业管理费　企业管理费是指建筑安装企业组织施工生产和经营管理所需的费用，包括以下内容。

a. 管理人员工资　管理人员工资是指管理人员的基本工资、工资性补贴、职工福利费、劳动保护费等。

b. 办公费　办公费是指企业管理办公用的文具、纸张、账表、印刷、邮电、书报、会议、水电、烧水和集体取暖（包括现场临时宿舍取暖）用煤等费用。

c. 差旅交通费　差旅交通费是指职工因公出差、调动工作的差旅费、住勤补助费，市内交通费和误餐补助费，职工探亲路费，劳动力招募费，职工离退休、退职一次性路费，工伤人员就医路费，工地转移费以及管理部门使用的交通工具的油料、燃料、养路费及牌照费。

d. 固定资产使用费　固定资产使用费是指管理和实验部门及附属生产单位使用的属于固定资产的房屋、设备仪器等的折旧、大修、维修或租赁费。

e. 工具用具使用费　工具用具使用费是指管理使用的不属于固定资产的生产工具、器具、家具、交通工具和检验、实验、测绘、消防用具等的购置、维修和摊销费。

f. 劳动保险费　劳动保险费是指由企业支付离退休职工的易地安家补助费、职工退职金、六个月以上的病假人员工资、职工死亡丧葬补助费、抚恤费、按规定支付给离休干部的各项经费。

g. 工会经费　工会经费是指企业按职工工资总额计提的工会经费。

h. 职工教育经费　职工教育经费是指企业为职工学习先进技术和提高文化水平，按职工工资总额计提的费用。

i. 财产保险费　财产保险费是指施工管理用财产、车辆保险。

j. 财务费　财务费是指企业为筹集资金而发生的各种费用。

k. 税金　税金是指企业按规定缴纳的房产税、车船使用税、土地使用税、印花税等。

l. 其他　包括技术转让费、技术开发费、业务招待费、绿化费、广告费、公证费、法律顾问费、审计费、咨询费等。

（2）间接费的计算方法　间接费的计算方法按取费基数的不同分为以下三种。

① 以直接费为计算基础

$$间接费＝直接费合计×间接费费率（\%）$$

② 以人工费和机械费合计为计算基础

$$间接费＝人工费和机械费合计×间接费费率（\%）$$

③ 以人工费为计算基础

$$间接费＝人工费合计×间接费费率（\%）$$

（3）规费费率和企业管理费费率的确定

根据本地区典型工程发承包价的分析资料综合取定规费计算中所需数据：

a. 每万元发承包价中人工费含量和机械费含量；

b. 人工费占直接费的比例；

c. 每万元发承包价中所含规费缴纳标准的各项基数。

三、利润

利润是指施工企业完成所承包工程获得的赢利。

四、税金

税金是指国家税法规定的应计入建筑安装工程造价内的营业税、城市维护建设税及教育费附加等。

（1）营业税　营业税税额为营业额的 3%。根据 1994 年 1 月 1 日起执行的《中华人民共和国营业税暂行条例》规定，营业额是指纳税人从事建筑、安装、修缮、装饰及其他工程作业收取的全部收入，还包括建筑、修缮、装饰工程所用原材料及其他物质和动力的价款在内，当安装的设备的价值作为安装工程产值时，也包括所安装设备的价款。但建筑业的总承包人将工程分包或转包给他人的，以工程的全部承包额减去付给分包人或转包人的价款后的余额作为营业额。

（2）城市维护建设税　纳税人所在地为市区的，按营业税的7%征收；纳税人所在地为县城镇的，按营业税的5%征收；纳税人所在地不为市区县城镇的，按营业税的1%征收，并与营业税同时缴纳。

（3）教育费附加　一律按营业税的3%征收，也同营业税同时缴纳。

根据上述规定，现行应缴纳的税金计算式如下：

$$税金＝（税前造价＋利润）×税率（\%）$$

① 规费费率的计算公式：

a. 以直接费为计算基础。

$$规费费率（\%）＝\frac{\sum 规费缴纳标准×每万元发承包价计算基数}{每万元发承包价中的人工费含量}$$
$$×人工费占直接费的比例（\%）$$

b. 以人工费和机械费合计为计算基础。

$$规费费率（\%）＝\frac{\sum 规费缴纳标准×每万元发承包价计算基数}{每万元发承包价中的人工费含量和机械费含量}×100\%$$

c. 以人工费为计算基础。

$$规费费率（\%）＝\frac{\sum 规费缴纳标准×每万元发承包价计算基数}{每万元发承包价中的人工费含量}×100\%$$

② 企业管理费费率　企业管理费费率计算公式：

a. 以直接费为计算基础。

$$企业管理费费率（\%）＝\frac{生产工人年平均管理费}{年有效施工天数×人工单价}×人工费占直接费比例（\%）$$

b. 以人工费和机械费合计为计算基础。

$$企业管理费费率（\%）＝\frac{生产工人年平均管理费}{年有效施工天数×（人工单价＋每一工日机械使用费）}×100\%$$

c. 以人工费为计算基础

$$企业管理费费率（\%）＝\frac{生产工人年平均管理费}{年有效施工天数×人工单价}×100\%$$

五、建筑安装工程计价程序

工料单价法是以分部分项工程量乘以单价后的合计为直接工程费，直接工程费以人工、材料、机械的消耗量及其相应价格确定。直接工程费汇总后另加间接费、利润、税金生成工程发承包价，其计算程序分为以下三种。

① 以直接费为计算基础（见表1-1）

表1-1　以直接费为基础的工料单价法计价程序

序号	费用项目	计算方法	备注
1	直接工程费	按预算表	
2	措施费	按规定标准计算	
3	小计	(1)+(2)	
4	间接费	(3)×相应费率	
5	利润	[(3)+(4)]×相应利润率	
6	合计	(3)+(4)+(5)	
7	含税造价	(6)×(1+相应税率)	

② 以人工费和机械费为计算基础（见表1-2）。

表 1-2　以人工费和机械费为基础的工料单价法计价程序

序号	费用项目	计算方法	备注
1	直接工程费	按预算表	
2	其中人工费和机械费	按预算表	
3	措施费	按规定标准计算	
4	其中人工费和机械费	按规定标准计算	
5	小计	(1)+(3)	
6	人工费和机械费小计	(2)+(4)	
7	间接费	(6)×相应费率	
8	利润	(6)×相应利润率	
9	合计	(5)+(7)+(8)	
10	含税造价	(9)×(1+相应税率)	

③ 以人工费为计算基础（见表 1-3）

表 1-3　以人工费为基础的工料单价法的计价程序

序号	费用项目	计算方法	备注
1	直接工程费	按预算表	
2	直接工程费中人工费	按预算表	
3	措施费	按规定标准计算	
4	措施费中人工费	按规定标准计算	
5	小计	(1)+(3)	
6	人工费小计	(2)+(4)	
7	间接费	(6)×相应费率	
8	利润	(6)×相应利润率	
9	合计	(5)+(7)+(8)	
10	含税造价	(9)×(1+相应税率)	

第二章 工程量清单的编制和计价

第一节 工程量清单的简介

一、《建设工程工程量清单计价规范》简介

2003 年 7 月，我国在认真总结工程招标投标实行"定额"计价的基础上，研究借鉴国外招标投标实行工程量清单计价的做法，制定了我国《建设工程工程量清单计价规范》（简称《计价规范》），编号为 GB 50500—2003，于 2003 年 7 月 1 日正式实施。

2008 年 7 月，国家住房和城乡建设部标准定额研究所总结了 2003 年《计价规范》实施以来的经验，在其基础上进行了修订，增加了部分条文和内容，制定了新的《建设工程工程量清单计价规范》，编号为 GB 50500—2008，于 2008 年 12 月 1 日起实施，同时原《建设工程工程量清单计价规范》同时废止。2008 年的《计价规范》确立了我国招标投标实行工程量清单计价应遵守的规则，其中部分条款为强制性条文，必须严格执行，以保证工程量清单计价方式的顺利实施，并充分发挥其在招标投标中的重要作用。

二、《建设工程工程量清单计价规范》的主要内容

《计价规范》包括总则、术语、工程量清单编制、工程量清单计价、工程量清单计价表格和附录，分别就《计价规范》的适应范围、编制工程量清单应遵循的原则、工程量清单计价活动的规则、工程量清单及其计价格式等做了明确规定。

附录内容包括：附录 A 建筑工程工程量清单项目及计算规则；附录 B 装饰工程工程量清单项目及计算规则；附录 C 安装工程工程量清单项目及计算规则；附录 D 市政工程工程量清单项目及计算规则；附录 E 园林工程工程量清单项目及计算规则；附录 F 矿山工程工程量清单项目及计算规则。附录中包括项目编码、项目名称、项目特征、计量单位、工程量计算规则和工程内容，其中项目编码、项目名称、计量单位、工程量计算规则作为四个统一的内容，要求招标人在编制工程量清单时必须执行。

附录是编制工程量清单的依据，主要体现在工程量清单中的 12 位编码的前 9 位应按附录中的编码确定，工程量清单中的项目名称应依据附录中的项目名称和项目特征设置，工程量清单中的计量单位应按附录中的计量单位确定，工程量清单中的工程数量应依据附录中的计算规则计算确定。

三、《建设工程工程量清单计价规范》的特点

（1）强制性 强制性主要表现在：一是由建设主管部门按照强制性国家标准的要求颁布，规定全部使用国有资金或国有资金投资为主的大中型建设工程应按《计价规范》执行；二是明确工程量清单是招标文件的组成部分，并规定了招标人在编制工程量清单时必须遵守的规则，做到四个统一，即统一项目编码、统一项目名称、统一计量单位、统一工程量计算规则。

（2）实用性 附录中工程量清单项目及计算规则的项目名称表现的是工程实体项目，项目名称明确清晰，工程量计算规则简洁明了；特别还列有项目特征和工程内容，易于编制工程量清单时确定具体项目名称和投标报价。

（3）竞争性 竞争性主要表现在：一是《计价规范》中的措施项目，在工程量清单中只列"措

施项目"一栏，具体采取什么措施，如模板、脚手架、临时设施、施工排水等详细内容由投标人根据企业的施工组织设计，视具体情况报价，这些项目在各个企业间各有不同，是企业竞争项目，是留给企业竞争的空间；二是《计价规范》中人工、材料和施工机械没有具体的消耗量，投标企业可以依据企业的定额和市场价格信息，也可以参照建设行政主管部门发布的社会平均消耗量定额进行报价，《计价规范》将报价权交给了企业。

（4）通用性　采用工程量清单计价将与国际惯例接轨，符合工程量计算方法标准化、工程量计算规则统一化、工程造价确定市场化的要求。

第二节　《建设工程工程量清单计价规范》
（GB 50500—2008）的主要内容

一、总则

1.0.1　为规范工程造价计价行为，统一建设工程工程量清单的编制和计价方法，根据《中华人民共和国建筑法》、《中华人民共和国合同法》、《中华人民共和国招标投标法》等法律法规，制定本规范。

1.0.2　本规范适用于建设工程工程量清单计价活动。

1.0.3　全部使用国有资金投资或国有资金投资为主（以下二者简称"国有资金投资"）的工程建设项目，必须采用工程量清单计价。

1.0.4　非国有资金投资的工程建设项目，可采用工程量清单计价。

1.0.5　工程量清单、招标控制价、投标报价、工程价款结算等工程造价文件的编制与核对应由具有资格的工程造价专业人员承担。

1.0.6　建设工程工程量清单计价活动应遵循客观、公正、公平的原则。

1.0.7　本规范附录A、附录B、附录C、附录D、附录E、附录F应作为编制工程量清单的依据。

　　1　附录A为建筑工程工程量清单项目及计算规则，适用于工业与民用建筑物和构筑物工程。

　　2　附录B为装饰装修工程工程量清单项目及计算规则，适用于工业与民用建筑物和构筑物的装饰装修工程。

　　3　附录C为安装工程工程量清单项目及计算规则，适用于工业与民用安装工程。

　　4　附录D为市政工程工程量清单项目及计算规则，适用于城市市政建设工程。

　　5　附录E为园林绿化工程工程量清单项目及计算规则，适用于园林绿化工程。

　　6　附录F为矿山工程工程量清单项目及计算规则，适用于矿山工程。

1.0.8　建设工程工程量清单计价活动，除应遵守本规范外，尚应符合国家现行有关标准的规定。

二、术语

2.0.1　工程量清单
　　建设工程的分部分项工程项目、措施项目、其他项目、规费项目和税金项目的名称和相应数量等的明细清单。

2.0.2　项目编码
　　分部分项工程量清单项目名称的数字标识。

2.0.3　项目特征
　　构成分部分项工程量清单项目、措施项目自身价值的本质特征。

2.0.4　综合单价
　　完成一个规定计量单位的分部分项工程量清单项目或措施清单项目所需的人工费、材料费、施工机械使用费和企业管理费与利润，以及一定范围内的风险费用。

2.0.5 措施项目（措施项目为非实体工程项目）

为完成工程项目施工，发生于该工程施工准备和施工过程中的技术、生活、安全、环境保护等方面的非工程实体项目。

2.0.6 暂列金额

招标人在工程量清单中暂定并包括在合同价款中的一笔款项。用于施工合同签订时尚未确定或者不可预见的所需材料、设备、服务的采购，施工中可能发生的工程变更、合同约定调整因素出现时的工程价款调整以及发生的索赔、现场签证确认等的费用。

2.0.7 暂估价

招标人在工程量清单中提供的用于支付必然发生但暂时不能确定价格的材料的单价以及专业工程的金额。

2.0.8 计日工

在施工过程中，完成发包人提出的施工图纸以外的零星项目或工作，按合同中约定的综合单价计价。

2.0.9 总承包服务费

总承包人为配合协调发包人进行的工程分包自行采购的设备、材料等进行管理、服务以及施工现场管理、竣工资料汇总整理等服务所需的费用。

2.0.10 索赔

在合同履行过程中，对于非己方的过错而应由对方承担责任的情况造成的损失，向对方提出补偿的要求。

2.0.11 现场签证

发包人现场代表与承包人现场代表就施工过程中涉及的责任事件所作的签认证明。

2.0.12 企业定额

施工企业根据本企业的施工技术和管理水平而编制的人工、材料和施工机械台班等的消耗标准。

2.0.13 规费

根据省级政府或省级有关权力部门规定必须缴纳的，应计入建筑安装工程造价的费用。

2.0.14 税金

国家税法规定的应计入建筑安装工程造价内的营业税、城市维护建设税及教育费附加等。

2.0.15 发包人

具有工程发包主体资格和支付工程价款能力的当事人以及取得该当事人资格的合法继承人。

2.0.16 承包人

被发包人接受的具有工程施工承包主体资格的当事人以及取得该当事人资格的合法继承人。

2.0.17 造价工程师

取得《造价工程师注册证书》，在一个单位注册从事建设工程造价活动的专业人员。

2.0.18 造价员

取得《全国建设工程造价员资格证书》，在一个单位注册从事建设工程造价活动的专业人员。

2.0.19 工程造价咨询人

取得工程造价咨询资质等级证书，接受委托从事建设工程造价咨询活动的企业。

2.0.20 招标控制价

招标人根据国家或省级、行业建设主管部门颁发的有关计价依据和办法，按设计施工图纸计算的，对招标工程限定的最高工程造价。

2.0.21 投标价

投标人投标时报出的工程造价。

2.0.22 合同价

发、承包双方在施工合同中约定的工程造价。

2.0.23 竣工结算价

发、承包双方依据国家有关法律、法规和标准规定，按照合同约定确定的最终工程造价。

三、工程量清单编制

3.1 一般规定

3.1.1 工程量清单应由具有编制能力的招标人或受其委托，具有相应资质的工程造价咨询人编制。

3.1.2 采用工程量清单方式招标，工程量清单必须作为招标文件的组成部分，其准确性和完整性由招标人负责。

3.1.3 工程量清单是工程量清单计价的基础，应作为编制招标控制价、投标报价、计算工程量、支付工程款、调整合同价款、办理竣工结算以及工程索赔等的依据之一。

3.1.4 工程量清单应由分部分项工程量清单、措施项目清单、其他项目清单、规费项目清单、税金项目清单组成。

3.1.5 编制工程量清单应依据：

1 本规范；

2 国家或省级、行业建设主管部门颁发的计价依据和办法；

3 建设工程设计文件；

4 与建设工程项目有关的标准、规范、技术资料；

5 招标文件及其补充通知、答疑纪要；

6 施工现场情况、工程特点及常规施工方案；

7 其他相关资料。

3.2 分部分项工程量清单

3.2.1 分部分项工程量清单应包括项目编码、项目名称、项目特征、计量单位和工程量。

3.2.2 分部分项工程量清单应根据附录规定的项目编码、项目名称、项目特征、计量单位和工程量计算规则进行编制。

3.2.3 分部分项工程量清单的项目编码，应采用十二位阿拉伯数字表示。一至九位应按附录的规定设置，十至十二位应根据拟建工程的工程量清单项目名称设置。同一招标工程的项目编码不得有重码。

3.2.4 分部分项工程量清单的项目名称应按附录的项目名称结合拟建工程的实际确定。

3.2.5 分部分项工程量清单中所列工程量应按附录中规定的工程量计算规则计算。

3.2.6 分部分项工程量清单的计量单位应按附录中规定的计量单位确定。

3.2.7 分部分项工程量清单项目特征应按附录中规定的项目特征，结合拟建工程项目的实际予以描述。

3.2.8 编制工程量清单出现附录中未包括的项目，编制人应作补充，并报省级或行业工程造价管理机构备案，省级或行业工程造价管理机构应汇总报住房和城乡建设部标准定额研究所。

补充项目的编码由附录的顺序码与 B 和三位阿拉伯数字组成，并应从×B001 起顺序编制，同一招标工程的项目不得重码。工程量清单中需附有补充项目的名称、项目特征、计量单位、工程量计算规则、工程内容。

3.3 措施项目清单

3.3.1 措施项目清单应根据拟建工程的实际情况列项。通用措施项目可按表 2-1 选择列项，专业工程

表 2-1 通用措施项目一览表

序号	项 目 名 称	序号	项 目 名 称
1	安全文明施工(含环境保护、文明施工、安全施工、临时设施)	5	大型机械设备进出场及安拆
		6	施工排水
2	夜间施工	7	施工降水
3	二次搬运	8	地上、地下设施，建筑物的临时保护设施
4	冬雨季施工	9	已完工程及设备保护

的措施项目可按附录中规定的项目选择列项。若出现本规范未列的项目，可根据工程实际情况补充。

3.3.2 措施项目中可以计算工程量的项目清单宜采用分部分项工程量清单的方式编制，列出项目编码、项目名称、项目特征、计量单位和工程量计算规则；不能计算工程量的项目清单，以"项"为计量单位。

3.4 其他项目清单

3.4.1 其他项目清单宜按照下列内容列项：

　　1　暂列金额；

　　2　暂估价：包括材料暂估单价、专业工程暂估价；

　　3　计日工；

　　4　总承包服务费。

3.4.2 出现本规范第3.4.1条未列的项目，可根据工程实际情况补充。

3.5 规费项目清单

3.5.1 规费项目清单应按照下列内容列项：

　　1　工程排污费；

　　2　工程定额测定费；

　　3　社会保障费：包括养老保险费、失业保险费、医疗保险费；

　　4　住房公积金；

　　5　危险作业意外伤害保险。

3.5.2 出现本规范第3.5.1条未列的项目，应根据省级政府或省级有关权力部门的规定列项。

3.6 税金项目清单

3.6.1 税金项目清单应包括下列内容：

　　1　营业税；

　　2　城市维护建设税；

　　3　教育费附加。

3.6.2 出现本规范第3.6.1条未列的项目，应根据税务部门的规定列项。

四、工程量清单计价

4.1 一般规定

4.1.1 采用工程量清单计价，建设工程造价由分部分项工程费、措施项目费、其他项目费、规费和税金组成。

4.1.2 分部分项工程量清单应采用综合单价计价。

4.1.3 招标文件中的工程量清单标明的工程量是投标人投标报价的共同基础，竣工结算的工程量按发、承包双方在合同中约定应予计量且实际完成的工程量确定。

4.1.4 措施项目清单计价应根据拟建工程的施工组织设计，可以计算工程量的措施项目，应按分部分项工程量清单的方式采用综合单价计价；其余的措施项目可以"项"为单位的方式计价，应包括除规费、税金外的全部费用。

4.1.5 措施项目清单中的安全文明施工费应按照国家或省级、行业建设主管部门的规定计价，不得作为竞争性费用。

4.1.6 其他项目清单应根据工程特点和本规范第4.2.6、4.3.6、4.8.6条的规定计价。

4.1.7 招标人在工程量清单中提供了暂估价的材料和专业工程属于依法必须招标的，由承包人和招标人共同通过招标确定材料单价与专业工程分包价。

　　若材料不属于依法必须招标的，经发、承包双方协商确认单价后计价。

　　若专业工程不属于依法必须招标的，由发包人、总承包人与分包人按有关计价依据进行计价。

4.1.8 规费和税金应按国家或省级、行业建设主管部门的规定计算，不得作为竞争性费用。

4.1.9　采用工程量清单计价的工程，应在招标文件或合同中明确风险内容及其范围（幅度），不得采用无限风险、所有风险或类似语句规定风险内容及其范围（幅度）。

4.2　招标控制价

4.2.1　国有资金投资的工程建设项目应实行工程量清单招标，并应编制招标控制价。招标控制价超过批准的概算时，招标人应将其报原概算审批部门审核。投标人的投标报价高于招标控制价的，其投标应予以拒绝。

4.2.2　招标控制价应由具有编制能力的招标人，或受其委托具有相应资质的工程造价咨询人编制。

4.2.3　招标控制价应根据下列依据编制：

1　本规范；

2　国家或省级、行业建设主管部门颁发的计价定额和计价办法；

3　建设工程设计文件及相关资料；

4　招标文件中的工程量清单及有关要求；

5　与建设项目相关的标准、规范、技术资料；

6　工程造价管理机构发布的工程造价信息；工程造价信息没有发布的参照市场价；

7　其他的相关资料。

4.2.4　分部分项工程费应根据招标文件中的分部分项工程量清单项目的特征描述及有关要求，按本规范第 4.2.3 条的规定确定综合单价计算。

综合单价中应包括招标文件中要求投标人承担的风险费用。

招标文件提供了暂估单价的材料，按暂估的单价计入综合单价。

4.2.5　措施项目费应根据招标文件中的措施项目清单按本规范第 4.1.4、4.1.5 和 4.2.3 条的规定计价。

4.2.6　其他项目费应按下列规定计价：

1　暂列金额应根据工程特点，按有关计价规定估算；

2　暂估价中的材料单价应根据工程造价信息或参照市场价格估算；暂估价中的专业工程金额应分不同专业，按有关计价规定估算；

3　计日工应根据工程特点和有关计价依据计算；

4　总承包服务费应根据招标文件列出的内容和要求估算。

4.2.7　规费和税金应按本规范第 4.1.8 条的规定计算。

4.2.8　招标控制价应在招标时公布，不应上调或下浮，招标人应将招标控制价及有关资料报送工程所在地工程造价管理机构备查。

4.2.9　投标人经复核认为招标人公布的招标控制价未按照本规范的规定进行编制的，应在开标前 5 天向招投标监督机构或（和）工程造价管理机构投诉。

招投标监督机构应会同工程造价管理机构对投诉进行处理，发现确有错误的，应责成招标人修改。

4.3　投标价

4.3.1　除本规范强制性规定外，投标价由投标人自主确定，但不得低于成本。

投标价应由投标人或受其委托具有相应资质的工程造价咨询人编制。

4.3.2　投标人应按招标人提供的工程量清单填报价格。填写的项目编码、项目名称、项目特征、计量单位、工程量必须与招标人提供的一致。

4.3.3　投标报价应根据下列依据编制：

1　本规范；

2　国家或省级、行业建设主管部门颁发的计价办法；

3　企业定额，国家或省级、行业建设主管部门颁发的计价定额；

4　招标文件、工程量清单及其补充通知、答疑纪要；

5　建设工程设计文件及相关资料；

6　施工现场情况、工程特点及拟定的投标施工组织设计或施工方案；

7　与建设项目相关的标准、规范等技术资料；

8　市场价格信息或工程造价管理机构发布的工程造价信息；

9　其他的相关资料。

4.3.4　分部分项工程费应依据本规范第 2.0.4 条综合单价的组成内容，按招标文件中分部分项工程量清单项目的特征描述确定综合单价计算。

综合单价中应考虑招标文件中要求投标人承担的风险费用。

招标文件中提供了暂估单价的材料，按暂估的单价计入综合单价。

4.3.5　投标人可根据工程实际情况结合施工组织设计，对招标人所列的措施项目进行增补。

措施项目费应根据招标文件中的措施项目清单及投标时拟定的施工组织设计或施工方案按本规范第 4.1.4 条的规定自主确定。其中安全文明施工费应按照本规范第 4.1.5 条的规定确定。

4.3.6　其他项目费应按下列规定报价：

1　暂列金额应按招标人在其他项目清单中列出的金额填写；

2　材料暂估价应按招标人在其他项目清单中列出的单价计入综合单价；专业工程暂估价应按招标人在其他项目清单中列出的金额填写；

3　计日工按招标人在其他项目清单中列出的项目和数量，自主确定综合单价并计算计日工费用；

4　总承包服务费根据招标文件中列出的内容和提出的要求自主确定。

4.3.7　规费和税金应按本规范第 4.1.8 条的规定确定。

4.3.8　投标总价应当与分部分项工程费、措施项目费、其他项目费和规费、税金的合计金额一致。

4.4　工程合同价款的约定

4.4.1　实行招标的工程合同价款应在中标通知书发出之日起 30 天内，由发、承包双方依据招标文件和中标人的投标文件在书面合同中约定。

不实行招标的工程合同价款，在发、承包双方认可的工程价款基础上，由发、承包双方在合同中约定。

4.4.2　实行招标的工程，合同约定不得违背招、投标文件中关于工期、造价、质量等方面的实质性内容。招标文件与中标人投标文件不一致的地方，以投标文件为准。

4.4.3　实行工程量清单计价的工程，宜采用单价合同。

4.4.4　发、承包双方应在合同条款中对下列事项进行约定；合同中没有约定或约定不明的，由双方协商确定；协商不能达成一致的，按本规范执行。

1　预付工程款的数额、支付时间及抵扣方式；

2　工程计量与支付工程进度款的方式、数额及时间；

3　工程价款的调整因素、方法、程序、支付及时间；

4　索赔与现场签证的程序、金额确认与支付时间；

5　发生工程价款争议的解决方法及时间；

6　承担风险的内容、范围以及超出约定内容、范围的调整办法；

7　工程竣工价款结算编制与核对、支付及时间；

8　工程质量保证（保修）金的数额、预扣方式及时间；

9　与履行合同、支付价款有关的其他事项等。

五、工程量清单计价表格

5.1　计价表格组成

5.1.1　封面

1　工程量清单

2　招标控制价

3　投标总价

_____工程

工 程 量 清 单

工 程 造 价

招　标　人：_____　咨　询　人：_____

　　　　　　　（单位盖章）　　　　　　　　　　　　（单位资质专用章）

法定代表人　　　　　　　　　　　法定代表人

或其授权人：_____　或其授权人：_____

　　　　　　　（签字或盖章）　　　　　　　　　　　（签字或盖章）

编　制　人：_____　复　核　人：_____

　　　　　（造价人员签字盖专用章）　　　　　　（造价工程师签字盖专用章）

编制时间：　　年　月　日　　　　复核时间：　　年　月　日

_____工程

招 标 控 制 价

招标控制价(小写)：_____

　　　　　(大写)：_____

招 标 人：_____　工程造价咨询人：_____
　　　　　　(单位盖章)　　　　　　　　　　　　(单位资质专用章)

法定代表人　　　　　　　　　　法定代表人
或其授权人：_____　或其授权人：_____
　　　　　　(签字或盖章)　　　　　　　　　　(签字或盖章)

编 制 人：_____　复 核 人：_____
　　　　(造价人员签字盖专用章)　　　　　(造价工程师签字盖专用章)

编制时间： 年 月 日　　　　　复核时间： 年 月 日

投 标 总 价

招 标 人： _____

工 程 名 称： _____

投 标 总 价(小写)： _____

（大写）： _____

投 标 人： _____

(单位盖章)

法定代表人
或其授权人： _____

(签字或盖章)

编 制 人： _____

(造价人员签字盖专用章)

编制时间： 年 月 日

_____工程

竣 工 结 算 总 价

中标价（小写）：_____（大写）：_____

结算价（小写）：_____（大写）：_____

发 包 人：_____ 承 包 人：_____ 工 程 造 价
　　　　 （单位盖章）　　　　　 （单位盖章）　　 咨 询 人：_____
　　　　　　　　　　　　　　　　　　　　　　　　　　（单位资质专用章）

法定代表人　　　　　　法定代表人　　　　　　法定代表人
或其授权人：_____ 或其授权人：_____ 或其授权人：_____
　　　　 （签字或盖章）　　　　 （签字或盖章）　　　　 （签字或盖章）

编 制 人：_____ 核 对 人：_____
　　　　 （造价人员签字盖专用章）　　　　 （造价工程师签字盖专用章）

编制时间： 年 月 日　　　核对时间： 年 月 日

总 说 明

工程名称：

工程项目招标控制价/投标报价汇总表

工程名称：

序号	单项工程名称	金额(元)	其 中		
			暂估价 (元)	安全文明 施工费(元)	规费 (元)
	合 计				

注：本表适用于工程项目招标控制价或投标报价的汇总。

单项工程招标控制价/投标报价汇总表

工程名称：

序号	单项工程名称	金额(元)	其　中		
			暂估价 (元)	安全文明 施工费(元)	规费 (元)
	合　计				

注：本表适用于单项工程招标控制价或投标报价的汇总。暂估价包括分部分项工程中的暂估价和专业工程暂估价。

单位工程招标控制价/投标报价汇总表

工程名称：　　　　　　　标段：

序号	汇总内容	金额(元)	其中：暂估价(元)
1	分部分项工程		
1.1			
1.2			
1.3			
1.4			
1.5			
2	措施项目		
2.1	安全文明施工费		
3	其他项目		
3.1	暂列金额		
3.2	专业工程暂估价		
3.3	计日工		
3.4	总承包服务费		
4	规费		
5	税金		
招标控制价合计＝1＋2＋3＋4＋5			

注：本表适用于单位工程招标控制价或投标报价的汇总，如无单位工程划分，单项工程也使用本表汇总。

工程项目竣工结算汇总表

工程名称：

序号	单项工程名称	金额(元)	其　中	
			安全文明施工费(元)	规费(元)
合　计				

单项工程竣工结算汇总表

工程名称：

序号	单项工程名称	金额(元)	其　中	
			安全文明施工费(元)	规费(元)
合　计				

单位工程竣工结算汇总表

工程名称：　　　　　　　　　　标段：

序号	汇总内容	金　额（元）
1	分部分项工程	
1.1		
1.2		
1.3		
1.4		
1.5		
2	措施项目	
2.1	安全文明施工费	
3	其他项目	
3.1	专业工程结算价	
3.2	计日工	
3.3	总承包服务费	
3.4	索赔与现场签证	
4	规费	
5	税金	
竣工结算总价合计＝1＋2＋3＋4＋5		

注：如无单位工程划分，单项工程也使用本表汇总。

分部分项工程量清单与计价表

工程名称：　　　　　　　　　　标段：

序号	项目编码	项目名称	项目特征描述	计量单位	工程量	金　额（元）		
						综合单价	合价	其中：暂估价
		本页小计						
		合　计						

注：根据建设部、财政部发布的《建筑安装工程费用组成》（建标［2003］206号）的规定，为计取规费等的使用，可在表中增设其中："直接费"、"人工费"或"人工费＋机械费"。

工程量清单综合单价分析表

工程名称：　　　　　　　　　　　　标段：

项目编码			项目名称			计量单位	

清单综合单价组成明细

定额编号	定额名称	定额单位	数量	单　价				合　价			
				人工费	材料费	机械费	管理费和利润	人工费	材料费	机械费	管理费和利润

人工单价	小　计							
元/工日	未计价材料费							
	清单项目综合单价							

材料费明细	主要材料名称、规格、型号		单位	数量	单价（元）	合价（元）	暂估单价（元）	暂估合价（元）
	其他材料费				—		—	
	材料费小计				—		—	

注：1. 如不使用省级或行业建设主管部门发布的计价依据，可不填定额项目、编号等。

2. 招标文件提供了暂估单价的材料，按暂估的单价填入表内"暂估单价"栏及"暂估合价"栏。

措施项目清单与计价表（一）

工程名称：　　　　　　　　　　　　标段：

序号	项目名称	计算基础	费率（%）	金额（元）
1	安全文明施工费			
2	夜间施工费			
3	二次搬运费			
4	冬雨季施工			
5	大型机械设备进出场及安拆费			
6	施工排水			
7	施工降水			
8	地上、地下设施、建筑物的临时保护设施			
9	已完工程及设备保护			
10	各专业工程的措施项目			
11				
12				
	合　计			

注：1. 本表适用于以"项"计价的措施项目。

2. 根据建设部、财政部发布的《建筑安装工程费用组成》（建标〔2003〕206号）的规定，"计算基础"可为"直接费"、"人工费"或"人工费＋机械费"。

措施项目清单与计价表（二）

工程名称：　　　　　　　　　　标段：

序号	项目编码	项目名称	项目特征描述	计量单位	工程量	金　额（元）	
						综合单价	合价
			本页小计				
			合　计				

注：本表适用于以综合单价形式计价的措施项目。

其他项目清单与计价汇总表

工程名称：　　　　　　　　　　标段：

序号	项目名称	计量单位	金额（元）	备注
1	暂列金额			明细详见 暂列金额明细表
2	暂估价			
2.1	材料暂估价			明细详见 材料暂估单价表
2.2	专业工程暂估价			明细详见 专业工程暂估价表
3	计日工			明细详见 计日工表
4	总承包服务费			明细详见 总承包服务费计价表
5				
	合　计			—

注：材料暂估单价进入清单项目综合单价，此处不汇总。

暂列金额明细表

工程名称：　　　　　　　　　　　　　标段：

序号	项 目 名 称	计量单位	暂定金额(元)	备注
1				
2				
3				
4				
5				
6				
7				
8				
9				
10				
11				
合　计				—

注：此表由招标人填写，如不能详列，也可只列暂定金额总额，投标人应将上述暂列金额计入投标总价中。

材料暂估单价表

工程名称：　　　　　　　　　　　　　标段：

序号	材料名称、规格、型号	计量单位	单价(元)	备注

注：1. 此表由招标人填写，并在备注栏说明暂估价的材料拟用在哪些清单项目上，投标人应将上述材料暂估单价计入工程量清单综合单价报价中。

2. 材料包括原材料、燃料、构配件以及按规定应计入建筑安装工程造价的设备。

专业工程暂估价表

工程名称：　　　　　　　　　　标段：

序号	工程名称	工程内容	金额(元)	备注
合　计				

注：此表由招标人填写，投标人应将上述专业工程暂估价计入投标总价中。

计 日 工 表

工程名称：　　　　　　　　　　标段：

编号	项目名称	单位	暂定数量	综合单价	合价
一	人　工				
1					
2					
3					
4					
人工小计					
二	材　料				
1					
2					
3					
4					
5					
6					
材料小计					
三	施工机械				
1					
2					
3					
4					
施工机械小计					
总　　计					

注：此表项目名称、数量由招标人填写，编制招标控制价时，单价由招标人按有关计价规定确定；投标时，单价由投标人自主报价，计入投标总价中。

总承包服务费计价表

工程名称：　　　　　　　　　　　　标段：

序号	项 目 名 称	项目价值(元)	服务内容	费率(%)	金额(元)
1	发包人发包专业工程				
2	发包人供应材料				
	合　计				

规费、税金项目清单与计价表

工程名称：　　　　　　　　　　　　标段：

序号	项 目 名 称	计算基础	费率(%)	金额(元)
1	规费			
1.1	工程排污费			
1.2	社会保障费			
(1)	养老保险费			
(2)	失业保险费			
(3)	医疗保险费			
1.3	住房公积金			
1.4	危险作业意外伤害保险			
1.5	工程定额测定费			
2	税金	分部分项工程费＋措施项目费＋其他项目费＋规费		
	合　计			

注：根据建设部、财政部发布的《建筑安装工程费用组成》（建标〔2003〕206号）的规定，"计算基础"可为"直接费"、"人工费"或"人工费＋机械费"。

5.2　计价表格使用规定

5.2.1　工程量清单与计价宜采用统一格式。各省、自治区、直辖市建设行政主管部门和行业建设主管部门可根据本地区、本行业的实际情况，在本规范计价表格的基础上补充完善。

5.2.2　工程量清单的编制应符合下列规定。

1　工程量清单编制使用表格包括：工程量清单、总说明、分部分项工程量清单与计价表、措施项目清单与评价表（一）、措施项目清单与计价表（二）、规费、税金项目清单与计价表。

2　封面应按规定的内容填写、签字、盖章，造价员编制的工程量清单应有负责审核的造价工程师签字、盖章。

3 总说明应按下列内容填写:

(1) 工程概况:建设规模、工程特征、计划工期、施工现场实际情况、自然地理条件、环境保护要求等。

(2) 工程招标和分包范围。

(3) 工程量清单编制依据。

(4) 工程质量、材料、施工等的特殊要求。

(5) 其他需要说明的问题。

5.2.3 招标控制价、投标报价、竣工结算的编制应符合下列规定。

1 使用表格:

(1) 招标控制价使用表格包括:招标控制价、总说明、工程项目招标控制价/投标报价汇总表、单项工程招标控制价/投标报价汇总表、单位工程招标控制价/投标报价汇总表、分部分项工程量清单与计价表、工程量清单综合单价分析表、措施项目清单与计价表(一)、措施项目清单与计价表(二)、其他项目清单与计价汇总表、规费、税金项目清单与计价表。

(2) 投标报价使用的表格包括:投标总价、总说明、工程项目招标控制价/投标报价汇总表、单项工程招标控制价/投标报价汇总表、单位工程招标控制价/投标报价汇总表、分部分项工程量清单与计价表、工程量清单综合单价分析表、措施项目清单与计价表(一)、措施项目清单与计价表(二)、其他项目清单与计价汇总表、规费、税金项目清单与计价表。

(3) 竣工结算使用的表格包括:竣工结算总价、总说明、工程项目竣工结算汇总表、单项工程竣工结算汇总表、单位工程竣工结算汇总表、分部分项工程量清单与计价表、工程量清单综合单价分析表、措施项目清单与计价表(一)、措施项目清单与计价表(二)、其他项目清单与计价汇总表、规费、税金项目清单与计价表、工程款支付申请(核准)表。

2 封面应按规定的内容填写、签字、盖章,除承包人自行编制的投标报价和竣工结算外,受委托编制的招标控制价、投标报价、竣工结算若为造价员编制的,应有负责审核的造价工程师签字、盖章以及工程造价咨询人盖章。

3 总说明应按下列内容填写:

(1) 工程概况:建设规模、工程特征、计划工期、合同工期、实际工期、施工现场及变化情况、施工组织设计的特点、自然地理条件、环境保护要求等。

(2) 编制依据等。

5.2.4 投标人应按招标文件的要求,附工程量清单综合单价分析表。

5.2.5 工程量清单与计价表中列明的所有需要填写的单价和合价,投标人均应填写,未填写的单价和合价,视为此项费用已包含在工程量清单的其他单价和合价中。

第三节　工程量清单编制

一、概述

工程量清单是表现拟建工程的分部分项工程项目、措施项目、其他项目名称和相应数量的明细清单,是招标人或受其委托具有工程造价咨询资质的中介机构,根据施工设计图及施工现场实际情况,将拟建招标工程全部项目和内容,按照《建设工程工程量清单计价规范》(编号为 GB 50500—2008),以下简称《计价规范》)中统一项目编码、项目名称、计量单位和工程量计算规则的规定,编制的分部分项工程实物量,列在清单上作为招标文件的组成部分,供投标单位逐项填写单价用于投标报价。

工程施工招标发包可采用多种方式,但采用工程量清单方式招标发包,招标人必须将工程量清单作为招标文件的组成部分，连同招标文件一并发（或售）给投标人。招标人对编制的工程量清单的准确性和完整性负责，投标人依据工程量清单进行投标报价。工程量清单是工程量清单计价的基础。

工程量清单由分部分项工程量清单、措施项目清单、其他项目清单、规费项目清单、税金项目清单组成。

二、分部分项工程量清单

《计价规范》规定了构成一个分部分项工程量清单的五个要件——项目编码、项目名称、项目特征、计量单位和工程量，这五个要件在分部分项工程量清单的组成中缺一不可，其分部分项工程量清单格式见分部分项工程量清单与计价表。

1. 工程量清单编码的表示方式及设置的规定。

各位数字的含义是：一、二位为工程分类顺序码；三、四位为专业工程顺序码；五、六位为分部工程顺序码；七～九位为分项工程项目名称顺序码；十～十二位为清单项目名称顺序码。前九位码不能变动，后三位码，由清单编制人根据项目设置的清单项目编制，并应自001起顺序编制。

当同一标段（或合同段）的一份工程量清单中含有多个单位工程且工程量清单是以单位工程为编制对象时，在编制工程量清单时应特别注意对项目编码十～十二位的设置不得有重码的规定。

例如030801001，表示安装工程"给排水、采暖、燃气工程"的"给排水、采暖"管道第1项工程"镀锌钢管"项目。如果实际工程中有DN 15、DN 20、DN 32三种规格的镀锌钢管出现，则清单编制人对其后三位依次编码为001、002、003，完整的项目编码分别为030801001001、030801001002、030801001003。

编制工程量清单出现附录❶中未包括的项目，编制人应作补充，并报省级或行业工程造价管理机构备案，省级或行业工程造价管理机构应汇总报住房和城乡建设部标准定额研究所。

补充项目的编码由附录❶的顺序码与B和三位阿拉伯数字组成，并应从×B001起顺序编制，同一招标工程的项目不得重码。工程量清单中需附有补充项目的名称、项目特征、计量单位、工程量计算规则、工程内容。

2. 《计价规范》规定了分部分项工程量清单项目的名称应按附录❶中的项目名称，结合拟建工程的实际确定。

3. 《计价规范》规定了工程量应按附录中规定的工程量计算规则计算。工程数量通过有关工程量计算规则而计算得到工程数量。除另有说明外，所有清单项目的工程量均应以实体工程量为准。投标人投标报价时，应严格执行工程量清单，在综合单价中应考虑主要材料损耗和需要增加或减少的工程量。

工程量的有效位数遵守下列规定：

① 以"t"为单位，应保留三位小数，第四位小数四舍五入；

② 以"m³"、"m²"、"m"、"kg"为单位，应保留两位小数，第三位小数四舍五入；

③ 以"个"、"项"等为单位，应取整数。

4. 《计价规范》规定了工程量清单的计量单位应按附录❶中规定的计量单位确定。

附录❶中有两个或两个以上计量单位的，应结合拟建工程项目的实际选择其中一个确定。

5. 工程量清单的项目特征描述

工程量清单的项目特征是确定一个清单项目综合单价不可缺少的重要依据，在编制的工程量清单中必须对其项目特征进行准确和全面的描述。但在实际的工程量清单项目特征描述中有些项目特征用文字往往又难以准确和全面地予以描述，因此为达到规范、统一、简捷、准确、全面描述项目

---

❶ 本书中的附录是指中华人民共和国国家标准《建设工程工程量清单计价规范》（GB 50500—2008）中的附录。

特征的要求，在描述工程量清单项目特征时应按以下原则进行。

① 项目特征描述的内容按《计价规范》附录规定的内容，项目特征的表述按拟建工程的实际要求，能满足确定综合单价的需要。

② 若采用标准图集或施工图纸能够全部或部分满足项目特征描述的要求，项目特征描述可直接采用详见××图集或××图号的方式。对不能满足项目特征描述要求的部分，仍应用文字描述。

在编制的工程量清单中必须对其项目特征进行准确和全面的描述。《计价规范》规定了分部分项工程量清单的项目特征描述原则，应按附录中规定的项目特征结合拟建工程项目的实际予以描述。

6. 工程量清单项目特征描述的重要意义

（1）项目特征是区分清单项目的依据　工程量清单项目特征是用来表述分部分项清单项目的实质内容，用于区分计价规范中同一清单条目下各个具体的清单项目。没有项目特征的准确描述，对于相同或相似的清单项目名称，就无从区分。

（2）项目特征是确定综合单价的前提　由于工程量清单项目的特征决定了工程实体项目的实质内容，必然直接决定了工程实体的自身价值。因此，工程量清单项目特征描述得准确与否，直接关系到工程量清单项目综合单价的准确确定。

（3）项目特征是履行合同义务的基础　实行工程量清单计价，工程量清单及其综合单价是施工合同的组成部分，因此，如果工程量清单项目特征的描述不清甚至漏项、错误，从而引起在施工过程中的更改，都会引起分歧，导致纠纷。

由此可见，清单项目特征的描述，应根据计价规范附录中有关项目特征的要求，结合技术规范、标准图集、施工图纸，按照工程结构、使用材质及规格或安装位置等，予以详细而准确的表述和说明。

7. 项目特征描述，要掌握的要点

（1）必须描述的内容

① 涉及正确计量的内容必须描述　如门窗洞口尺寸或框外围尺寸，直接关系到门窗的价格，对门窗洞口或框外围尺寸进行描述就十分必要。《计价规范》按"m²"计量，如采用"樘"计量，上述描述仍是必须的。

② 涉及结构要求的内容必须描述　如混凝土构件的混凝土强度等级，是使用 C20 还是 C30 或 C40 等，因混凝土强度等级不同，其价格也不同，必须描述。

③ 涉及材质要求的内容必须描述　如油漆的品种：是调和漆还是硝基清漆等；管材的材质：是碳钢管，还是塑钢管、不锈钢管等；还需对管材的规格、型号进行描述。

④ 涉及安装方式的内容必须描述　如管道工程中的钢管的连接方式是螺纹连接还是焊接；塑料管是粘接连接还是热熔连接等必须描述。

（2）可不描述的内容

①对计量计价没有实质影响的内容可以不描述　如对现浇混凝土柱的高度、断面大小等的特征规定可以不描述，因为混凝土构件是按"m³"计量，对此的描述实质意义不大。

② 应由投标人根据施工方案确定的可以不描述　如对石方的预裂爆破的单孔深度及装药量的特征规定，如由清单编制人来描述是困难的，由投标人根据施工要求，在施工方案中确定，自主报价比较恰当。

③ 应由投标人根据当地材料和施工要求确定的可以不描述　如对混凝土构件中的混凝土拌和料使用的石子种类及粒径、砂的种类及特征规定可以不描述。因为混凝土拌和料使用石还是碎石，使用粗砂还是中砂、细砂或特细砂，除构件本身特殊要求需要指定外，主要取决于工程所在地砂、石子材料的供应情况。至于石子的粒径大小主要取决于钢筋配筋的密度。

④ 应由施工措施解决的可以不描述　如对现浇混凝土板、梁的标高的特征规定可以不描述。

因为同样的板或梁，都可以将其归并在同一个清单项目中，但由于标高的不同，将会导致因楼层的变化对同一项目提出多个清单项目，可能不同的楼层工效不一样，但这样的差异可以由投标人在报价中考虑，或在施工措施中去解决。

（3）可不详细描述的内容

① 无法准确描述的可不详细描述　如土壤类别，由于我国幅员辽阔，南北东西差异较大，特别对于南方来说，在同一地点，由于表层土与表层土以下的土壤，其类别是不相同的，要求清单编制人准确判定某类土壤的所占比例是困难的，在这种情况下，可考虑将土壤类别描述为综合，注明由投标人根据地勘资料自行确定土壤类别，决定报价。

② 施工图纸、标准图集标注明确，可不再详细描述　对这些项目可描述为见××图集××页号及节点大样等。由于施工图纸、标准图集是发、承包双方都应遵守的技术文件，这样描述可以有效减少在施工过程中对项目理解的不一致。同时，对不少工程项目，若要将项目特征一一描述清楚，也是一件费力的事情，如果能采用这一方法描述，就可以收到事半功倍的效果。因此，建议这一方法在项目特征描述中能采用的尽可能采用。

③ 还有一些项目可不详细描述，但清单编制人在项目特征描述中应注明由招标人自定，如土石方工程中的"取土运距"、"弃土运距"等。首先要清单编制人决定在多远取土或取、弃土运往多远时困难的；其次，由投标人根据在建工程施工情况统筹安排，自主决定取、弃土方的运距，可以充分体现竞争的要求。

（4）计价规范规定多个计量单位的描述

① 计价规范对"A.2.1混凝土桩"的"预制钢筋混凝土桩"计量单位有"m/根"两个计量单位，但是没有具体的选用规定，在编制该项目清单时，清单编制人可以根据具体情况选择"m"、"根"其中之一作为计量单位。但在项目特征描述时，当以"根"为计量单位，单桩长度应描述为确定值，只描述单桩长度即可；当以"m"为计量单位，单桩长度可以按范围值描述，并注明根数。

② 计价规范对"A.3.2砖砌体"中的"零星砌砖"的计量单位为"m³、m²、m、个"四个计量单位，但是规定了"砖砌锅台与炉灶可按外形尺寸以'个'计算，砖砌台阶可按水平投影面积以'm²'计算，小便槽、地垄墙可按长度以'm'计算，其他工程量按'm³'计算，所以在编制该项目的清单时，应将零星砌砖的项目具体化，并根据计价规范的规定选用计量单位，并按照选定的脊梁单位进行恰当的特征描述。"

（5）规范没有要求，但又必须描述的内容　对规范中没有项目特征要求的个别项目，但又必须描述的应予描述：由于计价规范在我国初次实施，难免在个别地方存在考虑不同的地方，需要我们在实际工作中来完善。例如"A.5.1厂库房大门、特种门"，计价规范以"樘"作为计量单位，但又没有规定门大小的特征描述，那么，"框外围尺寸"就是影响报价的重要因素，因此，就必须描述，以便投标人准确报价。同理，"B.4.1木门"、"B.5.1门油漆"、"B.5.2窗油漆"也是如此，需要注意增加描述门窗的洞口尺寸或框外围尺寸。

计量单位按附录规定填写，附录中该项目有两个或两个以上计量单位的，应选择最适宜计量的方式决定其中一个填写。工程量应按附录规定的工程量计算规则计算填写。

8. 补充项目清单的编码

随着工程建设中新材料、新技术、新工艺等的不断涌现，《计价规范》附录所列的工程量清单项目不可能包含所有项目。在编制工程量清单时，当出现本规范附录中未包括的清单项目时，编制人应作补充。在编制补充项目时应注意以下三个方面：

① 补充项目的编码应按本规范的规定确定；

② 在工程量清单中应附补充项目的项目名称、项目特征、计量单位、工程量计算规则和工作内容；

③ 将编制的补充项目报省级或行业工程造价管理机构备案。

三、措施项目清单

措施项目是指为完成工程项目施工，发生于该工程施工前和施工过程中技术、生活、安全等方面的非工程实体项目。所谓非实体性项目，一般来说，其费用的发生和金额的大小与使用时间、施工方法或者两个以上工序相关，与实际完成的实体工程量的多少关系不大，典型的是大中型施工机械、文明施工和安全防护、临时设施等。

《计价规范》的实体性项目划分为分部分项工程量清单，非实体性项目划分为措施项目。但有的非实体性项目，则是可以计算工程量的项目，典型的是混凝土浇筑的模板工程，用分部分项工程量清单的方式采用综合单价，更有利于措施费的确定和调整。

措施项目清单由发包人根据拟建工程的具体情况及合理的施工方案或施工组织设计参照《计价规范》给出的通用项目和特殊项目编制。

措施项目清单的编制需考虑多种因素，除工程本身的因素外，还涉及水文、气象、环境、安全等因素。《计价规范》提供了"通用措施项目一览表"（见表 2-1），作为措施项目列项的参考。表中所列内容是各专业工程均可列出的措施项目。各专业工程的"措施项目清单"中可列的措施项目应根据拟建工程的具体情况选择列项。安装工程措施项目清单格式见表 2-2。

表 2-2　安装工程措施项目

序号	项 目 名 称
3.1	组装平台
3.2	设备、管道施工的防冻和焊接保护措施
3.3	压力容器和高压管道的检验
3.4	焦炉施工大棚
3.5	焦炉烘炉、热态工程
3.6	管道安装后的充气保护措施
3.7	隧道内施工的通风、供水、供气、供电、照明及通信设施
3.8	现场施工围栏
3.9	长输管道临时水工保护措施
3.10	长输管道施工便道
3.11	长输管道跨越或穿越施工措施
3.12	长输管道地下穿越地上建筑物的保护措施
3.13	长输管道工程施工队伍调遣
3.14	各架式抱杆

由于影响措施项目设置的因素太多，《计价规范》不可能将施工中可能出现的措施项目一一列出。在编制措施项目清单时，因工程情况不同，出现《计价规范》及附录中未列的措施项目，可根据工程的具体情况对措施项目清单作补充，但应排列在措施项目清单所列项目之后，并在序号栏上标注"补"字，从 001 起顺序编码。

措施项目采用的具体方法，由投标人根据企业的施工组织设计、企业的技术水平和管理水平以及工程的具体情况决定。因为这些项目在各个企业间是各有不同的，这就为企业投标报价提供了竞争的空间。

四、其他项目清单

其他项目清单是指除分部分项工程量清单和措施项目清单以外，为完成工程施工可能发生的费用项目和相关数量清单。

工程建设标准的高低、工程的复杂程度、工程的工期长短、工程的组成内容、发包人对工程管理要求等都直接影响其他项目清单的具体内容，《计价规范》仅提供了四项内容作为列项参考。其不足部分，可根据工程的具体情况进行补充。

1. 暂列金额是招标人暂定并包括在合同中的一笔款项。不管采用何种合同形式，其理想的标准是，一份合同的价格就是其最终的竣工结算价格，或者至少两者应尽可能接近。我国规定对政府投资工程实行概算管理，经项目审批部门批复的设计概算是工程投资控制的刚性指标，即使商业性开发项目也有成本的预先控制问题，否则，无法相对准确预测投资的收益和科学合理地进行投资控制。但工程建设自身的特性决定了工程的设计需要根据工程进展不断地进行优化和调整，业主需求可能会随工程建设进展出现变化，工程建设过程还会存在一些不能预见、不能确定的因素。消化这些因素必然会影响合同价格的调整，暂列金额正是为这类不可避免的价格调整而设立，以便达到合理确定和有效控制工程造价的目标。

2. 暂估价是指招标阶段直至签订合同协议时，招标人在招标文件中提供的用于支付必然要发生但暂时不能确定价格的材料以及专业工程的金额。暂估价类似于 FIDIC 合同条款中的 Prime Cost Items，在招标阶段预见肯定要发生，只是因为标准不明确或者需要由专业承包人完成，暂时无法确定价格。暂估价数量和拟用项目应当结合工程量清单中的"暂估价表"予以补充说明。

为方便合同管理，需要纳入分部分项工程量清单项目综合单价中的暂估价应只是材料费，以方便投标人组价。

专业工程的暂估价一般应是综合暂估价，应当包括除规费和税金以外的管理费、利润等取费。总承包招标时，专业工程设计深度往往是不够的，一般需要交由专业设计人设计，国际上出于提高可建造性考虑，一般由专业承包人负责设计，以发挥其专业技能和专业施工经验的优势。这类专业工程交由专业分包人完成是国际工程的良好实践，目前在我国工程建设领域也已经比较普遍。公开透明地合理确定这类暂估价的实际开支金额的最佳途径，就是通过施工总承包人与工程建设项目招标人共同组织的招标。

3. 计日工是为了解决现场发生的零星工作的计价而设立的。国际上常见的标准合同条款中，大多数都设立了计日工（daywork）计价机制。计日工对完成零星工作所消耗的人工工时、材料数量、施工机械台班进行计量，并按照计日工表中填报的适用项目的单价进行计价支付。计日工适用的所谓零星工作一般是指合同约定之外的或者因变更而产生的、工程量清单中没有相应项目的额外工作，尤其是时间不允许事先商定价格的额外工作。

4. 总承包服务费是为了解决招标人在法律、法规允许的条件下进行专业工程发包，以及自行供应材料、设备，并需要总承包人对发包的专业工程提供协调和配合服务，对供应的材料、设备提供收、发和保管服务以及进行施工现场管理时发生，并向总承包人支付的费用。招标人应预计该项费用并按投标人的投标报价向投标人支付该项费用。

五、规费项目清单

根据建设部、财政部"关于印发《建筑安装工程费用项目组成》的通知"（建标 [2003] 206号）的规定，规费包括工程排污费、工程定额测定费、社会保障费（养老保险、失业保险、医疗保险）、住房公积金、危险作业意外伤害保险。规费是政府和有关权力部门规定必须缴纳的费用，编制人对《建筑安装工程费用项目组成》未包括的规费项目，在编制规费项目清单时应根据省级政府或省级有关权力部门的规定列项。

六、税金项目清单

根据建设部、财政部"关于印发《建筑安装工程费用项目组成》的通知"的规定，目前我国税法规定应计入建筑安装工程造价的税种包括营业税、城市建设维护税及教育费附加。如国家税法发生变化，税务部门依据职权增加了税种，应对税金项目清单进行补充。

第一节　电气工程造价的相关知识

一、电气工程系统及相关名称概念

（1）变压器　变压器是变电所（站）的主要设备，它的作用是变换电压，将电网的电压经变压器降压或升压，以满足各用电设备的需要。

变压器按用途可分为两类：一类是电力变压器（包括箱式变电站），如城乡工矿变电所用的降压变压器，带调压的变压器，发电厂用的升压变压器等；另一类是特种变压器，即专用变压器，如电炉变压器、实验变压器、自耦变压器等。

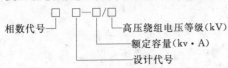

图 3-1　变压器型号的表示方法

相数代号：S—三相；D—单相

绝缘代号：C—线圈外绝缘介质为成型固体；

G—线圈外绝缘介质为空气；J—油

冷却代号：F—风冷，自然冷却不表示

调压代号：Z—有载调压，无激磁调压不表示

绕组导线材质代号：L—铝线，铜绕组不表示

变压器型号的含义：各种变压器的型号都用汉语拼音字母表示，各个字母都包含不同的含义。在变压器型号后面的数字部分，斜线的左面表示额定容量（kV·A）；斜线的右面表示一次侧的额定电压（kV）。电力变压器的型号及含义如图 3-1。

例如：SJL1—1000/10 型，表示为三相油浸式铝线电力变压器，额定容量为 1000kV·A，高压侧电压为 10kV，第一次系列设计。

① 变压器：是利用电磁感应原理，将一种电压的交流电变换成频率相同的一种或几种不同电压交流电的电气设备，由一个或几个线组套于硅钢片铁芯上做成。

② 调压变压器：在变压器一次侧或二次侧星形接线的每相绕组中性点处，抽出一定数量的分接头，利用分接开关改变一次侧或二次侧绕组匝数，以此实现电压调整的变压器。

③ 变压器有载调压开关：有一种在变压器带负荷情况下变换高压侧或低压侧绕组抽头位置从而改变电压比的切换开关。一般 35kV 及以下的绕组调压范围为额定电压 ±3×2.5%；220kV 的为 ±8×1.5%。

④ 额定容量：变压器、电机等电气设备在给定的工作条件下，能长期持续工作的技术出力。

⑤ 电压等级：指完成以电源点至用电点输配电任务所采取的各种电压等级。为了适应对各类性质和不同容量的用户供电和保持电网的经济运行，一个供电系统往往需要有几个电压等级。

⑥ 消弧线圈：是一种绕组带有多个分接头、铁芯带有气隙的电抗器。消弧线圈连接在变压器造成的中性点上，当单相接地时，由于在接地相电流中增加了感性电流，它可抵消系统容性电流，减小了接地故障时接地点的电流，使电弧易于自行熄灭，避免弧光过电压的发生。消弧线圈的绕组和铁芯装在充油的铁箱内，用套管引出线连接。

⑦ 变压器干燥：变压器是否需要干燥，应根据规范的要求进行综合分析判断后确定。干燥方法有短路电流法、不带油油箱涡流干燥法、热油循环抽真空干燥法、热油喷雾循环和绝缘真空干燥等。

不论何种干燥方法，均应在干燥过程中对变压器各部位温度进行监控，如油温、箱壁温度、箱底温度、绕组温度、热风干燥时的进风温度等。抽真空时应监视箱壁的弹性变形。干燥后的变压器还应进行器身检查，所有螺栓压紧部分应无松动、绝缘表面应无过热等异常情况。

（2）配电装置

① 交流接触器：是一种可重复接通和开断交流电路的低压电器，它利用主接点来开闭电路，用辅助接点来执行控制指令，主要由主触头、副角触头、灭弧系统线磁铁和传动机构组成。它不具备过载脱扣的能力，可手动或电动操作。

② 隔离开关：是将电气设备与电源进行电气隔离或连接的设备。同导电回路、绝缘支柱、操作机构系统及支座底架等组成。隔离开关按操作机构方式不同，有手动、电动和气动三种；按其结构不同，则有单极式、双柱式、三柱式、水平旋转式、破冰式、双臂折架式、单臂折架式、剪刀式等多种。

③ 负荷开关：指能断开和合上负荷电流，但不能切断短路电流的开关。它适用于 10kV 及以下电压等级的配电系统中需经常操作的场合。负荷开关一般有压气式、油浸式和充 SF 6 气体式等十种。

④ 电力电容器：又称静电电容器，是从电力网中吸收容性电流，亦即向电力网送出感性电流，用于改善电网功率因数和电压的电气设备。电容器以金属薄膜（如铝箔）为电极，绝缘低或其他绝缘材料制成的薄膜为介质卷成一个电容元件，再由多个电容元件串联和并联，组成一台电容器的电容部件，浸于绝缘油中，外壳用铁皮做成，两个电极通过绝缘套管引出。电力电容器一般有单相和三相以及串联和并联等形式。

⑤ 电流互感器：也称变流器，是利用电磁感应原理将交流一次侧电流转换成可供仪表、继电保护装置等使用的二次侧标准电流（一般为 5A 或 1A）的变流设备。电流互感器分为单匝式、多匝式、干式、油浸式。

⑥ 电压互感器：指可将较高交流电压转换成可供仪表、继电保护装置使用的低电压的变压设备。电压互感器按结构不同，可分为单相式和三相式。按照工作原理不同，可分为电磁式电压互感器和电容式电压互感器。

⑦ 电磁式电压互感器：是利用绕组之间的电磁感应原理制成的一种电压互感器。在结构上有将绕组和铁芯用环氧树脂浇筑包裹的干式和将绕组、铁芯浸没于绝缘油中的油浸式之分。

（3）母线

① 母线：指发电厂和变电所汇集和分配电能的设备。

② 软母线：适用于户外配电装置，采用钢、铝或钢芯铝绞线（包括扩径导线），可用单根或两根及以上的导线复合使用。

③ 矩形母线：采用铜排式铝排，如 TMY—60×8、TMY—100×10、TMY—120×10、LMY—60×8、LMY—80×8、LMY—100×10、LMY—120×10 等规格（T：铜；M：母线；Y：硬；L：铝），根据负荷大小和布置方式，可以有平放 1 片及 2~4 片，也有立放 1 片及 2~4 片，也可以将 4 片矩形母线组装成菱形，也称菱形母线。

④ 槽形母线：采用槽形的铜铝材料做成的母线，一般选用双槽形。

⑤ 管形母线：采用钢管、铝合金管来作母线，通常在布置上选用支持式或悬吊式两种。

⑥ 分相封闭母线：指圆形母线的每一相场用同心圆形铝质外壳单独封闭，三相外壳两端再用短路板短接的一种封闭母线形式。这种母线既可有效地防止相同短路，又可减少外壳钢结构的感应发热及短路电流产生的应力。分相封闭母线多用于单元接线的大型发电机引出线，包括从发电机至主变压器的母线及至厂用工作变压器的分支线。

⑦ 插接式母线槽：指用在高层建筑等场所中低压配电干线，用于传输电力的槽式母线装置。导体采用规格型材的铝和铜，每片之间互相绝缘，装置在金属板（钢板或铝板）外壳内。它可制成

每隔一段距离设有插接分线盒，它可以做成二、三、四、五芯不同大小规格的母线。

（4）控制设备及低压电器　电气控制是指安装在控制室、车间的动力配电控制设备，主要有控制盘、箱、柜、动力配电箱以及各类开关、启动器、测量仪表、继电器等。这些设备主要是对用电设备起停电、送电、保证安全生产的作用。电动机安装包括在设备安装中，这里仅指电动机检查接线。

动力工程中常用的设备属于低压电器设备，有十几类，每一型号代表一种类型的产品，但可以包括该产品的派生系列。在产品型号之后有规格（如电流、电压或容量数值等）以及其他数字或字母表示，则称该型号为产品的全型号，它表明产品的主要规格及其派生特征（类组代号与设计代号的组合，就表示产品的系列，如 CJ 10 表示接触器第 10 个系列）。具体如图 3-2 所示。

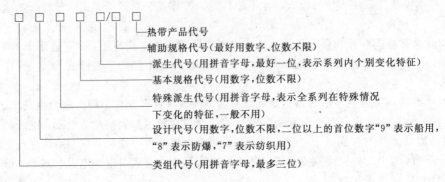

图 3-2　电气控制设备表示方法

① 模拟盘：指将单线生产流程图画在盘面上，在每条生产线上配有相应的信号灯、光子板和闪光信号，用以显示各生产系统的生产状态。但它并非真正的生产系统，而是以模拟生产流程用电的信号显示出来，故称模拟盘。

② 集装箱式配电室：又称集装箱式电磁站。它的外形就像一个大的集装箱，故由此而得名。箱的两端开门，箱内中间为人行通道，人行道两侧为配电盘和控制屏，是一个完整的配电室，所有盘箱和盘内的设备以及盘顶上的母线都由生产厂配装完毕，这个特制的大型集装箱的外部就是配电室的房间。配电室整体安装完毕之后，所有盘箱的对外接线皆用电缆引出。一个集装箱式配电室内可装 8～16 台电气盘箱。

③ 硅整流柜、可控硅整流柜、电容器柜：是指柜内的硅整流器、可控硅整流器和电容器都已由厂家安装完毕。柜的安装一般为整体吊装，柜的名称由其内装的设备而得名。可控硅整流器比一般硅整流器多一个控制级（线），可控制整流电压和电流，实现直流电动机的无级调速，是指为发电机的磁极线圈供电，又可为发电厂、变电所直流电源供电的控制装置。

④ 配电屏（盘、箱）：指专为供用电的盘称为配电盘（或电源盘），内装断路器、隔离开关、空气开关或闸刀开关、保险器以及检测仪表等设备元件。配电盘（箱）安装在楼地面的称为落地式，安装在墙上的称为悬挂嵌入式。

⑤ 控制开关：控制电路闭合和断开的开关称为控制开关。空气开关、刀开关、铁壳开关、组合开关、转换开关和漏电保护开关等均为低压控制开关。

⑥ 分流器：是一种直流电路用的分流器。

（5）蓄电池

① 蓄电池：一种储蓄电能的设备，可以反复充电与放电循环的电池，将电能转化为化学能储存，再由化学能转化为电能。发电厂、变电所的控制、保护、信号、安全自动装置及调度通信装置等所使用的直流电源，通常都由蓄电池供给。常用的蓄电池类型有：固定式防酸隔爆型铅酸蓄电池（GF、GFD 型）；密封少维护铅酸蓄电池（GM 型）；碱性镉镍蓄电池；免维护蓄电池等。

② 蓄电池组：由两个或更多个蓄电池连接成的蓄电池组。在发电厂、变电所全部停电的情况下，蓄电池组能正常供给所需要的操作电源。

（6）电机

① 电机：是发电机、调相机和电动机的统称。

② 发电机：将动能转换成电能的机器称为发电机。发电机必须由转动机械带动才能发出电来，实现能量的转换。转动机械的"动能"来自燃烧煤、石油等热源发出的蒸气推动汽轮机带动发电机发电的称为热力发电，汽轮机和发电机连同蒸汽锅炉等全套装置称为"热力发电机组"。以柴油为动力的发电机组称为柴油发电机组，以水力为动力的发电机组称为水力发电机组，以原子能为热源的发电厂称为核发电厂。

③ 调相机：一般不带机械负荷运行的同步电动机。调相机主要用来向电网输送无功功率，以调节电控制点或地区的电压。调相机转轴上除拖动同轴励磁机和启动电动机外没有其他机械负荷。为使调相机能够做到异步启动，在它的转子上装有阻负绕组。为减小损耗，其转子间的气隙比一般同步电动机略小。

④ 电动机：把电能转换成机械"转动能"的机器称为电动机。电动机是一种用电设备，电动机接通电源才会转动并带动机械去做功，实现能量的转换。

⑤ 直流电动机：能发出直流电的机器称为直流发电机，以直流电源为动力的机器称为直流电动机。

⑥ 交流电动机：能发出交流电的机器称为交流发电机；以交流电源为动力的机器称为交流电动机。以单相交流电源为动力的电机称为单相交流电动机；以三相交流电源为动力的电机称为三相交流电动机。

⑦ 交流同步电动机：转子速度与定子的旋转磁场同步转动的电动机称为交流同步电动机。旋转磁场是三相交流电源在定子绕组中产生的围绕定子铁芯作圆周运动的转动磁场。

⑧ 交流异步电动机：转子速度与定子的旋转磁场不同步转动的电动机称为交流异步电动机。

⑨ 电磁调速电动机：是一种简单可靠的调速装置。它由鼠笼型异步电动机、电磁转差离合器和控制器三部分组成。调节其励磁电流即能使电动机在规定的调速范围内实现无级调速。

⑩ 直流发电机组：一般指一台交流电动机带动一台直流发电机，称为两台一套的机组；一台电动机带动两台直流发电机的称为三台一套的机组。

（7）滑触线装置

① 滑触线：移动电气装置的电源是靠它的导电刷在接有电源的导体上滑动而取得的，这种电源导体就称为滑触线。滑触线按它的材质和轻重分为若干类。

a. 轻型滑触线：指铜质和铜钢组合型的滑触线。沟型滑触线即无轨电车用的滑触线，其断面像一个葫芦形，它的上面用线夹固定在横架线上，它的下面与无轨电车上的弹簧导电刷滑动接触，电车行走时即将沟型滑触线上的电能不断地送入电车的电动机。

b. 重型滑触线：指用角钢、扁钢、圆钢、工字钢和钢轨制成的滑触线。轻型和重型滑触线大部分用于车间桥式起重机的大车行走电动机的电源及桥式起重机的其他电源。

② 滑触线拉紧装置：为使软滑触线经常保持一定的拉力和水平状态，在它的两端各加一套带有可调的松紧螺栓，将其后端固定在屋架上，这套装置称为滑触线的拉紧装置。

（8）电缆　电缆按绝缘可分为纸绝缘电缆、塑料绝缘电缆和橡皮绝缘电缆；按导电材料可分为铜芯电缆、铝芯电缆、铁芯电缆；按敷设方式可分为直埋电缆、不可直埋电缆；按用途可分为电力电缆、控制电缆和通信电缆；按电压等级可分为 500V、1kV、5kV、10kV，最高电压可达到110kV、220kV、330kV 等。

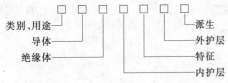

图 3-3 电缆的表示方法

由于电缆具有绝缘性能好，耐拉、耐压力性强，敷设及维护方便，占地面积小等优点，所以在厂内的动力、照明、控制、通信等多采用电缆。电缆的敷设方式，一般采取埋地敷设、穿导管敷设、沿支架敷设、沿钢索敷设、沿槽架敷设等多种。

只有麻被钢带铠装电缆或塑料外皮内钢带电缆才能直接埋在地中。低压电缆绝对不可代替高压电缆；高压电缆代替低压电缆是不经济的，所以也不采用。有时施工现场将不合格的高压电缆代替低压电缆，这时须相应减少允许通过的电流。

① 电缆型号的表示如图 3-3 所示。

② 电力电缆：用于电气装置（电气设备和器具）的电源电缆，其用途是给电气装置传送电力，故称电力电缆。

③ 控制电缆：用于电气装置的控制保护回路的电缆称为控制电缆。控制电缆所传送的只是电气装置的信号和控制电流，其电流量很小，故其电缆截面很小（$1.0 \sim 2.5 mm^2$），而电缆的芯数较多（4～48 芯），这是控制电缆不同于电力电缆的特点。

常用电缆型号各部分的代号及含义见表 3-1。

常用绝缘电线型号品种见表 3-2。

④ 电缆保护管：指保护电缆用的各种管道，如钢管、铸铁管、塑料管等。

⑤ 电缆桥架：由梯架、托盘、槽盒的直线段、非直线段、附件及支吊架等组合构成，用以支撑电缆、具有连续的刚性结构系统，见图 3-4。

表 3-1　常用电缆型号各部分的代号及含义

类 别 用 途	绝缘	内护层	特征	外护层	派生
N—农用电缆	V—聚氯乙烯	H—橡皮	CY—充油	0—相应的裸外护层	1—第一种
V—塑料电缆	X—橡皮	HF—非燃橡套	D—不滴流	1——级防腐	2—第二种
X—橡皮绝缘电缆	XD—丁基橡皮	L—铝包	F—分相互套	1—麻被护套	110—110kV
YJ—交联聚氯乙烯塑料电缆	Y—聚乙烯塑料	Q—铅包	P—贫油、干绝缘	2—二级防腐	120—120kV
Z—纸绝缘电缆		Y—塑料护套	P—屏蔽	2—钢带铠装麻被	150—150kV
G—高压电缆			Z—直流	3—单层细钢丝铠装麻被	30—拉断力 0.3t
K—控制电缆			C—滤尘器用	4—双层细钢丝铠装麻被	1—拉断力 1t
P—信号电缆			C—重型	5—单层粗钢丝麻被	TH—湿热带
V—矿用电缆			D—电子显微镜	6—双层粗钢丝麻被	
VC—采掘机用电缆			G—高压	9—内铠装	
VZ—电钻电缆			H—电焊机用	29—内钢带铠装	
VN—泥炭工业用电缆			J—交流	20—裸钢带铠装	
W—地球物理工作用电缆			Z—直流	30—细钢丝铠装	
WB—油泵电缆			CQ—充气	22—铠装加固电缆	
WC—海上探测电缆			YQ—压气	25—粗钢丝铠装	
WE—野外探测电缆			YY—压油	11——级防腐	
X-D—单焦点 X 光电缆				12—钢带铠装一级防腐	
X-E—双焦点 X 光电缆				120—钢带铠装一级防腐	
H—电子轰击炉用电缆				13—细钢丝铠装一级防腐	
J—静电喷漆用电缆				15—细钢丝铠装一级防腐	
Y—移动电缆				130—裸细钢丝铠装一级防腐	
SY—摄影等用电缆				23—细钢丝铠装二级防腐	
				59—内粗钢丝铠装	

注：L—铝；T—铜（略）。

表 3-2　常见绝缘电线型号、品种

类　　别	型　号	名　　称
聚氯乙烯塑料绝缘电线 (JB 666—71)	BV	铜芯聚氯乙烯绝缘电线
	BLV	铝芯聚氯乙烯绝缘电线
	BVV	铜芯聚氯乙烯绝缘聚氯乙烯护套电线
	BLVV	铝芯聚氯乙烯绝缘聚氯乙烯护套电线
	BVR	铜芯聚氯乙烯绝缘软线
	BLVR	铝芯聚氯乙烯绝缘软线
	RVB	铜芯聚氯乙烯绝缘平行软线
	RVS	铜芯聚氯乙烯绝缘绞形软线
	RVZ	铜芯聚氯乙烯绝缘聚氯乙烯护套软线
橡皮绝缘电线 (JB 665—65) (JB 870—66)	BX	铜芯橡皮线
	BLX	铝芯橡皮线
	BBX	铜芯玻璃丝织橡皮线
	BBLX	铝芯玻璃丝织橡皮线
	BXR	铜芯橡皮软线
	BXS	棉纱织双绞软线
丁腈聚氯乙烯复合物绝缘软线 (JB 1170—71)	RFS	复合物绞形软线
	RFB	复合物平形软线

⑥ 电缆支架：用于支撑电缆的装置称为电缆支架。电缆支架是各种支撑电缆装置的统称，包括普通支架和桥架。普通电缆支架系指用型钢制成的电缆支架。普通电缆支架有时亦简称"电缆支架"。

(9) 防雷接地

① 接地：是指将电力设备的金属外壳、输电线路杆塔、过电压保护装置的接地部件等用接地线与接地体相连接的状态。

② 接地装置：是指将设备需接地的部分与大地之间连接起来的装置，

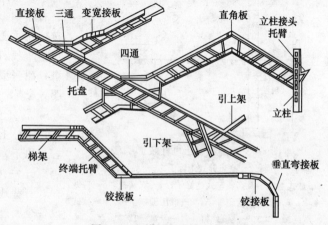

图 3-4　电缆桥架的应用示例

包括接地体和接地线两部分。埋入地中与大地紧密接触的金属导体称为接地体。将设备或杆塔的接地螺栓与接地体连接的金属导体称为接地线。接地体的对地电阻和接地线电阻的总和，称为接地装置的接地电阻。接地体一般采用垂直埋设的钢管、角钢、圆钢或水平埋设的圆钢、扁钢；也有采用生铁板、铜板作接地体的。接地线一般采用扁钢带、镀锌钢绞线、铜绞线或铜带。

③ 自然接地体：是指利用埋设在地下的与大地接触的金属构件、金属管道；电缆的金属外壳、建筑物、构筑物钢筋混凝土结构中的钢筋与基础工程中的底板钢筋等也可作为自然接地体。

④ 接地引下线：是指防雷装置中将接受雷电部分和接地装置连接起来的一段金属导体。其作用是引导雷电流流向接地装置并泄入大地。一般采用镀锌钢绞线或镀锌扁钢，也有利用非预应力钢筋混凝土电杆中的钢筋、钢结构体兼作接地引下线。

⑤ 避雷针：是指保护露天电气设备、建筑物、构筑物等免遭直接雷击的装置。它的作用是把雷电放电引向自身并将雷电流安全地泄入大地，从而使物体受到保护。避雷针由接闪器、接地引下线、接地装置三部分串接组成。接闪器一般用圆钢或钢管焊接而成，固定于支柱上端，并与接地引下线连接入地后与地下的接地装置连接。

⑥ 避雷网：是指沿建筑物顶部凸出部位（如屋脊、屋檐、屋顶墙四周边缘等处）敷设的金属接地体。一般采用镀锌圆钢或镀锌扁钢。

⑦ 半导体少长针消雷装置：是指在避雷针的基础上发展起来的，采用少长针的形式增大了中和电流，采用半导体电阻抑制了上行雷的发展，并大幅度地降低了雷击的主放电电流，从而克服了避雷针或其他防雷设备的不足。

SLE半导体长针消雷装置是由半导体针组、接地引下线和接地装置组成。半导体针组由5m长的半导体斜构成，斜的顶部有四根铜质分叉尖端。

（10）10kV以下架空配电线路

① 拉线：又称扳线，是指在架空线路导线、避雷线张力及外荷载作用下，为使杆塔或横担保持正常位置或增强其强度所采用的一种辅助装置。采用拉线的杆塔可以降低对材料的耗用量。一般采用镀锌钢绞线或镀锌铁线绞合作拉线，其上端通过金具连接于杆塔的适当部位，其下端通过金具连接于地锚、拉线盘或重力式基础锚固。

② 杆塔：是指用来支持架空线路的导线和避雷线，并使它们相互间和大地保持一定距离的结构。复杂的为塔型，其结构为桁架结构。采用的材料有型钢、钢筋混凝土和木杆等，架空线路的杆塔按使用主要分为直线型、耐张型两大类，直接型又包括直线杆塔和直接换位杆塔、直线带小转角杆塔；耐张型分耐张杆塔、转角杆塔和终端杆塔，见图3-5。

③ 杆上设备：是10kV以下架空电力线路上安装在支柱上的电气设备，包括变压器（320kV·A容量以下）、断路器或负荷开关、跌落式熔断器、隔离开关、避雷器等。支柱杆一般多采用混凝土电杆，有些地方仍采用木制电杆。变压器、断路器等设备金属外壳必须可靠接地。接地电阻值要符合规定，避雷器的接地引下线铜线截面不得小于$25mm^2$，铝线时截面不得小于$35mm^2$。

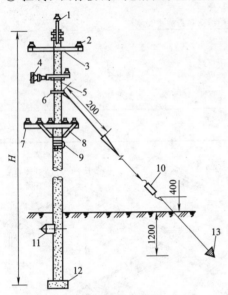

图3-5 钢筋混凝土电杆装置示意

1—高压杆顶；2—高压针式绝缘子；3—高压二线横担；4—悬式绝缘子及高压碟式绝缘子；5—双簧担；6—拉线抱箍；7—低压针式绝缘子；8—低压五线横担；9—碟式绝缘子；10—花篮螺钉；11—卡盘；12—底盘；13—拉线盒

（11）配管、配线

① 电线管：是指用于保护电线的薄钢管，是一种电线专用管。有镀锌和防腐沥青漆两种。防腐沥青漆电线管不允许暗配于钢筋混凝土内。

② 钢管：是指用于保护电线（或电缆）的钢管，一般为焊接钢管。镀锌的焊接管，能承受一定外力，可明暗配于各种场地。

③ 明配管：是在建筑物（或构架）外部敷设的电气管道，一般用管卡直接固定于建筑物墙面或金属支架上。

④ 暗配管：在建筑物内（一般指在墙内和楼板内）敷设的电气管道。

⑤ 拉线箱：是指为了穿线和检修方便，在超过规定长度的电气管道中间设置的箱子。

⑥ 接线盒：是指在电气管道中用于接线的小型盒子。

⑦ 连接设备的导线预留长度：是指为了检修时断头再接的需要，按规范要求导线应有一定的富余量（增加长度）。

（12）照明器具

① 照明按电光源可分为：热辐射光源，如白炽灯、卤素灯（碘钨灯、溴钨灯）；气体放电光源，如日光灯、紫外线杀菌灯、高压钠灯、高压氙气灯等。

② 按照灯具的结构形式可分为：开敞式照明灯具，无封闭灯罩者；封闭式但非密封的照明灯具，有封闭灯罩，但其内外能自由出入空气者；完全封闭式照明灯具，空气较难进入灯罩内者（灯与玻璃罩间有紧密衬垫、丝扣连接等）；密闭式照明灯具，空气不能进入灯罩内者；防爆式照明灯具，密闭良好，能隔爆，并有坚固的金属罩加以保护。

③ 照明灯具按其按装形式又可分为吸顶灯、壁灯、弯脖灯、吊灯等。吊灯又分为软线吊灯、链吊灯和管吊灯等。

灯具的类型代号、光源代号如表 3-3 和表 3-4 所示。

表 3-3　灯具类型代号

普通吊灯	壁灯	花灯	吸顶灯	柱灯	卤钨控制灯	防水防尘灯	隔膜灯	投光灯	工厂一般灯具	剧场及摄影灯	信号标志灯
P	B	H	D	Z	L	F	按专用符号	T	G	W	X

表 3-4　光源代号

白炽	荧光	氖	汞	钠	红外线	紫外线
IN	FL	Ne	Hg	Na	IR	UV

常用灯具型号编制及安装方式代号表示如图 3-6 所示。

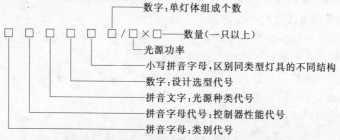

图 3-6　灯具型号及安装方式的表示方法

二、电气设备安装工程施工图的组成与识图

电气施工图是电气施工和编制电气工程预算的主要依据，它是依据国家主管部门颁发的有关电气技术标准和通用图形符号绘制而成的。

电气施工图按工程性质分类，可分为变配电工程施工图、动力工程施工图、照明工程施工图、防雷接地工程施工图、弱电工程（通信广播）施工图以及架空线路施工图等。

电气施工图按图纸的表现内容分类，可分为基本图和详图两大类。

1. 基本图

电气施工图基本图包括图纸目录、设计说明、系统图、平面图、立（剖）面图（变配电工程）、控制原理图、设备材料表等。

（1）设计说明　在电气施工图中，设计说明一般包括供电方式、电压等级、主要线路敷设形式及在图中未能表达的各种电气安装高度、工程主要技术数据、施工和验收要求以及有关事项等。

设计说明，根据工程规模及需要说明的内容多少，有的可单独编制说明书，有的因内容简短，可写在图面的空余处。

（2）主要设备材料表　设备材料表列出该项工程所需的各种主要设备、管材、导线等器材的名称、型号、规格、材质、数量，用于提供订货、采购设备、材料使用。设备材料表里所列主要材料的数量，由于与工程量的计算方法和要求不同，不能作为工程量编制预算，只能作为参考数量。

（3）系统图　系统图是依据用电量和配电方式绘制出来的。系统图是示意性地把整个工程的供电线路用单线连接形式表示的线路图，它不表示空间位置关系，见图 3-7。

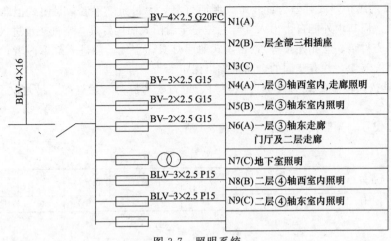

图 3-7 照明系统

通过识读系统图可以了解以下内容：

① 整个变、配电系统的连接方式，从主干线至各分支回路分几级控制，有多少个分支回路；

② 主要变电设备、配电设备的名称、型号、规格及数量；

③ 主干线路的敷设方式、型号、规格。

（4）电气平面图　一般分为变配电平面图、动力平面图、照明平面图、弱电平面图、室外工程平面图，在高层建筑中有标准层平面图、干线布置图等。

电气平面图的特点是将同一层内不同安装高度的电气设备及线路都放在同一平面上来表示，见图 3-8（图中数字 1~5 为电线的根数）。

通过电气平面图的识读，可以了解以下内容：

① 了解建筑物的平面布置、轴线分布、尺寸以及图纸比例；

② 了解各种变、配电设备的编号、名称，各种用电设备的名称、型号以及它们在平面图上的位置；

③ 弄清楚各种配电线路的起点和终点、敷设方式、型号、规格、根数，以及在建筑物中的走向、平面和垂直位置。

（5）控制原理图　控制原理图是根据控制电器的工作原理，按规定的线段和图形符号绘制成的电路展开图，一般不表示各电气元件的空间位置。

控制原理图具有线路简单、层次分明、易于掌握、便于识读和分析研究的特点，是二次配线的依据。控制原理图不是每套图纸都有，只有当工程需要时才绘制。

识读控制原理图应掌握不在控制盘表面的那些控制元件和控制线路的连接方式。识读控制原理图应与平面图核对，以免漏算。

2. 详图

① 电气工程详图　电气工程详图是指盘、柜的盘面布置图和某些电气部件的安装大样图。大样图的特点是对安装部件的各部位都注有详细尺寸，一般是在没有标准图可选用并有特殊要求的情况下才绘制，见图 3-9。

② 标准图　标准图是一种具有通用性质的详图，表示一组设备或部件的具体图形和详细尺寸，便于制作安装。但是它一般不能作为单独进行施工的图纸，而只能作为某些施工图的一个组成部分。

3. 电气施工图的识读

电气安装工程施工图除了少量的投影图外，主要是一些系统图、原理图和接线图。对于投影图的识读，其关键是要解决好平面与立体的关系，即搞清电气设备的装配、连接关系。对于系统图、原理图和接线图，因为它们都是用各种图例符号绘制的示意性图样，不表示平面与立体的实际情况，只表示各种电气设备、部件之间的连接关系。因此，识读电气施工图必须按以下要求进行。

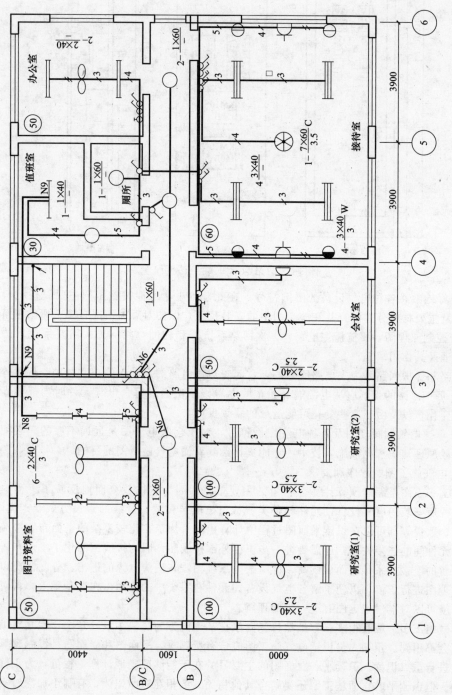

图 3-8 某楼照明平面图

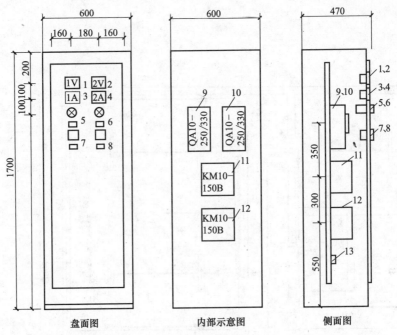

图 3-9　两路电源切换箱布置图

①　要很好地熟悉各种电气设备的图例符号。在此基础上，才能按施工图主要设备材料表中所列各项设备及主要材料分别研究其在施工图中的安装位置，以便对总体情况有一个概括了解。

②　对于控制原理图，要搞清主电路（一次回路系统）和辅助电路（二次回路系统）的相互关系和控制原理及其作用。

控制回路和保护回路是为主电路服务的，它起着对主电路的启动、停止、制动、保护等作用。

③　对于每一回路的识读应从电源端开始，顺电源线依次通过每一电气元件时，都要弄清楚它们的动作及变化，以及由于这些变化可能造成的联锁反应。

④　仅仅掌握电气制图规则及各种电气图例符号，对于理解电气图是远远不够的。必须具备有关电气的一般原理知识和电气施工技术，才能真正达到看懂电气施工图的目的。

4. 识读电气施工图的程序和要求

电气施工平面图是编制预算计算工程量的主要依据，因为它比较全面地反映了工程的基本状况。电气工程所安装的电气设备，元件的种类、数量、安装位置，管线的敷设方式、走向、材质、型号、规格、数量等都可以在识读平面图过程中计算出来。为了在比较复杂的平面布置中搞清系统电气设备、元件间的连接关系，还需要进一步识读外部接线图，因为接线图简化了平面布置而又保留了主要设备的连接关系。进而识读高、低压配电系统图，在理清电源的进出、分配情况以后，重点对控制原理图进行识读，以便了解各电气设备、元件在系统中的作用。在此基础上，再对平面图进行识读，就可以对电气施工图有进一步的理解。

一套电气施工图一般有很多张，虽然每张图纸都从不同方面反映了设计意图，但是对编制预算而言，并不会都用到。预算人员识读电气施工图应该有所侧重。平面图和立面图是编制预算最主要的图纸，应进行重点识读。识读平、立面图的主要目的在于能够准确地计算工程量，为正确编制预算打好基础。但识读平、立面施工图还要结合其他相关图纸相互对照识读，有利于加深对平、立面图的正确理解。

在切实掌握平、立面图以后，应该对下述问题有完整而明确的解答，否则需要重新看图：

①　对整个单位工程所选用的各种电气设备的数量及其作用有全面的了解；

②　对采用的电压等级，高、低压电源进出回路及电力的具体分配情况有清楚的概念；

③ 对电力拖动、控制及保护原理有大致的了解；

④ 对各种类型的电缆、管道，导线的根数、长度、起止位置、敷设方式有详细的了解；

⑤ 对需要制作加工的非标准设备及非标准件的品种、规格、数量等有精确的统计；

⑥ 对防雷、接地装置的布置，材料的品种、规格、型号、数量要有清楚的了解；

⑦ 需要进行调整、试验的设备系统，结合定额规定及项目划分，要有明确的数量概念；

⑧ 对设计说明中的技术标准、施工要求以及与编制预算有关的各种数据，都已经掌握。

三、常用电器工程制图符号

在电气图中，由于电气设备及元器件很多，所以用图形符号和文字符号来加以区别，每个符号都代表一定的含义，理解和掌握了这些符号和它们之间的相互关系，识读电气图就十分方便。

(一) 电气图形符号新标准简介

(1) 电气图形符号新标准的特点

① 具有通用性　新标准基本上全部采用了 IEC（国际电工委员会）发布的图形符号和制图标准，并转化为国家标准。在国际上具有通用性，有利于对外开放和技术交流。

② 具有实用性　与旧标准相比，许多图形符号的结构得到简化，除个别情况外，一般图形符号的线条可以不分粗细，使绘图工作量明显减少。

③ 具有科学性　与旧标准相比，新标准图形符号的表达更为确切，既容易理解，又不易混淆。

④ 具有先进性　新标准中增加了大量新技术领域的图形符号，例如属于微电子技术的图形符号等。为便于在计算机辅助绘图系统中使用标准给出的符号，标准中专门做了规定和要求，以满足计算机辅助绘图的需要。

(2) 使用新标准时的注意事项

① 标准中已尽可能完整地给出符号要素、限定符号和一般符号，但只给出有限的组合符号的例子。在应用时，可通过已规定符号适当组合进行派生。

② 为适应不同图样或用途的要求，可以改变彼此有关的符号尺寸，如电力变压器和测量用互感器可以采用不同大小的符号。在应用中，图形符号可根据需要缩小或放大。当一个符号用以限定另一个符号时，该符号常常缩小绘制。缩小或放大时，各符号相互间及符号本身的比例应保持不变。

③ 标准中出示的符号方位不是强制的。在不改变符号含义的前提下，符号可根据图形的需要旋转或成镜像放置，但文字和指示方向不得倒置。

④ 导线符号可以用不同粗细的线条表示。

⑤ 大部分符号上都可以增加补充信息。但是仅在有表示这种信息的推荐方法的情况下，标准中才出示实例。

⑥ 标准中有些符号具有几种图形形式，在使用时应优先采用"优选形"。同时应注意在同一张电气图中只能选用一种图形形式，图形符号的大小和线条的粗细要基本一致。

⑦ 图形符号中的文字符号、物理量符号等应视为图形符号的组成部分。这些文字符号、物理量符号应符合有关标准的规定。

(3) 电气图形符号的名词术语

① 图形符号　通常用于图样或其他文件以表示一个设备或概念的图形、标记或字符。

② 符号要素　一种具有确定意义的简单图形，必须同其他图形组合以构成一个设备概念的完整符号。例如灯丝、栅极、阳极、管壳等符号要素组成电子管的符号。符号要素组合使用时，其布置可以同符号表示的设备的实际结构不一致。

③ 一般符号　用以表示一类产品和此类产品特征的一种通常很简单的符号。

④ 限定符号　用以提供附加信息的一种加在其他符号上的符号。限定符号通常不能单独使用。但一般符号有时也可用作限定符号，如电容器的一般符号加到传声器符号上，即构成电容器式传声

器的符号。

⑤ 方框符号 用以表示元件、设备等的组合及其功能，既不给出元件、设备的细节，也不考虑所有连接的一种简单的图形符号。方框符号通常用在使用单线表示法的电气图中，也可用在表示全部输入和输出接线的电气图中。

(二) 电气图形标准符号

常用的电气图形标准符号如表 3-5 所示。

(三) 电气技术中的文字符号

文字符号分为基本文字符号和辅助文字符号两类。

(1) 基本文字符号 基本文字符号分为单字母符号和双字母符号两种。单字母符号是按拉丁字母将各种电气设备、装置和元器件划分为 23 大类，每一大类用一个专用单字母符号表示；双字母符号由一个表示种类的单字母符号与另一字母组成，其组合形式应以单字母符号在前，另一字母在后的顺序列出。只有当用单字母符号不能满足要求，需要将大类进一步划分时，才采用双字母符号，以便更具体地表述电气设备、装置和元器件等。

表 3-5 常用电气图形标准符号表

名 称	图形符号	名 称	图形符号
导线和连接器件 (1)导线		(2)端子和导线的连接	
		导线的连接点	●
导线、导线组、电线、电缆、电路、传输通路、线路、母线一般符号 示例：1 根导线 示例：3 根导线	 ／／／ ／ ³	端子 注：必要时圆圈可画成圆黑点	○
		可拆卸的端子	Ø
示例：直流电路 110V，2 根铝导线，导线截面为 120mm² 示例：3 根交流电路 50Hz，380V，3 根导线的截面面积均为 120mm²，中性线截面面积为 50mm²	── 110V 2×120mm²A₁ 3N～50Hz 380V 3×120+1×50	导线的连接	形式1 形式2
		端子板(示出带线端标记的端子板)	11 12 13 14 15 16
柔软导线	～	导线的多线连接	形式1
屏蔽导线	◌		
电缆中的导线(示出 3 股)	形式1 形式2 ／ ³	示例：导线的交叉连接(点)单线表示法	形式2
绞合导线(示出 2 股)	／	示例：导线的交叉连接(点)多线表示法	
5 根导线中箭头所指的 2 根导线在 1 根电缆中		导线或电缆的分支和合并	
同轴对、同轴电缆 注：若只部分是同轴结构，切线仅画在同轴的一边 示例：同轴对连接到端子	◠ ◌		
屏蔽同轴对，屏蔽同轴电缆	◎	导线的不连接(跨越) 示例：单线表示法	
未连接的导线或电缆	◞		
未连接的特殊绝缘的导线或电缆	◞	示例：多线表示法	

名　　称	图形符号	名　　称	图形符号
导线直接连接 导线接头		多极插头插座（示出 6 个极） 多线表现形式 单线表现形式	
一组相似连接件的公共连接 注：相似连接件的总数注在公共连接符号附近 示例：复接的单行程选择器（表示 10 个触点）		连接器的固定部分	
导线的换位，相序的变更或极性的反向（示出用单线表示 n 根导线） 示例：示出相序的变更	L_1 L_3	连接器的可动部分	
		配套连接器（插头一边固定而插座一边可动）	
		接通的连接片	形式1 形式2
		断开的连接片	
多相系统的中性点（示出用单线表示） 示例：每相两端引出，示出外部中性点的三相同步发电机	$3\sim$ GS	插头插座式连接片 插头—插头 插头—插座 带插座通路的插头—插头	
		滑动（滚动）连接器	
		（4）电缆附件	
（3）连接器件		电缆密封终端头（示出一根三芯电缆） 多线表示 单线表示	

	优选形	其他形
插座或插座的一个极		
插头或插头的一个极		
插头和插座		

名称	图形符号
不需要示出电缆芯数的电缆终端头	
电缆密封终端头（示出三根单芯电缆）	

名　称	图形符号	名　称	图形符号
电缆直通接线盒 多线表示 单线表示		三绕组变压器	
电缆连接盒,电缆分线盒 多线表示 单线表示		自耦变压器	
		电抗器、扼流图	
电缆气闭套管(梯形长边为 高压边)		电流互感器 脉冲变压器	
(5)电机的类型		(7)交流器	
电机的一般符号 　符号内的星号必须用下述 字母代替: 　C—同步变流机 　G—发电机 　GS—同步发电机 　M—电动机 　MG—能作为发电机或电动 机使用的电机 　MS—同步电动机 　注:可以加上符号—或~ 　SM—伺服电机 　TG—测速发电机 　TM—力矩电动机 　IS—感应同步器		直流变流器方框符号	
		整流器方框符号	
		桥式全波整流器方框符号	
		逆变器方框符号	
		整流器、逆变器方框符号	
(6)变压器一般符号		原电池或蓄电池 注:长线代表正极,短线代 表负极	
铁芯 带间隙的铁芯			

名称	形式1	形式2		
双绕组变压器 示例:示出瞬时电压极性标 记的双绕组变压器,流入绕组 标记端的瞬时电流产生辅助 磁通			蓄电池组或原电池组 注:如不会引起混乱,原电 池或蓄电池符号也可以表示 电池组,但其电压或电池的类 型和数量应标明	形式1 形式2
			带抽头的原电池组或蓄电 池组	

名 称	图形符号	名 称	图形符号
(8)开关、控制和保护装置		熔断器一般符号	
开关一般符号	形式1 形式2	供电端由粗线表示的熔断器	
多极开关一般符号 单线表示 多线表示		带机械连杆的熔断器(撞击器式熔断器)	
		具有报警触点的三端熔断器	
接触器 (在非动作位置触点断开)		具有独立报警电路的熔断器	
接触器 (在非动作位置触点闭合)		跌开式熔断器	
具有自动释放的接触器			
断路器		熔断器式开关	
隔离开关		熔断器式隔离开关	
具有中间断开位置的双向隔离开关		熔断器式负荷开关	
负荷开关		火花间隙	
具有自动释放的负荷开关		双火花间隙	
手工操作带有阻塞器件的隔离开关		避雷器	

名　称	图形符号	名　称	图形符号
保护用充气放电管	⊘	安培小时计	Ah
保护用对称充气放电管	⊘	电度表(瓦特小时计)	Wh
(9)测量仪表、灯和信号器件		电度表(反测量单向传输能量)	Wh
电压表	Ⓥ		
电流表	Ⓐ	灯、信号灯的一般符号 注:1. 如果要求指示颜色,则在靠近符号处标出下列字母: RD　红 YE　黄 GN　绿 BU　蓝 WH　白 2. 如果指出灯的类型,则在靠近符号处标出下列字母: Ne　氖 Xe　氙 Na　钠 Hg　汞 I　碘 IN　白炽 EL　电发光 ARO　弧光 FL　荧光 IR　红外线 UV　紫外线 LED　发光二极管	⊗
无功电流表	Ⓐ $I\sin\varphi$		
功率表	Ⓦ		
无功功率表	var		
功率因数表	$\cos\varphi$		
相位表	φ		
频率表	Hz		
示波器	⊘		
记录式功率表	W	闪光型信号灯	⊗
组合式记录功率表和无功功率表	W | var	机电型指示器信号元件	⊜
记录式示波器	⊡	带有一个去激(励)位置和两个工作位置的机电型位置指示器	⊘
小时计	h		

名　称	图形符号		名　称	图形符号	
电喇叭			杆上变电站		
电铃	优选型 其他型		导线、电缆、线路、传输通道一般符号		
			地下线路		
			水下(海底)线路		
电警笛、报警器			架空线路		
蜂鸣器	优选型 其他型		管道线路 注:管道数量、截面尺寸或其他特性可标注在管道线路的上方 示例:b 孔管道的线路		
电动汽笛			挂在钢索上的线路		
(10)电力和照明布置					
	规划的	运行的	事故照明		
发电站(厂)			50V 及其以下电力及照明线路		
热电站			控制及信号线路(电力及照明用)		
水力发电站			用单线表示的多种线路		
火力发电站			用单线表示的多回路线路(或电缆管束)		
核能发电站					
变电所、配电所			母线一般符号 当需要区别交直流时: 交流母线 直流母线		
变电所(示出改变电压)	V/V	V/V			

名　称	图形符号	名　称	图形符号
装在支柱上的封闭式母线		单接腿杆	
装在吊钩上的封闭式母线		双接腿杆	
滑触线		H形杆	
中性线		L形杆	
保护线		A形杆	
保护和中性共用线		三角杆	
具有保护线和中性线的三相配线		四角杆（井形杆）	
向上配线		试线杆	
向下配线		分区杆（S杆）	
垂直通过配线		带撑杆的电杆	
盒（箱）一般符号		带撑拉杆的电杆	
带配线的用户端		引上杆 注：黑点表示电缆	
配电中心（表示五根导线管）		活动电杆	
连接盒（或接线盒）		带照明灯的电杆 ①一般画法 a—编号 b—杆型 c—杆高 d—容量 A—连接相序 ②需要示出灯具的投照方向时 ③需要时允许加画灯具本身图形	
电杆的中间符号（单杆、中间杆） 注：可加注文字符号表示 A—杆材或所属部门； B—杆长； C—杆号			

名　称	图形符号	名　称	图形符号
拉线—一般符号	形式1 形式2	电缆分支接线盒	
有 V 形拉线的电杆	形式1 形式2	接地装置 ①有接地极 ②无接地极	① ②
有高桩拉线的电杆	形式1 形式2	电缆绝缘套管	
		电缆平衡套管	
装设单担的电杆		电缆直通套管	
装设双担的电杆		电缆交叉套管	
装设十字担的电杆 ①装设双十字的电杆 ②装设单十字的电杆	① ②	电缆分歧套管	
		电缆结合型接头套管	
保护阳极 示例:镁保护阳极	Mg	人孔一般符号 注:需要时可按实际形状 绘制	
		手孔一般符号	
电缆铺砖保护		电力电缆与其他设施交叉 a—交叉点编号 (1)电缆无保护管 (2)电缆有保护管	① ② a a
电缆穿管保护 注:可加注文字符表示其规格数量			
电缆上方敷设防雷排流线		屏、台、箱、框一般符号	
母线伸缩接头		动力或动力-照明配电箱 注:需要时符号内可标示电流种类符号	
电缆中间接线盒			

名　　称	图形符号	名　　称	图形符号
信号板、信号箱(屏)	⊗	单相插座	
照明配电箱(屏) 注:需要时允许涂红	■	暗装	
事故照明配电箱(屏)	⊠		
多种电源配电箱(屏)	◪	密闭(防水)	
直流配电盘(屏) 注:若不混淆,直流符号可用符号—	——	防爆	
交流配电盘(屏)	~	带保护接点的插座 带接地插孔的单相插座	
启动器一般符号	▽	暗装	
		密闭(防水)	
阀的一般符号	⋈	防爆	
电磁阀		带接地插孔的三相插座	
		暗装	
电动阀	Ⓜ	密闭(防水)	
电磁分离器	⊕	防爆	
电磁制动器		插座箱(板)	
按钮一般符号 注:若不混淆,小圆允许涂黑	◎		
按钮盒 ①一般或保护型按钮盒 　示出一个按钮	① ▢	多个插座(示出3个)	
示出两个按钮	▢▢		
②密闭型按钮盒	② ▢▢	具有护板的插座	
③防爆型按钮盒	③ ▢▢▶		
带指示灯的按钮	⊗	具有单极开关的插座	
限制接近的按钮(玻璃罩等)	◎	具有联锁开关的插座	

名　称	图形符号	名　称	图形符号
具有隔离变压器的插座		中间开关	
带熔断器的插座		调光器	
开关一般符号		限时装置	
单极开关 暗装 密闭（防水） 防爆		定时开关	
		钥匙开关	
双极开关 暗装 密闭（防水） 防爆		灯或信号灯的一般符号	
		投光灯一般符号	
		聚光灯	
三极开关 暗装 密闭（防水） 防爆		泛光灯	
		示出配线的照明引出线位置	
		在墙上的照明引出线	
单极拉线开关		荧光灯一般符号	
单极双控拉线开关		三管荧光灯	
单极限时开关		五管荧光灯	
双控开关（单极三线）		防爆荧光灯	
具有指示灯的开关		在专用电路上的事故照明灯	
多拉开关（如用于不同照度）		自带电源的事故照明灯装置（应急灯）	

名　　称	图形符号	名　　称	图形符号
气体放电灯的辅助设备 注:仅用于辅助设备与光源 不在一起时	▬	自动开关箱	
警卫信号探测器	◉	刀开关箱	
警卫信号区域报警器	◉	带熔断器的刀开关箱	
警卫信号总报警器	◉	熔断器箱	
(11)电力和照明布置参考符号		组合开关箱	
电缆交接间	△	深照型灯	
架空交接箱	⊠	广照型灯(配照型灯)	
落地交接箱	◼	防水防尘灯	
壁龛交接箱	◼	球型灯	●
分线盒的一般符号 注:可加注 $\frac{A-B}{C}D$ A—编号 B—容量 C—线序 D—用户线		局部照明灯	
室内分线盒 注:同分线盒一般符号注		矿山灯	
室外分线盒 注:同分线盒一般符号注		安全灯	
分线箱 注:同分线盒一般符号注		花灯	⊗
壁龛分线盒 注:同分线盒一般符号注		防爆灯	○
避雷针	●	天栅灯	
电源自动切换箱(屏)		弯灯	
电阻箱		壁灯	
鼓型控制器			

（2）辅助文字符号　辅助文字符号用以表示电气设备、装置和元器件以及线路的功能、状态和特征。辅助文字符号也可放在表示种类的单字母符号后边组成双字母符号。为简化文字符号起见，若辅助文字符号由两个以上字母组成时，允许只采用其第一位字母进行组合。辅助文字符号还可以单独使用。

电气设备常用文字符号见表3-6。

表 3-6　电气设备常用文字符号

种类	名称	单字母符号	双字母符号	种类	名称	单字母符号	双字母符号
（1）基本文字符号				保护器件	具有瞬时动作的限流保护器件	F	FA
组件部件	分离元件放大器	A			具有延时动作的限流保护器件	F	FR
	激光器	A			具有延时和瞬时动作的限流保护器件	F	FS
	调节器	A			熔断器	F	FU
	电桥	A	AB		限压保护器件	F	FV
	晶体管放大器	A	AD	发生器发电机电源	旋转发电机	G	
	集成电路放大器	A	AJ		振荡器	G	
	磁放大器	A	AM		发生器	G	GS
	电子管放大器	A	AV		同步发电机	G	GS
	印刷电路板	A	AP		异步发电机	G	GA
	抽屉柜	A	AT		蓄电池	G	GB
	支架盘	A	AR		变频机	G	GF
非电量到电量变换器或电量到非电量变换器	热电传感器	B		信号器件	声响指示器	H	HA
	热电池	B			光指示器	H	HL
	光电池	B			指示灯	H	HL
	测功计	B		继电器接触器	瞬时接触继电器	K	KA
	晶体换能器	B			瞬时有或无继电器	K	KA
	送话器	B			电流继电器	K	KA
	拾音器	B			闭锁接触继电器	K	KI
	扬声器	B			双稳态继电器	K	KL
	耳机	B			接触器	K	KM
	自整角机	B			极化继电器	K	KP
	旋转变压器	B			簧片继电器	K	KR
	压力变换器	B	BP		延时有或无继电器	K	KT
	位置变换器	B	BQ		逆流继电器	K	KR
	旋转变换器	B	BR	电感应电抗器	感应线圈	L	
	温度变换器	B	BT		线路陷波器	L	
	速度变换器	B	BV		电抗器	L	
电容器	电容器	C		电动机	电动机	M	
二进制元件延迟器件存储器件	数字集成电路和器件	D			同步电动机	M	MS
	延迟线	D			可作发电机或电动机用的电机	M	MG
	双稳态元件	D			力矩电动机	M	MT
	单稳态元件	D		模拟元件	运算放大器	N	
	磁芯存储器	D			混合模拟/数字器件	N	
	寄存器	D		测量设备实验设备	指示器件	P	
	磁带记录机	D			记录器件	P	
	盘式记录机	D			积算测量器件	P	
其他元器件	本表其他地方未规定的器件	E			信号发生器	P	
	发热器件	E	EH		电流表	P	PA
	照明灯	E	EL		（脉冲）计数器	P	PC
	空气调节器	E	EV				
保护器件	过电压放电器件	F					
	避雷器	F					

种 类	名 称	单字母符号	双字母符号	种 类	名 称	单字母符号	双字母符号
测量设备 实验设备	电度表	P	PJ	波导天线	电缆	W	
	记录仪器	P	PS		母线	W	
	时钟操作时间表	P	PT		波导	W	
	电压表	P	PV		波导定向耦合器	W	
电力电路的 开关器件	断路器	Q	QF		偶极天线	W	
	电动机保护开关	Q	QM		抛物天线	W	
	隔离开关	Q	QS	端子 插头 插座	连接插头和插座	X	
电阻器	电阻器	R			接线柱	X	
	变阻器	R			电缆封端和接头	X	
	电位器	R	RP		焊接端子板	X	
	测量分路器	R	RS		连接片	X	XB
	热敏电阻器	R	RT		测试插孔	X	XJ
	压敏电阻器	R	RV		插头	X	XP
控制、记忆、 信号电路的开 关器件选择器	拨号接触器	S			插座	X	XS
	连接级	S			端子板	X	XT
	控制开关	S	SA	电气操作的 机械器件	气阀	Y	
	选择开关	S	SA		电磁铁	Y	YA
	按钮开关	S	SB		电磁制动器	Y	YB
	机电式有或无传感器	S			电磁离合器	Y	YC
	液体标高传感器	S	SL		电磁吸盘	Y	YH
	压力传感器	S	SP		电动阀	Y	YM
	位置传感器	S	SQ		电磁阀	Y	YV
	转数传感器	S	SR	终端设备混 合变压器	电缆平衡网络	Z	
	温度传感器	S	ST	滤波器	压缩扩展器	Z	
变压器	电流互感器	T	TA	均衡器	晶体滤波器	Z	
	控制电路电源用变压器	T	TC	限幅器	网络	Z	

(2)常用辅助文字符号

种 类	名 称	单字母符号	双字母符号
变压器	电力变压器	T	TM
	磁稳压器	T	TS
	电压互感器	T	TV
调制器 变换器	鉴频率	U	
	解调器	U	
	变频器	U	
	编码器	U	
	变流器	U	
	逆变器	U	
	整流器	U	
	电报译码器	U	
电子管 晶体管	气体放电管	V	
	二极管	V	
	晶体管	V	
	晶闸管	V	
	电子管	V	VE
	控制电路用电源的整 流器	V	VC
传输通道	导线	W	

名 称	文字符号
电流	A
模拟	A
交流	AC
自动	A,AUT
加速	ACC
附加	ADD
可调	ADJ
辅助	AUX
异步	ASY
黑	BK
蓝	BL
向后	BW
制动	B,BRK
控制	C
顺时针	CW

名　称	文字符号	名　称	文字符号
逆时钟	CCW	输出	OUT
延时(延迟)	D	压力	P
差动	D	保护	P
数字	D	保护接地	PE
降	D	保护接地与中性线共用	PEN
直流	DC	不接地保护	PU
减	DEC	记录	R
接地	E	右	R
紧急	EM	反	R
快速	F	红	RD
反馈	FB	复位	R,RST
正,向前	FW	备用	RES
绿	GN	运转	RUN
高	H	信号	S
输入	IN	启动	ST
增	INC	置位、定位	S,SET
感应	IND	饱和	SAT
左	L	步进	STE
限制	L	停步	STP
低	L	同步	SYN
闭锁	LA	温度	T
主	M	时间	T
中	M	无噪声(防干扰)接地	TE
中间线	M	真空	V
手动	M,MAN	速度	V
中性线	N	电压	V
断开	OFF	白	WH
闭合	ON	黄	YE

四、电气工程施工图标注符号及标注方法

在电气工程施工图中对用电设备、灯具、导线敷设等采取代号标注。其标注符号和标注方法见表 3-7。

表 3-7　标注符号及标注方法

用电设备标注法 $\dfrac{a}{b}$ 或 $\dfrac{a}{b}$	$\dfrac{c}{d}$	照明灯具标注法 $a-b\dfrac{c\times d}{e}f$
a—设备编号 b—额定容量(kV·A) c—熔断片或释放器的电流(A) d—标高(m)		a—灯数 b—型号或符号 c—每盏灯具的灯泡数 d—灯泡容量(W) e—安装高度 f—安装方式
电气设备标注法 $a\dfrac{b}{c}$		
a—设备编号 b—型号 c—设备容量(kV·A)		吸顶灯为 $a-b\dfrac{c\times d}{\underline{}}$
开关箱及熔断器标注法 $a-b-c/I$		照明灯具安装方式
a—设备编号 b—型号 c—熔断器电流(A) I—熔断片电流(A)		D—吸顶安装 B—壁式安装 X—线吊式安装 L—链吊式安装 G—管吊式安装

线路标注方法 $a-b(c\times d)e-f$	线路敷设部位的代号
a—回路编号	
b—导线型号	S—沿钢索敷设
c—导线根数	LM—沿屋架或屋架下弦明敷
d—导线截面	ZM—沿柱明敷
e—敷设方式及穿管管径	QM—沿墙明敷
f—敷设部位	PM—沿顶棚明敷
线路敷设方式的代号	PNM—在能进入的吊顶内明敷
	LA—暗设在梁内
CP—瓷瓶或瓷珠配线	ZA—暗设在柱内
CJ—瓷夹或瓷卡配线	QA—暗设在墙内
VJ—塑料夹配线	PA—暗设在层面内或顶棚内
QD—铝片卡配线	DA—暗设在地面内或地板内
G—穿钢管敷设	PNA—暗设在不能进入的吊顶内
DG—穿电线管敷设	GD—沿电缆沟敷设
VG—穿塑料管敷设	DL—沿吊车梁敷设
RVG—穿塑料软管敷设	
SPG—穿蛇皮管敷设	

第二节　电气设备安装工程预算定额工程量计算规则及说明

一、全国统一电气设备安装工程预算定额分册说明

(1) 第二册《电气设备安装工程》(以下简称本定额)　适用于工业与民用新建、扩建工程中10kV以下变配电设备及线路安装工程、车间动力电气设备及电气照明器具、防雷及接地装置安装、配管配线、电梯电气装置、电气调整试验等的安装工程。

(2) 本定额主要依据的标准、规范

①《电气装置安装工程高压电器施工及验收规范》GB J147—90。

②《电气装置安装工程电力变压器、油浸电抗器、互感器施工及验收规范》GB J148—90。

③《电气装置安装工程母线装置施工及验收规范》GB 149—90。

④《电气装置安装工程电气设备交接试验标准》GB 50150—91。

⑤《电气装置安装工程电缆线路施工及验收规范》GB 50168—92。

⑥《电气装置安装工程接地装置施工及验收规范》GB 50169—92。

⑦《电气装置安装工程旋转电机施工及验收规范》GB 50170—92。

⑧《电气装置安装工程盘、柜及二次回路结线施工及验收规范》GB 50171—92。

⑨《电气装置安装工程蓄电池施工及验收规范》GB 50172—92。

⑩《电气装置安装工程35kV及以下架空电力线路施工及验收规范》GB 50173—92。

⑪《电气装置安装工程低压电器施工及验收规范》GB 50254—96。

⑫《电气装置安装工程电力变流设备施工及验收规范》GB 50255—96。

⑬《电气装置安装工程起重机电气装置施工验收规范》GB 50256—96。

⑭《电气装置安装工程爆炸和火灾危险环境电气装置施工及验收规范》GB 50257—96。

⑮《电气装置安装工程1kv及以下配线工程施工及验收规范》GB 50258—96。

⑯《电气装置安装工程电气照明装置施工及验收规范》GB 50259—96。

⑰《电力建设安全工作规程》DL 5009.1—92。

⑱《民用建筑电气设计规范》JG J/T 16—92。

⑲《工业企业照明设计标准》GB 50034—92。

⑳《电力建设质量等级评定标准》。

㉑《全国统一施工机械台班费用定额》（1998年）。

㉒《全国统一安装工程施工仪器仪表台班费用定额》GFD-201—1999。

㉓《全国统一安装工程基础定额》。

㉔《全国统一建筑安装劳动定额》（1988年）。

（3）本定额的工作内容　除各章节已说明的工序外，还包括施工准备，设备、器材、工器具的场内搬运、开箱检查、安装、调整试验、收尾、清理、配合质量检验，工种间交叉配合、临时移动水、电源的停歇时间。

（4）本定额不包括的内容

① 10kV以上及专业专用项目的电气设备安装。

② 电气设备（如电动机等）配合机械设备进行单体试运转和联合试运转工作。

（5）各项费用的规定

① 脚手架搭拆费（10kV以下架空线路除外）按人工费的4％计算，其中人工工资占25％。

② 工程超高增加费（已考虑了超高因素的定额项目除外），操作物高度离楼地面5m以上、20m以下的电气安装工程，按超高部分人工费的33％计算。

③ 高层建筑增加费（指高度在6层或20m以上的工业与民用建筑）按表3-8计算（其中全部为人工工资）。

表3-8　高层建筑增加费

层数	9层以下 （30m）	12层以下 （40m）	15层以下 （50m）	18层以下 （60m）	21层以下 （70m）	24层以下 （80m）	27层以下 （90m）	30层以下 （100m）	33层以下 （110m）
按人工费的百分数/%	1	2	4	6	8	10	13	16	19
层数	36层以下 （120m）	39层以下 （130m）	42层以下 （140m）	45层以下 （150m）	48层以下 （160m）	51层以下 （170m）	54层以下 （180m）	57层以下 （190m）	60层以下 （200m）
按人工费的百分数/%	22	25	28	31	34	37	40	43	46

注：为高层建筑供电的变电所和供水等动力工程，如装在高层建筑的底层或地下室的，均不计取高层建筑增加费。装在6层以上的变配电工程和动力工程则同样计取高层建筑增加费。

④ 安装与生产同时进行时，安装工程的总人工费增加10％，全部为因降效而增加的人工费（不含其他费用）。

⑤ 在有害人身健康的（包括高温、多尘、噪声超过标准和在有害气体等）环境中施工时，安装工程的总人工费增加10％，全部为因降效而增加的人工费（不含其他费用）。

（一）变压器

（1）油浸电力变压器安装定额同样适用于自耦式变压器、带负荷调压变压器的安装。电炉变压器按同容量电力变压器定额乘以系数2.0、整流变压器执行同容量电力变压器定额乘以系数1.60。

（2）变压器的器身检查　4000kV·A以下是按吊芯检查考虑，4000kV·A以上是按吊钟罩考虑，如果4000kV·A以上的变压器需吊芯检查时，定额机械乘以系数2.0。

（3）干式变压器如果带有保护外罩时，人工和机械乘以系数1.2。

（4）整流变压器、消弧线圈、并联电抗器的干燥，执行同容量变压器干燥定额，电炉变压器执行同容量变压器干燥定额乘以系数2.0。

（5）变压器油是按设备带来考虑的，但施工中变压器油的过滤损耗及操作损耗已包括在有关定额中。

（6）变压器安装过程中放注油、油过滤所使用的油罐，已摊入油过滤定额中。

（7）变压器定额不包括下列工作内容：

① 变压器干燥棚的搭拆工作，若发生时可按实计算；

② 变压器铁梯及母线铁构件的制作、安装另执行本册铁构件制作、安装定额；

③ 瓦斯继电器的检查及试验已列入变压器系统调整试验定额内；

④ 端子箱及控制箱的制作、安装，另执行本册相应定额；

⑤ 二次喷漆发生时按本册相应定额执行。

（二）配电装置

（1）设备本体所需的绝缘油、六氟化硫气体、液压油等均按设备带有考虑。

（2）本章设备安装定额不包括下列工作内容，另执行本册相应定额：

① 端子箱安装；

② 设备支架制作及安装；

③ 绝缘油过滤；

④ 基础槽（角）钢安装。

（3）设备安装所需的地脚螺栓按土建预埋考虑，不包括二次灌浆。

（4）互感器安装定额系按单相考虑的，不包括抽芯及绝缘油过滤，特殊情况另作处理。

（5）电抗器安装定额系按三相叠放、三相平放和二叠一平的安装方式综合考虑的，不论何种安装方式，均不作换算，一律执行本定额。干式电抗器安装定额适用于混凝土电抗器、铁芯干式电抗器和空心电抗器等干式电抗器的安装。

（6）高压成套配电柜安装定额系综合考虑的，不分容量大小，也不包括母线配制及设备干燥。

（7）低压无功补偿电容器屏（柜）安装列入（四）控制设备及低压电器。

（8）组合型成套箱式变电站主要是指10kV以下的箱式变电站，一般布置形式为变压器在箱的中间，箱的一端为高压开关位置，另一端为低压开关位置。组合型低压成套配电装置的外形像一个大型集装箱，内装6～24台低压配电箱（屏），箱为两端开门，中间为通道，称为集装箱式低压配电室。

（三）母线、绝缘子

（1）本章定额不包括支架、铁构件的制作、安装，发生时执行本节相应定额。

（2）软母线、带形母线、槽形母线的安装定额内不包括母线、金具、绝缘子等主材，具体可按设计数量加损耗计算。

（3）组合软母线安装定额不包括两端铁构件制作、安装和支持瓷瓶、带形母线的安装，发生时应执行本册相应定额。其跨距是按标准跨距综合考虑的，如实际跨距与定额不符时不作换算。

（4）软母线安装定额是按单串绝缘子考虑的，如设计为双串绝缘子，其定额人工乘以系数1.08。

（5）软母线的引下线、跳线、设备连线均按导线截面分别执行定额。不区分引下线、跳线和设备连线。

（6）带形钢母线安装执行铜母线安装定额。

（7）带形母线伸缩节头和铜过渡板均按成品考虑，定额只考虑安装。

（8）高压共箱母线和低压封闭式插接母线槽均按制造厂供应的成品考虑，定额只包含现场安装。封闭式插接母线槽在竖井内安装时，人工和机械乘以系数2.0。

（四）控制设备及低压电器

（1）主要包括电气控制设备、低压电器的安装，盘、柜配线，焊（压）接线端子，穿通板制作、安装，基础槽、角钢及各种铁构件、支架制作、安装。

（2）控制设备安装，除限位开关及水位电气信号装置外，其他均未包括支架制作、安装。发生时可执行本章相应定额。

（3）控制设备安装未包括的工作内容：

① 二次喷漆及喷字；

② 电器及设备干燥；

③ 焊、压接线端子；

④ 端子板外部（二次）接线。

（4）屏上辅助设备安装，包括标签框、光字牌、信号灯、附加电阻、连接片等，但不包括屏上开孔工作。

（5）设备的补充油按设备考虑。

（6）各种铁构件制作，均不包括镀锌、镀锡、镀铬、喷塑等其他金属防护费用。发生时应另行计算。

（7）轻型铁构件系指结构厚度在 3mm 以内的构件。

（8）铁构件制作、安装定额适用于本册范围内的各种支架、构件的制作、安装。

（五）蓄电池

（1）本章定额适用于 220V 以下各种容量的碱性和酸性固定型蓄电池及其防震支架安装、蓄电池充、放电。

（2）蓄电池防震支架按设备供货考虑，安装按地坪打眼装膨胀螺栓固定。

（3）蓄电池电极连接条、紧固螺栓、绝缘垫均按设备带有考虑。

（4）蓄电池定额不包括蓄电池抽头连接用电缆及电缆保护管的安装，发生时应执行本册相应项目。

（5）碱性蓄电池补充电解液由厂家随设备供货。铅酸蓄电池的电解液已包括在定额内，不另行计算。

（6）蓄电池充放电电量已计入定额，不论酸性、碱性电池均按其电压和容量执行相应项目。

（六）电机

（1）电机定额中的专业术语"电机"系指发电机和电动机的统称，如小型电机检查接线定额，适用于同功率的小型发电机和小型电动机的检查接线，定额中的电机功率系指电机的额定功率。

（2）直流发电机组和多台一串的机组，可按单台电机分别执行相应定额。

（3）本部分的电机检查接线定额，除发电机和调相机外，均不包括电机的干燥工作，发生时应执行电机干燥定额。本部分的电机干燥定额系按一次干燥所需的人工、材料、机械消耗量考虑。

（4）单台质量在 3t 以下的电机为小型电机，单台质量在 3～30t 的电机为中型电机，单台质量在 30t 以上的电机为大型电机。大中型电机不分交、直流电机，一律按电机质量执行相应定额。

（5）数型电机分为三类：驱动微型电机（分马力电机）系指微型异步电动机、微型同步电动机、微型交流换向器电动机、微型直流电动机等；控制微型电机系指自整角机、旋转变压器、交直流测速发电机、交直流伺服电动机、步进电动机、力矩电动机等；电源微型电机系指微型电动发电机组和单枢变流机等。其他小型电机，凡功率在 0.75kW 以下的电机均执行微型电机定额，但一般民用小型交流电风扇安装另执行风扇安装定额。

（6）备类电机的检查接线定额均不包括控制装置的安装和接线。

（7）电机的接地线材质至今技术规范尚无新规定，本定额仍是沿用镀锌扁钢（—25×4）编制的，如采用铜接地线时，主材（导线和接头）应更换，但安装人工和机械不变。

（8）电机安装执行第一册《机械设备安装工程》的电机安装定额，其电机的检查接线和干燥执行本定额。

（9）各种电机的检查接线，规范要求均需配有相应的金属软管，如设计有规定的按设计规格和数量计算，譬如设计要求用包塑金属软管、阻燃金属软管或采用铝合金软管接头等，均按设计计算。设计没有规定时，平均每台电机配金属软管 1～1.5m（平均按 1.25m）。电机的电源线为导线时，应执行压（焊）接线端子定额。

（七）滑触线装置

（1）起重机的电气装置系按未经生产厂家成套安装和试运行考虑的，因此起重机的电机和各种开关、控制设备、管线及灯具等均按分部分项定额编制预算。

（2）滑触线支架的基础铁件及螺栓，按土建预埋考虑。

（3）滑触线及支架的油漆，均按涂一遍考虑。

（4）移动软电缆敷设未包括轨道安装及滑轮制作。

（5）滑触线的辅助母线安装，执行"车间带型母线"安装定额。

（6）滑触线伸缩器和坐式电车绝缘子支持器的安装，已分别包括在"滑触线安装"和"滑触线支架安装"定额内，不另行计算。

（7）滑触线及支架安装是按10m以下标高考虑的，如超过10m时按册说明的超高系数计算。

（8）铁构件制作，执行第四章的相应项目。

（八）电缆

（1）本部分的电缆敷设定额适用于10kV以下的电力电缆和控制电缆敷设。定额系按平原地区和厂内电缆工程的施工条件编制的，未考虑在积水区、水底、井下等特殊条件下的电缆敷设，厂外电缆敷设工程按"（十）10kV以下架空配电线路"有关定额另计工地运输。

（2）电缆在一般山地、丘陵地区敷设时，其定额人工乘以系数1.3。该地段所需的施工材料如固定桩、夹具等按实另计。

（3）电缆敷设定额未考虑因波形敷设增加长度、弧度增加长度、电缆绕梁（柱）增加长度以及电缆与设备连接、电缆接头等必要的预留长度，该增加长度应计入工程量之内（详见《全国统一安装工程预算工程量计算规则》）。

（4）本部分的电力电缆头定额均按铝芯电缆考虑，铜芯电力电缆头按同截面电缆头定额乘以系数1.2，双屏蔽电缆头制作、安装人工乘以系数1.05。

（5）电力电缆敷设定额均按三芯（包括三芯连地）考虑，5芯电力电缆敷设乘以系数1.3，6芯电力电缆乘以系数1.6，每增加一芯定额增加30%，以此类推。单芯电力电缆敷设按同截面电缆定额乘以0.67。截面400～800mm² 的单芯电力电缆敷设按400mm² 电力电缆定额执行；截面800～1000mm² 的单芯电力电缆敷设按400mm² 电力电缆定额乘以系数1.25执行。240mm² 以上的电缆头的接线端子为异型端子，需要单独加工，应按实际加工价计算（或调整定额价格）。

（6）电缆沟挖填方定额亦适用于电气管道沟等的挖填方工作。

（7）桥架安装包括以下工作内容：

① 桥架安装包括运输、组对、吊装、固定；弯通或三、四通修改、制作组对；切割口防腐、桥架开孔、件、隔板安装、盖板安装、接地、附件安装等工作内容。

② 桥架支撑架定额适用于立柱、托臂及其他各种支撑架的安装。本定额已综合考虑了采用螺栓和膨胀螺栓等三种固定方式，实际施工中，不论采用何种固定方式，定额均不作调整。

③ 玻璃钢梯式桥架和铝合金梯式桥架定额均按不带盖考虑，如这两种桥架带盖，则分别执行玻璃式桥架定额和铝合金槽式桥架定额。

④ 钢制桥架主结构设计厚度大于3mm时，定额人工、机械乘以系数1.2。

⑤ 不锈钢桥架按本部分钢制桥架定额乘以系数1.1。

（8）本章电缆敷设系综合定额，已将裸包电缆、铠装电缆、屏蔽电缆等因素考虑在内，因此凡10kV的电力电缆和控制电缆均不分结构形式和型号，一律按相应的电缆截面和芯数执行定额。

（9）电缆敷设定额及其相配套的定额中均未包括主材（又称装置性材料），另按设计和工程量计算加上定额规定的损耗率计算主材费用。

（10）直径≤100以下的电缆保护管敷设执行"（十二）配管配线"有关定额。

（11）本部分定额未包括下列工作内容：

① 隔热层、保护层的制作、安装；

② 电缆冬季施工的加温工作和在其他特殊施工条件下的施工措施费和施工降效增加费。

（九）防雷及接地装置

（1）本部分定额适用于建筑物、构筑物的防雷接地，变配电系统接地，设备接地以及避雷针的接地装置。

(2) 户外接地母线敷设定额系按自然地坪和一般土质综合考虑的，包括地沟的挖填土和夯实工作，执行本定额时不应再计算土方量。如遇有石方、矿渣、积水、障碍物等情况时可另行计算。

(3) 本部分定额不适于采用爆破法施工敷设接地线、安装接地极，也不包括高土壤电阻率地区采用换土或化学处理的接地装置及接地电阻的测定工作。

(4) 本部分定额中，避雷针的安装、半导体少长针消雷装置安装均已考虑了高空作业的因素。

(5) 独立避雷针的加工制作执行"一般铁构件"制作定额。

(6) 防雷均压环安装定额是按利用建筑物圈梁内主筋作为防雷接地连接线考虑的。如果采用单独扁钢或圆钢明敷作均压环时，可执行"户内接地母线敷设"定额。

(7) 利用铜绞线作接地引下线时，配管、穿铜绞线执行"（十二）配管、配线"中同规格的相应项目。

（十）10kV 以下架空配电线路

(1) 本部分定额按平地施工条件考虑，如在其他地形条件下施工时，其人工和机械按表 3-9 予以调整。

表 3-9　调整系数

地形类别	丘陵（市区）	一般山地、泥沼地带
调整系数	1.20	1.60

(2) 地形划分的特征如下。

① 平地：地形比较平坦、地面比较干燥的地带。

② 丘陵：地形有起伏的矮岗、土丘等地带。

③ 一般山地：指一般山岭或沟谷地带、高原台地等。

④ 泥沼地带：指经常积水的田地或泥水淤积的地带。

(3) 预算编制中，全线地形分几种类型时，可按各种类型长度所占百分比求出综合系数进行计算。

(4) 土质分类如下。

① 普通土：指种植土、黏砂土、黄土和盐碱土等，主要利用锹、铲即可挖掘的土质。

② 坚土：指土质坚硬难挖的红土、板状黏土、重块土、高岭土，必须用铁镐、条锄挖松，再用锹、铲挖掘的土质。

③ 松砂石：指碎石、卵石和土的混合体，各种不坚实砾岩、页岩、风化岩，节理和裂缝较多的岩石等（不需用爆破方法开采的）需要镐、撬棍、大锤、楔子等工具配合才能挖掘者。

④ 岩石：一般指坚实的粗花岗岩、白云岩、片麻岩、玢岩、石英岩、大理岩、石灰岩、石灰质粘接的密实砂岩的石质，不能用一般挖掘工具进行开挖的，必须采用打眼、爆破或打凿才能开挖者。

⑤ 泥水：指坑的周围经常积水，坑的土质松散，如淤泥和沼泽地等挖掘时因水渗入和浸润而成泥浆，容易坍塌，需用挡土板和适量排水才能施工者。

⑥ 流砂：指坑的土质为砂质或分层砂质，挖掘过程中砂层有上涌现象，容易坍塌，挖掘时需排水和采用挡土板才能施工者。

(5) 主要材料运输质量的计算按表 3-10 规定执行。

(6) 线路一次施工工程量按 5 根以上电杆考虑，如 5 根以内者，其全部人工、机械乘以系数 1.3。

(7) 如果出现钢管杆的组立，按同高度混凝土杆组立的人工、机械乘以系数 1.4，材料不调整。

表 3-10　主要材料运输质量的计算表

材 料 名 称		单位	运输质量/kg	备注
混凝土制品	人工浇制	m³	2600	包括钢筋
	离心浇制	m³	2860	包括钢筋
线材	导线	kg	$m×1.15$	有线盘
	钢绞线	kg	$m×1.07$	无线盘
木杆材料		m³	500	包括木横担
金具、绝缘子		kg	$m×1.07$	
螺栓		kg	$m×1.01$	

注：1. m 为理论质量。

2. 未列入者均按净重计算。

(8) 导线跨越架设按以下规定。

① 每个跨越间距均按 50m 以内考虑，50～100m 时按两处计算，以此类推。

② 在同跨越档内，有多种（或多次）跨越物时，应根据跨越物种类分别执行定额。

③ 跨越定额仅考虑因跨越而多耗的人工、机械台班和材料，在计算架线工程量时，不扣除跨越档的长度。

(9) 杆上变压器安装不包括变压器调试、抽芯、干燥工作。

(十一) 电气调整实验

(1) 本部分内容包括电气设备的本体实验和主要设备的分系统调试。成套设备的整套启动调试按专业定额另行计算，主要设备的分系统内所含的电气设备元件的本体实验已包括在该分系统调试定额之内。如变压器的系统调试中已包括该系统中的变压器、互感器、开关、仪表和继电器等一、二次设备的本体调试和回路实验。绝缘子和电缆等单体实验，只在单独实验时使用，不得重复计算。

(2) 本定额的调试仪表使用费系按"台班"形式表示的，与《全国统一安装工程施工仪器仪表台班费用定额》配套使用。

(3) 送配电设备调试中的 1kV 以下定额适用于所有低压供电回路，如从低压配电装置至分配电箱的供电回路；但从配电箱直接至电动机的供电回路已包括在电动机的系统调试定额内。送配电设备系统调试包括系统内的电缆实验、瓷瓶耐压等全套调试工作。供电桥回路中的断路器、母线分段断路器皆作为独立的供电系统计算。定额皆按一个系统一侧配一台断路器考虑。若两侧皆有断路器时，则按两个系统计算。如果分配电箱内只有刀开关、熔断器等不含调试元件的供电回路，则不再作为调试系统计算。

(4) 由于电气控制技术的飞跃发展，原定额的成套电气装置（如桥式起重机电气装置等）的控制系统已发生了根本的变化，至今尚无统一的标准。故本定额取消了原定额中的成套电气设备的安装与调试。起重机电气装置、空调电气装置、各种机械设备的电气装置，如堆取料机、装料车、推煤车等成套设备的电气调试应分别按相应的分项调试定额执行。

(5) 定额不包括设备的烘干处理和设备本身缺陷造成的元件更换修理和修改，亦未考虑因设备元件质量低劣对调试工作造成的影响。定额系按新的合格设备考虑的，如遇以上情况时，应另行计算。经修配改或拆迁的旧设备调试，定额乘以系数 1.1。

(6) 本定额只限电气设备自身系统的调整实验，未包括电气设备带动机械设备的试运工作，发生时应按专业定额另行计算。

(7) 调试定额不包括实验设备、仪器仪表的场外转移费用。

(8) 本调试定额系按现行施工技术验收规范编制的，凡现行规范（指定额编制时的规范）未包括的新调试项目和调试内容均应另行计算。

(9) 调试定额已包括熟悉资料、核对设备、填写实验记录、保护整定值的整定和调试报告的整理工作。

（10）电力变压器如有"带负荷调压装置"，调试定额乘以系数 1.12。三卷变压器、整流变压器、电炉变压器调试按同容量的电力变压器调试定额乘以系数 1.2。3～10kV 母线系统调试含一组电压互感器，1kV 以下母线系统调试定额不含电压互感器，适用于低压配电装置的各种母线（包括软母线）的调试。

（十二）配管、配线

（1）配管工程均未包括接线箱、盒及支架的制作、安装。钢索架设及拉紧装置的制作、安装，插接式母线槽支架制作，槽架制作及配管支架应执行铁构件制作定额。

（2）连接设备导线预留长度见表 3-11。

表 3-11　连接设备导线预留长度（每一根线）

序号	项　目	预 留 长 度	说　明
1	各种开关箱、柜、板	高＋宽	盘面尺寸
2	单独安装(无箱、盘)的铁壳开关、闸刀开关、启动器、母线槽进出线盒等	0.3m	以安装对象中心算
3	由地平管子出口引至动力接线箱	1m	以管口计算
4	电源与管内导线连接（管内穿线与软、硬母线接头）	1.5m	以管口计算
5	出户线	1.5m	以管口计算

（十三）照明电气

（1）各号型灯具的引导线，除注明者外，均已综合考虑在定额内，执行时不得换算。

（2）路灯、投光灯、碘钨灯、氙气灯、烟囱或水塔指示灯，均已考虑了一般工程的高空作业因素，其他器具安装高度如超过 5m，则应按册说明中规定的超高系数另行计算。

（3）定额中装饰灯具项目均已考虑了一般工程的超高作业因素，并包括脚手架搭拆费用。

（4）装饰灯具定额项目与示意图号配套使用。

（5）定额内已包括利用摇表测量绝缘及一般灯具的试亮工作（但不包括调试工作）。

（十四）电梯电气装置

（1）本部分适用于国内生产的各种客、货、病床和杂物电梯的电气装置安装，但不包括自动扶梯和观光电梯。

（2）电梯是按每层一门为准，增或减时，另按增（减）厅门相应定额计算。

（3）电梯安装的楼层高度，按平均层高 4m 以内考虑，如平均层高超过 4m 时，其超过部分可另按度定额计算。

（4）两部或两部以上并行或群控电梯，按相应的定额分别乘以系数 1.2。

（5）本定额是以室内地平±0 以下为地坑（下缓冲）考虑的，如遇有"区间电梯"（基站不在首层），下缓设在中间层时，则基站以下部分楼层的垂直搬运应另行计算。

（6）电梯安装材料、电线管及线槽、金属软管、管子配件、紧固件、电缆、电线、接线箱（盒）、荧光灯及其他备件等，均按设备带有考虑。

（7）杂物电梯是以载质量在 200kg 以内，轿厢内不载人为准。质量大于 200kg 的轿厢内有司机操作电梯，执行客货电梯的相应项目。

（8）定额中已经包括程控调试。

（9）本定额不包括下列各项工作。

① 电源线路及控制开关的安装。

② 电动发电机组的安装。

③ 基础型钢和钢支架制作。

④ 接地极与接地干线敷设。

⑤ 电气调试。

⑥ 电梯的喷漆。

⑦ 轿厢内的空调、冷热风机、闭路电视、步话机、音响设备。

⑧ 群控集中监视系统以及模拟装置。

二、电气设备安装工程量计算规则

（一）变压器

（1）变压器安装，按不同容量以"台"为计量单位。

（2）干式变压器如果带有保护罩时，其定额人工和机械乘以系数 1.2。

（3）变压器通过试验，判定绝缘受潮时才需进行干燥，所以只有需要干燥的变压器才能计取此项费用（编制施工图预算时可列此项，工程结算时根据实际情况再作处理），以"台"为计量单位。

（4）消弧线圈的干燥按同容量电力变压器干燥定额执行，以"台"为计量单位。

（5）变压器油过滤不论过滤多少次，直到过滤合格为止，以"t"为计量单位，其具体计算方法如下。

① 变压器安装定额未包括绝缘油的过滤，需要过滤时，可按制造厂提供的油量计算。

② 油断路器及其他充油设备的绝缘油过滤，可按制造厂规定的充油量计算。

（二）配电装置

（1）断路器、电流互感器、电压互感器、油浸电抗器、电力电容器及电容器柜的安装以"台（个）"为计量单位。

（2）隔离开关、负荷开关、熔断器、避雷器、干式电抗器的安装以"组"为计量单位，每组按三相计算。

（3）交流滤波装置的安装以"台"为计量单位。每套滤波装置包括三台组架安装，不包括设备本身及铜母线的安装，其工程量应按本册相应定额另行计算。

（4）高压设备安装定额内均不包括绝缘台的安装，其工程量应按施工图设计执行相应定额。

（5）高压成套配电柜和箱式变电站的安装以"台"为计量单位，均未包括基础槽钢、母线及引下线的配置安装。

（6）配电设备安装的支架、抱箍及延长轴、轴套、间隔板等，按施工图设计的需要量计算，执行"铁构件制作"安装定额或成品价。

（7）绝缘油、六氟化硫气体、液压油等均按设备带有考虑；电气设备以外的加压设备和附属管道的安装应按相应定额另行计算。

（8）配电设备的端子板外部接线，应按"（四）控制设备及低压电器"相应定额另行计算。

（9）设备安装用的地脚螺栓按土建预埋考虑，不包括二次灌浆。

（三）母线及绝缘子

（1）悬垂绝缘子串安装，指垂直或 V 形安装的提挂导线、跳线、引下线、设备连接线或设备等所用的绝缘子串安装，按单串以"串"为计量单位。耐张绝缘子串的安装，已包括在软母线安装定额内。

（2）支持绝缘子安装分别按安装在户内、户外、单孔、双孔、四孔固定，以"个"为计量单位。

（3）穿墙套管安装不分水平、垂直安装，均以"个"为计量单位。

（4）软母线安装，指直接由耐张绝缘子串悬挂部分，按软母线截面大小分别以"跨/三相"为计量单位。设计跨距不同时，不得调整。导线、绝缘子、线夹、弧度调节金具等均按施工图设计用量加定额规定的损耗率计算。

（5）软母线引下线，指由 T 形线夹或并沟线夹从软母线引向设备的连接线，以"组"为计量单位，每三相为一组；软母线经终端耐张线夹引下（不经 T 形线夹或并沟线夹引下）与设备连接的部分均执行引下线定额，不得换算。

（6）两跨软母线间的跳引线安装，以"组"为计量单位，每三相为一组。不论两端的耐张线夹是螺栓式或压接式，均执行软母线跳线定额，不得换算。

（7）设备连接线安装，指两设备间的连接部分。不论引下线、跳线、设备连接线，均应分别按导线截面、三相为一组计算工程量。

（8）组合软母线安装，按三相为一组计算。跨距（包括水平悬挂部分和两端引下部分之和）系以 45m 以内考虑，跨度的长与短不得调整。导线、绝缘子、线夹、金具按施工图设计用量加定额规定的损耗率计算。

（9）软母线安装预留长度按表 3-12 计算。

表 3-12　软母线安装预留长度　　　　　　单位：m/根

项目	耐张	跳线	引下线、设备连接线
预留长度	2.5	0.8	0.6

（10）带型母线安装及带型母线引下线安装包括铜排、铝排，分别以不同截面和片数以"m/单相"为计量单位。母线和固定母线的金具均按设计量加损耗率计算。

（11）钢带型母线安装，按同规格的铜母线定额执行，不得换算。

（12）母线伸缩接头及铜过渡板安装均以"个"为计量单位。

（13）槽型母线安装以"m/单相"为计量单位。槽型母线与设备连接分别以连接不同的设备以"台"为计量单位。槽型母线及固定槽型母线的金具按设计用量加损耗率计算。壳的大小尺寸以"m"为计量单位，长度按设计共箱母线的轴线长度计算。

（14）低压（指 380V 以下）封闭式插接母线槽安装分别按导体的额定电流大小以"m"为计量单位，长度按设计母线的轴线长度计算，分线箱以"台"为计量单位，分别以电流大小按设计数量计算。

（15）重型母线安装包括铜母线、铝线，分别按截面大小以母线的成品质量以"t"为计量单位。

（16）重型铝母线接触面加工指铸造件需加工接触面时，可以按其接触面大小，分别以"片/单相"为计量单位。

（17）硬母线配置安装预留长度按表 3-13 的规定计算。

表 3-13　硬母线配置安装预留长度　　　　　　单位：m/根

序号	项　　目	预留长度	说　　明
1	带型、槽型母线终端	0.3	从最后一个支持点算起
2	带型、槽型母线与分支线连接	0.5	分支线预留
3	带型母线与设备连接	0.5	从设备端子接口算起
4	多片重型母线与设备连接	1.0	从设备端子接口算起
5	槽型母线与设备连接	0.5	从设备端子接口算起

（18）带型母线、槽型母线安装均不包括支持瓷瓶安装和钢构件配置安装，其工程量应分别按设计成品数量执行本部分相应定额。

（四）控制设备及低压电器

（1）控制设备及低压电器安装均以"台"为计量单位。以上设备安装均未包括基础槽钢、角钢的制作安装，其工程量应按相应定额另行计算。

（2）铁构件制作安装均按施工图设计尺寸，以成品质量"kg"为计量单位。

（3）网门、保护网制作安装，按网门或保护网设计图示的框外围尺寸，以"m²"为计量单位。

（4）盘柜配线分不同规格，以"m"为计量单位。

（5）盘、箱、柜的外部进出线预留长度按表3-14计算。

表 3-14　盘、箱、柜的外部进出线预留长度　　　　　　　　　　　　单位：m/根

序号	项　目	预留长度	说　　明
1	各种箱、柜、盘、板、盒	高＋宽	盘面尺寸
2	单独安装的铁壳开关、自动开关、刀开关、启动器、箱式电阻器、变阻器	0.5	从安装对象中心算起
3	继电器、控制开关、信号灯、按钮、熔断器等小电器	0.3	从安装对象中心算起
4	分支接头	0.2	分支线预留

（6）配电板制作安装及包铁皮，按配电板图示外形尺寸，以"m^2"为计量单位。

（7）焊（压）接线端子定额只适用于导线，电缆终端头制作安装定额中已包括压接线端子，不得重复计算。

（8）端子板外部接线按设备盘、箱、柜、台的外部接线图计算，以"10个"为计量单位。

（9）盘、柜配线定额只适用于盘上小设备元件的少量现场配线，不适用于工厂的设备修、配、改工程。

（五）蓄电池

（1）铅酸蓄电池和碱性蓄电池安装，分别按容量大小以单体蓄电池"个"为计量单位，按施工图设计的数量计算工程量。定额内已包括了电解液的材料消耗，执行时不得调整。

（2）免维护蓄电池安装以"组件"为计量单位，其具体计算如下例：

某项工程设计一组蓄电池为220V/500A·h，由12V的组件18个组成，那么就应该套用12V/500A·h的定额18组件。

（3）蓄电池充放电按不同容量以"组"为计量单位。

（六）电机及滑触线安装

（1）发电机、调相机、电动机的电气检查接线，均以"台"为计量单位。直流发电机组和多台一串的机组，按单台电机分别执行定额。

（2）起重机上的电气设备、照明装置和电缆管线等安装均执行本部分的相应定额。

（3）滑触线安装以"m/单相"为计量单位，其附加和预留长度按表3-15的规定计算。

表 3-15　滑触线安装附加和预留长度　　　　　　　　　　　　单位：m/根

序号	项　目	预留长度	说　　明
1	圆钢、铜母线与设备连接	0.2	从设备接线端子接口起算
2	圆钢、铜滑触线终端	0.5	从最后一个固定点起算
3	角钢滑触线终端	1.0	从最后一个支持点起算
4	扁钢滑触线终端	1.3	从最后一个固定点起算
5	扁钢母线分支	0.5	分支线预留
6	扁钢母线与设备连接	0.5	从设备接线端子接口起算
7	轻轨滑触线终端	0.8	从最后一个支持点起算
8	安全节能及其他滑触线终端	0.5	从最后一个固定点起算

（4）电气安装规范要求每台电机接线均需要配金属软管，设计有规定的按设计规格和数量计算，设计没有规定的，平均每台电机配相应规格的金属软管1.25m和与之配套的金属软管专用活接头。

（5）本章的电机检查接线定额，除发电机和调相机外，均不包括电机干燥，发生时其工程量应按电机干燥定额另行计算。电机干燥定额系按一次干燥所需的工、料、机消耗量考虑的，在特别潮湿的地方，电机需要进行多次干燥，应按实际干燥次数计算。在气候干燥、电机绝缘性能良好、符

合技术标准而不需要干燥时，则不计算干燥费用。实行包干的工程，可参照以下比例，由有关各方协商而定。

① 低压小型电机 3kW 以下按 25％的比例考虑干燥。

② 低压小型电机 3～220kW 按 30％～50％的比例考虑干燥。

③ 大中型电机按 100％考虑一次干燥。

（6）电机定额的界线划分：单台电机质量在 3t 以下的为小型电机；单台电机质量在 3～30t 的为中型电机；单台电机质量在 30t 以上的为大型电机。

（7）小型电机按电机类别和功率大小执行相应定额，大、中型电机不分类别一律按电机质量执行相应定额。

（8）电机的安装执行第一册《机械设备安装工程》中的电机安装定额；电机检查接线执行本部分定额。

（七）电缆

（1）直埋电缆的挖、填土（石）方，除特殊要求外，可按表 3-16 计算土方量。

表 3-16 直埋电缆的挖、填土（石）方量

项　　目	电缆根数	
	1～2	每增一根
每米沟长挖方量/m³	0.45	0.153

注：1. 两根以内的电缆沟，系按上口宽度 600mm、下口宽度 400mm、深度 900mm 计算的常规土方量（深度按规范的最低标准）。

2. 每增加一根电缆，其宽度增加 170mm。

3. 以上土方量系按埋深从自然地坪起算，如设计埋深超过 900mm 时，多挖的土方量应另行计算。

（2）电缆沟盖板揭、盖定额，按每揭或每盖一次以延长米计算，如又揭又盖，则按两次计算。

（3）电缆保护管长度，除按设计规定长度计算外，遇有下列情况，应按以下规定增加保护管长度。

① 横穿道路，按路基宽度两端各增加 2m。

② 垂直敷设时，管口距地面增加 2m。

③ 穿过建筑物外墙时，按基础外缘以外增加 1m。

④ 穿过排水沟时，按沟壁外缘以外增加 1m。

（4）电缆保护管埋地敷设，其土方量凡有施工图注明的，按施工图计算；无施工图的，一般按沟深 0.9m、沟宽按最外边的保护管两侧边缘外各增加 0.3m 工作面计算。

（5）电缆敷设按单根以延长米计算，一个沟内（或架上）敷设三根各长 100m 的电缆，应按 300m 计算，以此类推。

（6）电缆敷设长度应根据敷设路径的水平和垂直敷设长度，按表 3-17 规定增加附加长度。

表 3-17 电缆敷设的附加长度

序号	项　　目	预留长度（附加）	说　　明
1	电缆敷设弧度、波形弯度、交叉	2.5％	按电缆全长计算
2	电缆进入建筑物	2.0m	规范规定最小值
3	电缆进入沟内或吊架时引上（下）预留	1.5m	规范规定最小值
4	变电所进线、出线	1.5m	规范规定最小值
5	电力电缆终端头	1.5m	检修余量最小值
6	电缆中间接头盒	两端各留 2.0m	检修余量最小值
7	电缆进控制、保护屏及模拟盘等	高＋宽	按盘面尺寸
8	高压开关柜及低压配电盘、箱	2.0m	盘下进出线

序号	项　目	预留长度（附加）	说　明
9	电缆至电动机	0.5m	从电机接线盒起算
10	厂用变压器	3.0m	从地坪起算
11	电缆绕过梁柱等增加长度	按实计算	按被绕物的断面情况计算增加长度
12	电梯电缆与电缆架固定点	每处 0.5m	规范最小值

注：电缆附加及预留的长度是电缆敷设长度的组成部分，应计入电缆长度工程量之内。

（7）电缆终端头及中间头均以"个"为计量单位。电力电缆和控制电缆均按一根电缆有两个终端头考虑。中间电缆头设计有图示的，按设计确定；设计没有规定的，按实际情况计算（或按平均250m一个中间头考虑）。

（8）桥架安装，以"10m"为计量单位。

（9）吊电缆的钢索及拉紧装置，应按本部分相应定额另行计算。

（10）钢索的计算长度以两端固定点的距离为准，不扣除拉紧装置的长度。

（11）电缆敷设及桥架安装，应按定额说明的综合内容范围计算。

（八）防雷及接地装置

（1）接地极制作安装以"根"为计量单位，其长度按设计长度计算，设计无规定时，每根长度按 2.5m 计算。若设计有管帽时，管帽另按加工件计算。

（2）接地母线敷设，按设计长度以"m"为计量单位计算工程量。接地母线、避雷线敷设，均按延长米计算，其长度按施工图设计水平和垂直规定长度另加 3.9% 的附加长度（包括转弯、上下波动、避绕障碍物、搭接头所占长度）计算。计算主材费时应另增加规定的损耗率。

（3）接地跨接线以"处"为计量单位，按规程规定凡需作接地跨接线的工程内容，每跨接一次按一处计算，户外配电装置构架均需接地，每副构架按"一处"计算。

（4）避雷针的加工制作、安装，以"根"为计量单位，独立避雷针安装以"基"为计量单位。长度、高度、数量均按设计规定。独立避雷针的加工制作应执行"一般铁件"制作定额或按成品计算。

（5）半导体少长针消雷装置安装以"套"为计量单位，按设计安装高度分别执行相应定额。装置本身由设备制造厂成套供货。

（6）利用建筑物内主筋作接地引下线安装以"10m"为计量单位，每一柱子内按焊接两根主筋考虑，如果焊接主筋数超过两根时，可按比例调整。

（7）断接卡子制作安装以"套"为计量单位，按设计规定装设的断接卡子数量计算，接地检查井内的断接卡子安装按每井一套计算。

（8）高层建筑物屋顶的防雷接地装置应执行"避雷网安装"定额，电缆支架的接地线安装应执行"户内接地母线敷设"定额。

（9）均压环敷设以"m"为单位计算，主要考虑利用圈梁内主筋作均压环接地连线，焊接按两根主筋考虑，超过两根时，可按比例调整。长度按设计需要作均压接地的圈梁中心线长度，以延长米计算。

（10）钢、铝窗接地以"处"为计量单位（高层建筑六层以上的金属窗设计一般要求接地），按设计规定接地的金属窗数进行计算。

（11）柱子主筋与圈梁连接以"处"为计量单位，每处按两根主筋与两根圈梁钢筋分别焊接连接考虑。如果焊接主筋和圈梁钢筋超过两根时，可按比例调整，需要连接的柱子主筋和圈梁钢筋"处"数按规定设计计算。

（九）10kV 以下架空配电线路

（1）工地运输，是指定额内未计价材料从集中材料堆放点或工地仓库运至杆位上的工程运输，分人力运输和汽车运输，以"t/km"为计量单位。

运输量计算公式如下：

$$工程运输量＝施工图用量×(1＋损耗率)$$

预算运输质量＝工程运输质量＋包装物质量(不需要包装的可不计算包装物质量)

（2）无底盘、卡盘的电杆坑，其挖方体积按下式计算：

$$V＝0.8×0.8×h$$

式中，h 为坑深，m。

（3）电杆坑的马道土、石方量按每坑 0.2m³ 计算。

（4）施工操作裕度按底拉盘底宽每边增加 0.1m。

（5）各类土质的放坡系数按表 3-18 计算。

表 3-18　各类土质的放坡系数

土质	普通土、水坑	坚土	松砂石	泥水、流砂、岩石
放坡系数	1∶0.3	1∶0.25	1∶0.2	不放坡

（6）冻土厚度大于 300mm 时，冻土层的挖方量按挖坚土定额乘以系数 2.5。其他土层仍按土质性质执行定额。

（7）土方量计算公式如下：

$$V＝\frac{h}{6}\left[ab＋(a＋a_1)×(b＋b_1)＋a_1 b_1\right]$$

式中，V 为土（石）方体积，m³；h 为坑深，m；$a(b)$ 为坑底宽，m，$a(b)＝$ 底拉盘底宽＋2×每边操作裕度；$a_1(b_1)$ 为坑口宽，m，$a_1(b_1)＝a(b)＋2×h×$边坡系数。

（8）杆坑土质按一个坑的主要土质而定，如一个坑大部分为普通土，少量为坚土，则该坑应全部按普通土计算。

（9）带卡盘的电杆坑，如原计算的尺寸不能满足卡盘安装时，因卡盘超长而增加的土（石）方量另计。

（10）底盘、卡盘、拉线盘按设计用量以"块"为计量单位。

（11）杆塔组立，分别依杆塔形式和高度按设计数量以"根"为计量单位。

（12）拉线制作安装按施工图设计规定，分不同形式，以"根"为计量单位。

（13）横担安装按施工图设计规定，分不同形式和截面，以"根"为计量单位，定额按单根拉线考虑，若安装 V 形、Y 形或双拼形拉线时，按 2 根计算。拉线长度按设计全根长度计算，设计无规定时可按表 3-19 计算。

表 3-19　拉线长度　　　　　　　　　　　单位：m/根

项 目		普通拉线	V(Y)形拉线	弓形拉线
杆高/m	8	11.47	22.94	9.33
	9	12.61	25.22	10.10
	10	13.74	27.48	10.92
	11	15.10	30.20	11.82
	12	16.14	32.28	12.62
	13	18.69	37.38	13.42
	14	19.68	39.36	15.12
水平拉线		26.47		

（14）导线架设，分导线类型和不同截面以"km/单线"为计量单位计算。导线预留长度按表3-20 的规定计算。

导线长度按线路总长度和预留长度之和计算。计算主材费时应另增加规定的损耗率。

（15）导线跨越架设，包括越线架的搭、拆和运输以及因跨越（障碍）施工难度增加而增加的工作量，以"处"为计量单位。每个跨越间距按50m以内考虑，大于50m而小于100m时按2处计算，以此类推。在计算架线工程量时，不扣除跨越档的长度。

表3-20　导线预留长度　　　　　　　　　　　　　　　　　　　单位：m/根

项　目　名　称		长　　度
高压	转角	2.5
	分支、终端	2.0
低压	分支、终端	0.5
	交叉跳线转角	1.5
与设备连线		0.5
进户线		2.5

（16）杆上变配电设备安装以"台"或"组"为计量单位，定额内包括杆上钢支架及设备的安装工作，但钢支架主材、连引线、线夹、金具等应按设计规定另行计算，设备的接地装置安装和调试应按本册相应定额另行计算。

（十）电气调整实验

（1）电气调试系统的划分以电气原理系统图为依据。电气设备元件的本体实验均包括在相应定额的系统调试之内，不得重复计算。绝缘子和电缆等单体实验，只在单独实验时使用。在系统调试定额中各工序的调试费用如需单独计算时，可按表3-21所列比例计算。

表3-21　电气调试系统各工序的调试费用

工　　序	发电机调相机系统比率/%	变压器系统比率/%	送配电设备系统比率/%	电动机系统比率/%
一次设备本体实验	30	30	40	30
附属高压二次设备实验	20	30	20	30
一次电流及二次回路检查	20	20	20	20
继电器及仪表实验	30	20	20	20

（2）电气调试所需的电力消耗已包括在定额内，一般不另计算。但10kW以上电机及发电机的启动调试用的蒸气、电力和其他动力能源消耗及变压器空载试运转的电力消耗，另行计算。

（3）供电桥回路的断路器、母线分段断路器，均按独立的送配电设备系统计算调试费。

（4）送配电设备系统调试，系按一侧有一台断路器考虑的，若两侧均有断路器时，则应按两个系统计算。

（5）送配电设备系统调试，适用于各种供电回路（包括照明供电回路）的系统调试。凡供电回路中带有仪表、继电器、电磁开关等调试元件的（不包括闸刀开关、保险器），均按调试系统计算。移动式电器和以插座连接的家电设备业经厂家调试合格、不需要用户自调的设备均不应计算调试费用。

（6）变压器系统调试，以每个电压侧有一台断路器为准。多于一个断路器的按相应电压等级送配电设备系统调试的相应定额另行计算。

（7）干式变压器调试，执行相应容量变压器调试定额乘以系数0.8。

（8）特殊保护装置，均以构成一个保护回路为一套，其工程量计算规定如下（特殊保护装置未包括在各系统调试定额之内，应另行计算）：

①发电机转子接地保护，按全厂发电机共用一套考虑；

②距离保护，按设计规定所保护的送电线路断路器台数计算；

③ 高频保护，按设计规定所保护的送电线路断路器台数计算；

④ 故障录波器的调试，以一块屏为一套系统计算；

⑤ 失灵保护，按设置该保护的断路器台数计算；

⑥ 失磁保护，按所保护的电机台数计算；

⑦ 变流器的断线保护，按变流器台数计算；

⑧ 小电流接地保护，按装设该保护的供电回路断路器台数计算；

⑨ 保护检查及打印机调试，按构成该系统的完整回路为一套计算。

（9）自动装置及信号系统调试，均包括继电器、仪表等元件本身和二次回路的调整实验，具体规定如下。

① 备用电源自动投入装置，按联锁机构的个数确定备用电源自投装置系统数。一个备用厂用变压器，作为三段厂用工作母线备用的厂用电源，计算备用电源自动投入装置调试时，应为三个系统。装设自动投入装置的两条互为备用的线路或两台变压器，计算备用电源自动投入装置调试时，应为两个系统。备用电动机自动投入装置亦按此计算。

② 线路自动重合闸调试系统，按采用自动重合闸装置的线路自动断路器的台数计算系统数。综合重合闸也按此规定计算。

③ 自动调频装置的调试，以一台发电机为一个系统。

④ 同期装置调试，按设计构成一套能完成同期并车行为的装置为一个系统计算。

⑤ 蓄电池及直流监视系统调试，一组蓄电池按一个系统计算。

⑥ 事故照明切换装置调试，按设计能完成交直流切换的一套装置为一个调试系统计算。

⑦ 周波减负荷装置调试，凡有一个周率继电器，不论带几个回路，均按一个调试系统计算。

⑧ 变送器屏以屏的个数计算。

⑨ 中央信号装置调试，按每一个变电所或配电室为一个调试系统计算工程量。

⑩ 不间断电源装置调试，按容量以"套"为单位计算。

（10）接地网的调试规定如下。

① 接地网接地电阻的测定　一般的发电厂或变电站连为一体的母网，按一个系统计算；自成母网不与厂区母网相连的独立接地网，另按一个系统计算。大型建筑群各有自己的接地网（接地电阻值设计有要求），虽然在最后也将各接地网连在一起，但应按各自的接地网计算，不能作为一个网，具体应按接地网的实验情况而定。

② 避雷针接地电阻的测定　每一避雷针均有单独接地网（包括独立的避雷针、烟囱避雷针等）时，均按一组计算。

③ 独立的接地装置按组计算　如一台柱上变压器有一个独立的接地装置，即按一组计算。

（11）避雷器、电容器的调试，按每三相为一组计算；单个装设的亦按一组计算，上述设备如设置在发电机，变压器，输、配电线路的系统或回路内，仍应按相应定额另外计算调试费用。

（12）高压电气除尘系统调试，按一台升压变压器、一台机械整流器及附属设备为一个系统计算，分别按除尘器面积（m^2）范围执行定额。

（13）硅整流装置调试，按一套硅整流装置为一个系统计算。

（14）普通电动机的调试，分别按电机的控制方式、功率、电压等级，以"台"为计量单位。

（15）可控硅调速直流电动机调试以"系统"为计量单位，其调试内容包括可控硅整流装置系统和直流电动机控制回路系统两个部分的调试。

（16）交流变频调速电动机调试以"系统"为计量单位，其调试内容包括变频装置系统和交流电动机控制回路系统两个部分的调试。

（17）微型电机系指功率在 0.75kW 以下的电机，不分类别，一律执行微电机综合调试定额，以"台"为计量单位。电机功率在 0.75kW 以上的电机调试应按电机类别和功率分别执行相应的调试定额。

(18) 一般的住宅、学校、办公楼、旅馆、商店等民用电气工程的供电调试应按下列规定。

① 配电室内带有调试元件的盘、箱、柜和带有调试元件的照明主配电箱，应按供电方式执行相应的"配电设备系统调试"定额。

② 每个用户房间的配电箱（板）上虽装有电磁开关等调试元件，但如果生产厂家已按固定的常规参数调整好，不需要安装单位进行调试就可直接投入使用的，不得计取调试费用。

③ 民用电度表的调整校验属于供电部门的专业管理，一般皆由用户向供电局订购调试完毕的电度表，不得另外计算调试费用。

(19) 高标准的高层建筑、高级宾馆、大会堂、体育馆等具有较高控制技术的电气工程（包括照明工程中由程控调光控制的装饰灯具），应按控制方式执行相应的电气调试定额。

（十一）配管、配线

(1) 各种配管应区别不同敷设方式、敷设位置、管材材质、规格，以"延长米"为计量单位，不扣除管路中间的接线箱（盒）、灯头盒、开关盒所占长度。

(2) 定额中未包括钢索架设及拉紧装置、接线箱（盒）、支架的制作安装，其工程量应另行计算。

(3) 管内穿线的工程量，应区别线路性质、导线材质、导线截面，以单线"延长米"为计量单位计算。线路分支接头线的长度已综合考虑在定额中，不得另行计算。

照明线路中的导线截面大于或等于 $6mm^2$ 时，应执行动力线路穿线相应项目。

(4) 线夹配线工程量，应区别线夹材质（塑料、瓷质）、线式（两线、三线）、敷设位置（在木、砖、混凝土）以及导线规格，以线路"延长米"为计量单位计算。

(5) 绝缘子配线工程量，应区别绝缘子形式（针式、鼓形、蝶式）、绝缘子配线位置（沿屋架、梁、柱、墙，跨屋架、梁、柱、木结构、顶棚内、砖、混凝土结构，沿钢支架及钢索）、导线截面积，以线路"延长米"为计量单位计算。

绝缘子暗配，引下线按线路支持点至天棚下缘距离的长度计算。

(6) 槽板配线工程量，应区别槽板材质（木质、塑料）、配线位置（木结构、砖、混凝土）、导线截面、线式（二线、三线），以线路"延长米"为计量单位计算。

(7) 塑料护套线明敷工程量，应区别导线截面、导线芯数（二芯、三芯）、敷设位置（木结构、砖混凝土结构、沿钢索），以单根线路每束"延长米"为计量单位计算。

(8) 线槽配线工程量，应区别导线截面，以单根线路每束"延长米"为计量单位计算。

(9) 钢索架设工程量，应区别圆钢、钢索直径（$\phi6mm$、$\phi9mm$），按图示墙（柱）内缘距离，以"延长米"为计量单位计算，不扣除拉紧装置所占长度。

(10) 母线拉紧装置及钢索拉紧装置制作安装工程量，应区别母线截面、花篮螺栓直径（$\phi12mm$、$\phi16mm$、$\phi18mm$），以"套"为计量单位计算。

(11) 车间带型母线安装工程量，应区别母线材质（铝、钢）、母线截面、安装位置（沿屋架、梁、柱、墙，跨屋架、梁、柱），以"延长米"为计量单位计算。

(12) 动力配管混凝土地面刨沟工程量，应区别管子直径，以"延长米"为计量单位计算。

(13) 接线箱安装工程量，应区别安装形式（明装、暗装）、接线箱半周长，以"个"为计量单位计算。

(14) 接线盒安装工程量，应区别安装形式（明装、暗装、钢索上）以及接线盒类型，以"个"为计量单位计算。

(15) 灯具、明、暗开关、插座、按钮等的预留线，已分别综合在相应定额内，不另行计算。

配线进入开关箱、柜、板的预留线，按表3-22规定的长度，分别计入相应的工程量。

表 3-22　配线进入箱、柜、板的预留线（每一根线）

序　　号	项　　目	预留长度	说　　明
1	各种开关、柜、板	宽＋高	盘面尺寸
2	单独安装(无箱、盘)的铁壳开关、闸刀开关、启动器、线槽进出线盒等	0.3m	从安装对象中心算起
3	由地面管子出口引至动力接线箱	1.0m	从管口计算
4	电源与管内导线连接(管内穿线与软、硬母线接点)	1.5m	从管口计算
5	出户线	1.5m	从管口计算

（十二）照明器具安装

（1）普通灯具安装的工程量，应区别灯具的种类、型号、规格，以"套"为计量单位计算。普通灯具安装定额适用范围见表 3-23。

表 3-23　普通灯具安装定额适用范围

定额名称	灯　具　种　类
圆球吸顶灯	材质为玻璃的螺口、卡口圆球独立吸顶灯
半圆球吸顶灯	材质为玻璃的独立的半圆球吸顶灯、扁圆罩吸顶灯、平圆型吸顶灯
方型吸顶灯	材质为玻璃的独立的矩形罩吸顶灯、方形罩吸顶灯、大口方罩顶灯
软线吊灯	利用软线为垂吊材料、独立的，材质为玻璃、塑料、搪瓷，形状如碗伞、平盘灯罩组成的各式软线吊灯
吊链灯	利用吊链作辅助悬吊材料、独立的，材质为玻璃、塑料罩的各式吊链灯
防水吊灯	一般防水吊灯
一般弯脖灯	圆球弯脖灯、风雨壁灯
一般墙壁灯	各种材质的一般壁灯、镜前灯
软线吊灯头	一般吊灯头
声光控座灯头	一般声控、光控座灯头
座灯头	一般塑胶、瓷质座灯头

（2）吊式艺术装饰灯具的工程量，应根据装饰灯具示意图集所示，区别不同装饰物以及灯体直径和灯体垂吊长度，以"套"为计量单位计算。灯体直径为装饰物的最大外缘直径，灯体垂吊长度为灯座底部到灯梢之间的总长度。

（3）吸顶式艺术装饰灯具安装的工程量，应根据装饰灯具示意图集所示，区别不同装饰物、吸盘的几何形状、灯体直径、灯体周长和灯体垂吊长度，以"套"为计量单位计算。灯体直径为吸盘最大外缘直径；灯体半周长为矩形吸盘的半周长；吸顶式艺术装饰灯具的灯体垂吊长度为吸盘到灯梢之间的总长度。

（4）荧光艺术装饰灯具安装的工程量，应根据装饰灯具示意图集所示，区别不同安装形式和计量单位计算。

① 组合荧光灯光带安装的工程量，应根据装饰灯具示意图集所示，区别安装形式、灯管数量，以"延长米"为计量单位计算。灯具的设计数量与定额不符时可以按设计量加损耗量调整主材。

② 内藏组合式灯安装的工程量，应根据装饰灯具示意图集所示，区别灯具组合形式，以"延长米"为计量单位。灯具的设计数量与定额不符时，可根据设计数量加损耗量调整主材。

③ 发光棚安装的工程量，应根据装饰灯具示意图集所示，以"平方米（m²）"为计量单位，发光棚灯具按设计用量加损耗量计算。

④ 立体广告灯箱、荧光灯光沿的工程量，应根据装饰灯具示意图集所示，以"延长米"为计量单位。灯具设计用量与定额不符时，可根据设计数量加损耗量调整主材。

（5）几何形状组合艺术灯具安装的工程量，应根据装饰灯具示意图集所示，区别不同安装形式及灯具的不同形式，以"套"为计量单位计算。

（6）标志、诱导装饰灯具安装的工程量，应根据装饰灯具示意图集所示，区别不同安装形式，以"套"为计量单位计算。

（7）水下艺术装饰灯具安装的工程量，应根据装饰灯具示意图集所示，区别不同安装形式，以"套"为计量单位计算。

（8）点光源艺术装饰灯具安装的工程量，应根据装饰灯具示意图集所示，区别不同安装形式、不同灯具直径，以"套"为计量单位计算。

（9）草坪灯具安装的工程量，应根据装饰灯具示意图集所示，区别不同安装形式，以"套"为计量单位计算。

（10）歌舞厅灯具安装的工程量，应根据装饰灯具示意图所示，区别不同灯具形式，分别以"套"、"延长米"、"台"为计量单位计算。

装饰灯具安装定额适用范围见表3-24。

表3-24　装饰灯具安装定额适用范围

定额名称	灯具种类(形式)
吊式艺术装饰灯具	不同材质、不同灯体垂吊长度、不同灯体直径的蜡烛灯、挂片灯、串珠(穗)灯、串棒灯、吊杆式组合灯、玻璃罩(带装饰)灯
吸顶式艺术装饰灯具	不同材质、不同灯体垂吊长度、不同灯体几何形状的串珠(穗)灯、串棒灯、挂片灯、挂碗灯、挂吊蝶灯、玻璃(带装饰)灯
荧光艺术装饰灯具	不同安装形式、不同灯管数量的组合荧光灯光带，不同几何组合形式的内藏组合式灯，不同几何尺寸、不同灯具形式的发光棚，不同形式的立体广告灯箱、荧光灯光沿
几何形状组合艺术灯具	不同固定形式、不同灯具形式的繁星灯、钻石星灯、礼花灯、玻璃罩钢架组合灯、凸片灯、反射挂灯、筒形钢架灯、U形组合灯、弧形管组合灯
标志、诱导装饰灯具	不同安装形式的标志灯、诱导灯
水下艺术装饰灯具	简易型彩灯、密封型彩灯、喷水池灯、幻光型灯
点光源艺术装饰灯具	不同安装形式、不同灯体直径的筒灯、牛眼灯、射灯、轨道射灯
草坪灯具	各种立柱式、墙壁式的草坪灯
歌舞厅灯具	各种安装形式的变色转盘灯、雷达射灯、幻影转彩灯、维纳斯旋转彩灯、卫星旋转效果灯、飞蝶旋转效果灯、多头转灯、滚筒灯、频闪灯、太阳灯、雨灯、歌星灯、边界灯、射灯、泡泡发生器、迷你满天星彩灯、迷你单立(盘彩灯)灯、多头宇宙灯、镜面球灯、蛇光管灯

（11）荧光灯具安装的工程量，应区别灯具的安装形式、灯具种类、灯管数量，以"套"为计量单位计算。

荧光灯具安装定额适用范围见表3-25。

表3-25　荧光灯具安装定额适用范围

定额名称	灯具种类
组装型荧光灯	单管、双管、三管、吊链式、吸顶式、现场组装独立荧光灯
成套型荧光灯	单管、双管、三管、吊链式、吊管式、吸顶式、成套独立荧光灯

（12）工厂灯及防水防尘灯安装的工程量，应区别不同安装形式，以"套"为计量单位计算。

工厂灯及防水防尘灯安装定额适用范围见表3-26。

表3-26　工厂灯及防水防尘灯安装定额适用范围

定额名称	灯具种类
直杆工厂吊灯	配照(GC_1-A)、广照(GC_3-A)、深照(GC_5-A)、斜照(GC_7-A)、圆球(GC_{17}-A)、双罩(GC_{19}-A)
吊链式工厂灯	配照(GC_1-B)、深照(GC_3-B)、斜照(GC_5-C)、圆球(GC_7-B)、双罩(GC_{19}-A)、广照(GC_{19}-B)
吸顶式工厂灯	配照(GC_1-C)、广照(GC_3-C)、深照(GC_5-C)、斜照(GC_7-C)、双罩(GC_{19}-C)
弯杆式工厂灯	配照(GC_1-D/E)、广照(GC_3-D/E)、深照(GC_5-D/E)、斜照(GC_7-D/E)、双罩(GC_{19}-C)、局部深罩(GC_{26}-F/H)
悬挂式工厂灯	配照(GC_{21}-2)、深照(GC_{23}-2)
防水防尘灯	广照(GC_9-A、B、C)、广照保护网(GC_{11}-A、B、C)、散照(GC_{15}-A、B、C、D、E、F、G)

(13) 工厂其他灯具安装的工程量，应区别不同灯具类型、安装形式、安装高度，以"套"、"个"、"延长米"为计量单位计算。

工厂其他灯具安装定额适用范围见表3-27。

表 3-27　工厂其他灯具安装定额适用范围

定 额 名 称	灯 具 种 类
防潮灯	扁形防潮灯(GC-31)、防潮灯(GC-33)
腰形舱顶灯	腰形舱顶灯 CCD-1
碘钨灯	DW 型、220V、300～1000W
管形氙气灯	自然冷却式、200V/380V、20kW 内
投光灯	TG 型室外投光灯
高压水银灯镇流器	外附式镇流器具 125～450W
安全灯	(AOB-1、2、3)、(AOC-1、2)型安全灯
防爆灯	CB C-200 型防爆灯
高压水银防爆灯	CB C-125/250 型高压水银防爆灯
防爆荧光灯	CB C-1/2 单管/双管防爆型荧火灯

(14) 医院灯具安装的工程量，应区别灯具种类，以"套"为计量单位计算。

医院灯具安装定额适用范围见表3-28。

表 3-28　医院灯具安装定额适用范围

定 额 名 称	灯 具 种 类
病房指示灯	病房指示灯
病房暗脚灯	病房暗脚灯
无影灯	3～12 孔管式无影灯

(15) 路灯安装工程，应区别不同臂长、不同灯数，以"套"为计量单位计算。

工厂厂区内、住宅小区内路灯安装执行本部分定额，城市道路的路灯安装执行《全国统一市政工程预算定额》。

路灯安装定额范围见表3-29。

表 3-29　路灯安装定额范围

定 额 名 称	灯 具 种 类
大马路弯灯	臂长 1200mm 以下、臂长 1200mm 以上
庭院路灯	三火以下、七火以下

(16) 开关、按钮安装的工程量，应区别开关、按钮安装形式，开关、按钮种类，开关极数以及单控与双控，以"套"为计量单位计算。

(17) 插座安装的工程量，应区别电源相数、额定电流、插座安装形式、插座插孔个数，以"套"为计量单位计算。

(18) 安全变压器安装的工程量，应区别安全变压器容量，以"台"为计量单位计算。

(19) 电铃、电铃号码牌箱安装的工程量，应区别电铃直径、电铃号牌箱规格（号），以"套"为计量单位计算。

(20) 门铃安装工程量计算，应区别门铃安装形式，以"个"为计量单位计算。

(21) 风扇安装的工程量，应区别风扇种类，以"台"为计量单位计算。

(22) 盘管风机三速开关、请勿打扰灯，需刨插座安装的工程量，以"套"为计量单位计算。

（十三）电梯电气装置

(1) 交流手柄操纵或按钮控制（半自动）电梯电气安装的工程量，应区别电梯层数、站数，以"部"为计量单位计算。

(2) 交流信号或集选控制（自动）电梯电气安装的工程量，应区别电梯层数、站数，以"部"

为计量单位计算。

（3）直流信号或集选控制（自动）快速电梯电气安装的工程量，应区别电梯层数、站数，以"部"为计量单位计算。

（4）直流集选控制（自动）高速电梯电气安装的工程量，应区别电梯层数、站数，以"部"为计量单位计算。

（5）小型杂物电梯电气安装的工程量，应区别电梯层数、站数，以"部"为计量单位计算。

（6）电厂专用电梯电气安装的工程量，应区别配合锅炉容量，以"部"为计量单位计算。

（7）电梯增加厅门、自动轿厢门及提升高度的工程量，应区别电梯形式、增加自动轿厢门数量、增加提升高度，分别以"个"、"延长米"为计量单位计算。

三、电气设备安装常用数据

1. 主要材料损耗率　主要材料损耗率见表3-30。

表3-30　主要材料损耗率表

序　号	材料名称	损耗率/%
1	裸软导线（包括铜、铝、钢线、钢芯铝线）	1.3
2	绝缘导线（包括橡皮铜、塑料、铅皮、软花）	1.8
3	电力电缆	1.0
4	控制电缆	1.5
5	硬母线（包括钢、铝、铜、带型、管型、棒型、槽型）	2.3
6	拉线材料（包括钢绞线、镀锌铁线）	1.5
7	管材、管件（包括无缝、焊接钢管及电线管）	3.0
8	板材（包括钢板、镀锌薄钢板）	5.0
9	型钢	5.0
10	管体（包括管箍、护口、锁紧螺母、管卡子等）	3.0
11	金具（包括耐张、悬垂、并沟、吊接等线夹及连板）	1.0
12	紧固件（包括螺栓、螺母、垫圈、弹簧垫圈）	2.0
13	木螺栓、圆钉	4.0
14	绝缘子类	2.0
15	照明灯具及辅助器具（成套灯具、镇流器、电容器）	1.0
16	荧光灯、高压水银、氙气灯等	1.5
17	白炽灯泡	3.0
18	玻璃灯罩	5.0
19	胶木开关、灯头、插销等	3.0
20	低压电瓷制品（包括鼓绝缘子、瓷夹板、瓷管）	3.0
21	低压保险器、瓷闸盒、胶盖闸	1.0
22	塑料制品（包括塑料槽板、塑料板、塑料管）	5.0
23	木槽板、木护圈、方圆木台	5.0
24	木杆材料（包括木杆、横担、横木、桩木等）	1.0
25	混凝土制品（包括电杆、底盘、卡盘等）	0.5
26	石棉水泥板及制品	8.0
27	油类	1.8
28	砖	4.0
29	砂	8.0
30	石	8.0
31	水泥	4.0
32	铁壳开关	1.0
33	砂浆	3.0
34	木材	5.0
35	橡皮垫	3.0
36	硫酸	4.0
37	蒸馏水	10.0

注：1. 绝缘导线、电缆、硬母线和用于母线的裸软导线，其损耗率中不包括为连接电气设备、器具而预留的长度，也不包括因各种弯曲（包括弧度）而增加的长度。这些长度均应计算在工程量的基本长度中。

2. 用于10kV以下架空线路中的裸软导线的损耗率中已包括因弧垂及因杆位高低差而增加的长度。

3. 拉线用的镀锌铁线损耗率中不包括为制作上、中、下把所需的预留长度。计算用线量的基本长度时，应以全根拉线的展开长度为准。

2. 电气材料及设备安装工程常用数据

(1) 横担规格　横担截面选择见表 3-31，长度选择见表 3-32。

表 3-31　横担截面选择

导线截面/mm²	低压直线杆	低压承力杆		高压直线杆	高压承力杆
		二线	四线及以上		
16 25 35 50	L50×5	2×L50×5	2×L63×5	L63×6	2×L63×6
70 95 120	L63×5	2×L63×5	2×L70×5		2×L75×6

注：表中承力杆系指终端杆、分支杆及 30℃ 以上的转角杆。

表 3-32　横担长度选择　　　　　　　　　单位：mm

材　料	低压线路			高压线路		
	二线	四线	六线	二线	水平排列四线	陶瓷横担头部铁
铁横担	700	1500	2300	1500	(2400) 2240	800

注：(2400) 横担仅适用于大城市及沿海地区。

(2) 镀锌铁拉板规格　铁拉板规格见表 3-33。

表 3-33　铁拉板规格　　　　　　　　　单位：mm

类　别	铁　拉　板	上下层横担间共用联板
高压四线横担支持铁拉板	40×6×1030，孔距 970	40×6×820(1030)孔距 770(970)
高压二线横担支持铁拉板	40×6×1030，孔距 970	
低压六线横担支持铁拉板	40×6×830，孔距 770	40×6×660 孔距 600
低压四线横担支持铁拉板	40×6×830，孔距 770	40×6×600 孔距 600
高压悬垂铁拉板	40×4×230，孔距 180	
高压蝶式绝缘子铁拉板	40×4×300，孔距 250	
低压蝶式绝缘子铁拉板	40×4×250，孔距 200	

注：括号内的数字为上层横担分歧时，上下层横担间共用联板。

(3) 电气工程一般应用的厚壁钢管和薄壁钢管规格　见表 3-34 和表 3-35。

表 3-34　普通碳素钢薄壁电线套管

公称口径/mm	外径/mm	外径允许偏差/mm	壁厚/mm	壁厚允许偏差/mm	理论质量/(kg/m)
15	15.88	±0.30	1.60	±0.15	0.581
20	19.05	±0.30	1.80	±0.20	0.766
25	25.4	±0.30	1.80	±0.20	1.048
32	31.75	±0.30	1.80	±0.20	1.329
40	38.10	±0.30	1.80	±0.20	1.611
50	50.8	±0.30	2.00	±0.24	2.407
70	63.5	±0.30	2.50	±0.30	3.760
80	76.2	±0.30	3.20	±0.35	5.761

表 3-35　焊接厚壁钢管

外径/mm	公称口径		壁厚		理论质量/(kg/m)
	公称尺寸/mm	允许偏差	公称尺寸/mm	允许偏差	
15	21.3	±0.50mm	2.75	+12% −15%	1.26
20	26.8		2.75		1.63
25	33.5		3.25		2.42
32	42.3		3.25		3.13
40	48.0		3.25		3.84

外径/mm	公称口径		壁　厚		理论质量/(kg/m)
	公称尺寸/mm	允许偏差	公称尺寸/mm	允许偏差	
50	60.0		3.25		4.88
70	75.5		3.25		6.64
80	88.5	±1%	4.00	+12%	8.34
100	114.0		4.00	−15%	10.85
125	140.0		4.00		15.04
150	165.0		4.50		17.81

注：1. 表中的公称口径近似于内径的名义尺寸，不表示公称外径减去两个公称壁厚所得的内径。

2. 钢管理论质量计算（钢材质量密度 7850kg/m³）的公式为 $P=0.02466(D-s)$。

式中，P 为钢管理论质量，kg/m；D 为钢管的公称外径，mm；s 为钢管的公称壁厚，mm。

（4）配管内径的确定　确定配管内径时应根据穿入导线的型号和截面选择管径（见表3-36）。

表 3-36　导线穿管管径选择表

标称截面/mm²	导线根数								
	2	3	4	5	6	7	8	9	10
	最小管径/mm								
1	13	13	19	19	19	25	25	25	25
1.5	13	19	19	19	25	25	25	25	25
2	13	19	19	19	25	25	25	25	25
2.5	13	19	19	25	25	25	25	25	32
3	13	19	19	25	25	25	25	32	32
4	13	19	19	19	25	25	32	32	32
5	13	19	19	25	25	25	32	32	32
6	19	19	19	25	25	32	32	32	32
8	19	25	25	32	32	32	38	38	38
10	19	25	32	32	38	38	38	50	50
16	25	32	32	38	38	50	50	50	63
20	25	32	38	38	50	50	50	63	63
25	32	32	38	50	50	63	63	63	63
35	32	38	50	50	63	63	63	63	75
50	38	50	50	63	63	63	75	63	75
70	50	63	63	63	75	75	75	75	—
95	63	63	75	75	75	75	—	—	—

注：表中管径是指硬塑料管或白、黑铁管的内径。

（5）电杆基坑开挖尺寸的确定　坑口尺寸计算见表3-37。

表 3-37　坑口尺寸计算表

土质种类	坑宽尺寸/m	备　　注
一般黏土、砂质黏土 砂砾、松土 需用挡土板的松土 松石 坚石	$B=b+0.6+0.2h\times2$ $B=b+0.6+0.3h\times2$ $B=b+0.6+0.6$ $B=b+0.4+0.16h\times2$ $B=b+0.4$	 电杆基坑横断面 B—坑口宽度，m；b—底盘宽度，m；h—基础埋深，m

3. 电气照明装置安装常用数据

（1）电容器容量的确定　日光灯电容器选择可参考表 3-38。

表 3-38　日光灯电容器选择表

电压/V	电容量/μF	配用日光灯功率/W	电压/V	电容量/μF	配用日光灯功率/W
110	7.5	30	220	3.75	30
110	9.5	40	220	4.75	40
220	2.5	20			

（2）荧光灯特性数据的确定　荧光灯管技术特性数据详见表 3-39，高压水银荧光灯技术数据详见表 3-40。

表 3-39　荧光灯管特性数据

型号	电源电压/V	额定光电参数					外形尺寸/mm		额定寿命/h
		功率/W	启动电流/A	工作电流/A	灯管压降/V	光通量/lm	全长	直径	
RR-6		6	0.18	0.14	55	276	226	15	3000
RR-8		8	0.20	0.15	65	370	301	15	3000
RR-15		15	0.44	0.32	52	580	451	38	3000
RR-20	220	20	0.46	0.35	60	970	604	38	3000
RR-30		30	0.56	0.36	95	1550	909	38	3000
RR-40		40	0.65	0.41	108	2400	1215	38	3000
RR-40S		40	0.65	0.41	108	2400	1215	32	3000
RR-100		100	1.80	1.50	87	5500	1215	38	3000

注：型号含义为 RR—日光色日光灯管；RL—冷白色；S—细管形。

表 3-40　高压水银荧光灯技术数据

灯泡型号	光电参数											灯头型号
	电源电压/V	灯泡功率/W	灯泡电压/V	工作电流/A	启动电压不大于/V	启动电流/A	启动时间/min	再启动时间/min	光通量/lm	寿命/h	配用整流器阻抗/Ω	
GGY 125		125	115±15	1.25		1.8	4～8	5～10	4750	2500	134	E 27
GGY 250		250	139±15	2.15		3.7	4～8	5～10	10500	5000	70	E 40
GGY 400	220	400	135±15	3.25	180	5.7	4～8	5～10	20000	5000	45	E 40
GGY 1000		1000	145±15	7.5		13.7	4～8	5～10	50000	5000	185	E 40
GGY F400		400	135±15	3.25		5.7	4～8	5～10	16500	5000	45	E 40

（3）普通白炽灯泡的型号及技术数据的确定　见表 3-41。

表 3-41　普通白炽灯泡的型号及主要技术数据

灯泡型号	额定值			平均寿命/h	灯头型号
	电压/V	功率/W	光通量/lm		
PZ 220-10		10	65	1000	
PZ 220-15		15	110	1000	
PZ 220-25		25	220	1000	E 22/27-1 或
PZ 220-40		40	350	1000	2C 25/25-2
PZ 220-60		60	630	1000	
PZ 220-75		75	850	1000	
PZ 220-100	220	100	250	1000	
PZ 220-150		150	2090	1000	E 27/35-2 或
PZ 220-200		200	2920	1000	2C 22/30-3
PZ 220-300		300	4610	1000	
PZ 220-500		500	8300	1000	E 40/45-1
PZ 220-1000		1000	18600	1000	

注：型号含义为 PZ—普通照明灯泡；灯头型号含义为 E—螺口灯头；C—插口灯头；C 前面的数字为灯头的触头数；E、C 后面的数字顺次为灯头的高度，螺纹高度，插口为灯圈口内径；-后面的数字，螺口为灯头与玻璃壳连接处的规格为 1 号，插口为灯头的触头数。

(4) 航标灯与高重复率脉冲氙航标灯规格　见表 3-42。

表 3-42　国产氙航标灯规格表

型　号	电压/功率/(V/W)	闪光特性	灯光视距/n mile	外形尺寸/mm
HXF-1-6	6/10	单闪	＞5	138×86×14.5
HXF-2-6	6/10	连闪	＞5	138×86×14.5
HXF-1-12	12/20	单闪	＞8	138×86×14.5
HXF-2-12	12/20	连闪	＞8	138×86×14.5
HXF-1-24	24/60	单闪、连闪	＞12	ϕ250×120
HXF-1-32	32/100	单闪、连闪	＞19	ϕ250×120
HXF-1	32/100	单闪、连闪	＞19	ϕ330×150
HXF-500	220/500	单闪、连闪	＞21	ϕ330×150

4. 母线安装工程常用数据

(1) 母线的力学性能和电阻率　见表 3-43。

表 3-43　母线的力学性能和电阻率

母线名称	母线型号	最小拉伸强度/(N/mm²)	最小伸长率/%	20℃时最大电阻率/(Ω·mm²/m)
铜母线	TMY	255	6	0.01777
铝母线	LMY	115	3	0.0290

(2) 矩形母线最小弯曲半径　见表 3-44。

表 3-44　矩形母线最小弯曲半径（R）值

弯曲方式	母线断面尺寸/mm	最小弯曲半径/mm		
		铜	铝	钢
平弯	50×5	2h	2h	2h
	125×10	2h	2.5h	2h
立弯	50×5	1b	1.5b	0.5b
	125×10	1.5b	2b	1b

注：b 指母线板的宽度，h 指母线板的厚度。

(3) 螺栓紧固力矩值　见表 3-45。

表 3-45　母线搭接螺栓的拧紧力矩值

序号	螺栓规格	力矩值/N·m	序号	螺栓规格	力矩值/N·m
1	M8	8.8～10.8	5	M16	78.5～98.1
2	M10	17.7～22.6	6	M18	98.0～127.4
3	M12	31.4～39.2	7	M20	156.9～196.2
4	M14	51.0～60.8	8	M24	274.6～343.2

(4) 母线螺栓搭接尺寸　见表 3-46。

表 3-46　母线螺栓搭接尺寸

搭接形式	类别	序号	连接尺寸/mm			钻孔要求		螺栓规格
			b_1	b_2	a	ϕ/mm	个数	
	直线连接	1	125	125	b_1 或 b_2	21	4	M20
		2	100	100	b_1 或 b_2	17	4	M16
		3	80	80	b_1 或 b_2	13	4	M12
		4	63	63	b_1 或 b_2	11	4	M10
		5	50	50	b_1 或 b_2	9	4	M8
		6	45	45	b_1 或 b_2	9	4	M8

搭接形式	类别	序号	连接尺寸/mm			钻孔要求		螺栓规格
			b_1	b_2	a	ϕ/mm	个数	
	直线连接	7	40	40	80	13	2	M12
		8	31.5	31.5	63	11	2	M10
		9	25	25	50	9	2	M8
	垂直连接	10	125	125		21	4	M20
		11	125	100~80		17	4	M16
		12	125	63		13	4	M12
		13	100	100~80		17	4	M16
		14	80	80~63		13	4	M12
		15	63	63~50		11	4	M10
		16	50	50		9	4	M8
		17	45	45		9	4	M8
	垂直连接	18	125	50~40		17	2	M16
		19	100	63~40		17	2	M16
		20	80	63~40		15	2	M14
		21	63	50~40		13	2	M12
		22	50	45~40		11	2	M10
		23	63	31.5~25		11	2	M10
		24	50	31.5~25		9	2	M8
	垂直连接	25	125	31.5~25	60	11	2	M10
		26	100	31.5~25	50	9	2	M8
		27	80	31.5~25	50	9	2	M8
	垂直连接	28	40	40~31.5		13	1	M12
		29	40	25		11	1	M10
		30	31.5	31.5~25		11	1	M10
		31	25	22		9	1	M8

（5）母线的相位排列　见表 3-47。

表 3-47　母线的相位排列

母线的相位排列	三线时	四线时
水平（由盘后向盘面）	A—B—C	A—B—C—O
垂直（由上向下）	A—B—C	A—B—C—O
引下线（由左至右）	ABC	ABCO

（6）母线相位的涂色　见表 3-48。

表 3-48　母线的涂色

母线相位	涂色	母线相位	涂色
A 相	黄	中性（不接地）	紫
B 相	绿	中性（接地）	紫色带黑色条纹
C 相	红		

5. 防雷及接地装置常用数据

（1）针体直径规格　见表3-49。

表 3-49　针体直径规格

针体长度（或应用位置）/m	针体直径/mm		针体长度（或应用位置）/m	针体直径/mm	
	圆钢	钢管		圆钢	钢管
1	12	20	烟囱上的避雷针	20	—
1~2	16	25	2m烟囱避雷针	25	—

（2）避雷网、避雷带及其引下线的规格　常规为扁钢或圆钢，其规格见表3-50。

表 3-50　避雷网（带）与引下线品种与规格

项目或应用位置	材料品种与规格		项目或应用位置	材料品种与规格	
	圆钢	扁钢（截面×厚度）		圆钢	扁钢（截面×厚度）
避雷网（带）	$\phi8mm$	$48mm^2×4mm$	引下线	$\phi8mm$	$48mm^2×4mm$
烟囱避雷针	$\phi12mm$	$100mm^2×4mm$	烟囱引下线	$\phi12mm$	$100mm^2×4mm$

（3）防雷接地体的规格　一般采用角钢、钢管、圆钢等，水平埋设的接地体一般采用扁钢、圆钢等。其接地体的规格尺寸应不小于表3-51的规定。

表 3-51　接地体材料品种与规格

材料品种	规格	材料品种	规格
圆钢（直径）	$\phi10mm$	角钢（厚度）	4mm
扁钢（截面×厚度）	$100mm^2×4mm$	钢管（壁厚）	3.5mm

第三节　工程量清单项目设置和工程量计算规则

电气设备安装工程包括10kV以下的变配电设备、控制设备、低压电器、蓄电池等的安装，电机检查接线及调试，防雷及接地装置，10kV以下的配电线路架设、动力及照明的配管配线、电缆敷设、照明器具安装等清单项目。

电气设备安装工程清单的项目内容分为变压器、配电装置、母线及绝缘子、控制设备及低压电器、蓄电池、电机检查接线与调试、滑触线装置、电缆、防雷及接地装置、10kV以下架空及配电线路、电气调整实验、配管及配线、照明器具（包括路灯）安装十三个部分，适用于工业与民用新建、扩建工程中10kV以下变配电设备及线路安装工程量清单编制与计量。

一、变压器安装项目设置

变压器安装　工程量清单项目设置及工程量计算规则应按表3-52的规定执行。

表 3-52　变压器安装（编码：030201）

项目编码	项目名称	项目特征	计量单位	工程量计算规则	工程内容
030201001	油浸电力变压器	（1）名称 （2）型号 （3）容量（kV·A）	台	按设计图示数量计算	（1）基础型钢制作、安装 （2）本体安装 （3）油过滤 （4）干燥 （5）网门及铁构件制作、安装 （6）刷（喷）油漆

项目编码	项目名称	项目特征	计量单位	工程量计算规则	工程内容
030201002	干式变压器	(1)名称 (2)型号 (3)容量(kV·A)			(1)基础型钢制作、安装 (2)本体安装 (3)干燥 (4)端子箱(汇控箱)安装 (5)刷(喷)油漆
030201003	整流变压器	(1)名称 (2)型号 (3)规格 (4)容量(kV·A)	台	按设计图示数量计算	(1)基础型钢制作、安装 (2)本体安装 (3)油过滤 (4)干燥 (5)网门及铁构件制作、安装 (6)刷(喷)油漆
030201004	自耦式变压器				
030201005	带负荷调压变压器				
030201006	电炉变压器	(1)名称 (2)型号 (3)容量(kV·A)			(1)基础型钢制作、安装 (2)本体安装 (3)刷油漆
030201007	消弧线圈				(1)基础型钢制作、安装 (2)本体安装 (3)油过滤 (4)干燥 (5)刷油漆

说明如下。

① 根据《计价规范》变压器安装项目（见表 3-52），区别所要安装变压器的种类（名称、型号），按其容量来设置项目。对于名称、型号、容量完全一样的，数量相加后，可设置一个项目；型号、容量不一样的，应分别设置项目，分别进行编码。

②《计价规范》变压器安装项目的项目特征是表示项目名称的自身实体特征。如油浸电力变压器安装、名称型号和容量是它自身的特征，最能体现该清单项目实体；而干燥、过滤、基础型钢制作安装是每台变压器都涉及的工作内容，不是它自身的特征，与设置项目名称无关，所以设置项目时仅依据变压器的名称、型号和容量。

③《计价规范》变压器安装项目中的工程内容，是指完成变压器安装相关的工程，即完成该变压器安装项目的全部内容除安装外，还应包括要求干燥、过滤和基础型钢制作安装，这是提示报价者要考虑的内容。如果一台油浸电力变压器的安装不需要干燥和过滤时就不提示，报价人只考虑型钢制作和安装。可见项目名称表述清楚，才能区别不同型号、规格，以便分别编码和设置项目。依据工程内容对项目名称的描述又是综合单价报价的主要依据，如果设计有要求或施工中将要发生"工程内容"以外的内容，也必须加以描述，因为它是报价的依据，所以项目描述要到位。所谓到位，就是要将完成该项目的全部内容体现在清单上，不能有遗漏，便于投标人报价。如果因描述不到位而引发纠纷，则以清单的描述论责任，而不是以《计价规范》附录中提示的"工程内容"来定论。

值得提示的是有的工程内容（如刷油、试压等），在《全国统一安装工程预算定额》内已综合考虑，如电气配管工程项目，定额的工作内容中包括了刷油，而且消耗材料中也给出了油漆的消耗量。即使是这样，在电气工程的钢管明配项目的描述中仍要加上刷油内容。这是因为清单的编制与定额不一致。除指定使用这个定额可以不描述刷油（因为定额已包括了刷油）外，一般均应给以描述。

④ 工程量清单项目的计量，均指形成实体部分的计量。变压器安装清单计算规则为按设计图示数量，区别不同容量以"台"计算。关于需在综合单价中考虑工程内容中的项目，因为它不体现在清单项目表上，其计量单位和计算规则不作具体规定。在计价时，其数量应与该清单项目的实体量相匹配，可参照消耗量定额和相应的计算规则计算在综合单价中。

二、配电装置安装项目设置

配电装置安装 工程量清单项目设置及工程量计算规则应按表 3-53 的规定执行。

表 3-53 配电装置安装（编码：030202）

项目编码	项目名称	项目特征	计量单位	工程量计算规则	工程内容
030202001	油断路器	(1)名称 (2)型号 (3)空量(A)	台	按设计图示数量计算	(1)本体安装 (2)油过滤 (3)支架制作、安装或基础槽钢安装 (4)刷油漆
030202002	真空断路器				(1)本体安装 (2)支架制作、安装或基础槽钢安装 (3)刷油漆
030202003	SF₆断路器				
030202004	空气断路器				
030202005	真空接触器				(1)支架制作、安装 (2)本体安装 (3)刷油漆
030202006	隔离开关	(1)名称、型号 (2)容量(A)	组		
030202007	负荷开关				
030202008	互感器	(1)名称、型号 (2)规格 (3)类型	台		(1)安装 (2)干燥
030202009	高压熔断器	(1)名称、型号 (2)规格			安装
030202010	避雷器	(1)名称、型号 (2)规格 (3)电压等级	组		
030202011	干式电抗器	(1)名称、型号 (2)规格 (3)质量			(1)本体安装 (2)干燥
030202012	油浸电抗器	(1)名称、型号 (2)容量(kV·A)	台		(1)本体安装 (2)油过滤 (3)干燥
030202013	移相及串联电容器	(1)名称、型号 (2)规格 (3)质量	个		安装
030202014	集合式并联电容器				
030202015	并联补偿电容器组架	(1)名称、型号 (2)规格 (3)结构	台		

项目编码	项目名称	项 目 特 征	计量单位	工程量计算规则	工 程 内 容
030202016	交流滤波装置组架	(1)名称、型号 (2)规格 (3)回路			安装
030202017	高压成套配电柜	(1)名称、型号 (2)规格 (3)母线设置方式 (4)回路	台	按设计图示数量计算	(1)基础槽钢制作、安装 (2)柜体安装 (3)支持绝缘子、穿墙套管耐压实验及安装 (4)穿通板制作、安装 (5)母线桥安装 (6)刷油漆
030202018	组合型成套箱式变电站	(1)名称、型号 (2)容量(kV·A)			(1)基础浇筑 (2)箱体安装 (3)进箱母线安装 (4)刷油漆
030202019	环网柜				

说明如下。

① 配电装置安装工程量清单项目设置及工程量计算规则包括了各种配电设备安装工程的清单项目，但其项目特征大部分是一样的，即设备名称、型号、规格（容量），它们的组合就是该清单项目的名称，但在项目特征中，有一特征为"质量"，该"质量"是对"重量"的规范用语，它不是表示设备质量的优或合格，而指设备的重量，如电抗器、电容器安装时，均以重量划类区别，所以其项目特征栏中就有"质量"二字。

② 油断路的 SF：断路器等清单项目描述时，一定要说明绝缘油，SF$_6$ 气体是否设备带有，以便计价时确定是否计算此部分费用。

③ 设备安装如有地脚螺栓者，清单中应注明是由土建预埋还是由安装者浇筑，以便确定是否计算二次灌浆费用（包括抹面）。

④ 绝缘油过滤的描述和过滤油量的计算参照上节的绝缘油过滤的相关内容。

⑤ 高压设备的安装没有综合绝缘台安装。如果设计有此要求，其内容一定要表述清楚，避免漏项。

三、母线安装项目设置

母线安装　工程量清单项目设置及工程量计算规则应按表 3-54 的规定执行。

表 3-54　母线安装（编码：030203）

项目编码	项目名称	项 目 特 征	计量单位	工程量计算规则	工 程 内 容
030203001	软母线	(1)型号 (2)规格 (3)数量(跨/三相)	m	按设计图示尺寸以单线长度计算	(1)绝缘子耐压实验及安装 (2)软母线安装 (3)跳线安装
030203002	组合软母线	(1)型号 (2)规格 (3)数量(组/三相)			(1)绝缘子耐压实验及安装 (2)母线安装 (3)跳线安装 (4)两端铁构件制作、安装及支持瓷瓶安装 (5)油漆

项目编码	项目名称	项目特征	计量单位	工程量计算规则	工程内容
030203003	带型母线	(1)型号 (2)规格 (3)材质	m	按设计图示尺寸以单线长度计算	(1)支持绝缘子、穿墙套管的耐压实验、安装 (2)穿通板制作、安装 (3)母线安装 (4)母线桥安装 (5)引下线安装 (6)伸缩节安装 (7)过渡板安装 (8)刷分相漆
030203004	槽型母线	(1)型号 (2)规格			(1)母线制作、安装 (2)与发电机变压器连接 (3)与断路器、隔离开关连接 (4)刷分相漆
030203005	共箱母线	(1)型号 (2)规格		按设计图示尺寸以长度计算	(1)安装 (2)进、出分线箱安装 (3)刷(喷)油漆(共箱母线)
030203006	低压封闭式插接母线槽	(1)型号 (2)容量(A)			
030203007	重型母线	(1)型号 (2)容量(A)	t	按设计图示尺寸以质量计算	(1)母线制作、安装 (2)伸缩器及导板制作、安装 (3)支承绝缘子安装 (4)铁构件制作、安装

说明如下。

① 有关预留长度,在作清单项目综合单价时,按设计要求或施工及验收规范的规定长度一并考虑。

② 清单的工程量为实体的净值,其损耗量由报价人根据自身情况而定。中介在作标底时,可参考定额的消耗量,无论是报价还是作标底,在参考定额时,要注意主要材料及辅材的消耗量在定额中的有关规定。如母线安装定额中就没有包括主辅材的消耗量。

四、控制设备及低压电器安装项目设置

控制设备及低压电器安装 工程量清单项目设置及工程量计算规则应按表 3-55 的规定执行。

表 3-55 控制设备及低压电器安装(编码:030204)

项目编码	项目名称	项目特征	计量单位	工程量计算规则	工程内容
030204001	控制屏	(1)名称、型号 (2)规格	台	按设计图示数量计算	(1)基础槽钢制作、安装 (2)屏安装 (3)端子板安装 (4)焊压接线端子 (5)盘柜配线 (6)小母线安装 (7)屏边安装
030204002	继电、信号屏				
030204003	模拟屏				

项目编码	项目名称	项目特征	计量单位	工程量计算规则	工程内容
030204004	低压开关柜	(1)名称、型号 (2)规格	台		(1)基础槽钢制作、安装 (2)柜安装 (3)端子板安装 (4)焊、压接线端子 (5)盘柜配线 (6)屏边安装
030204005	配电（电源)屏				
030204006	弱电控制返回屏				(1)基础槽钢制作、安装 (2)屏安装 (3)端子板安装 (4)焊压接线端子 (5)盘柜配线 (6)小母线安装 (7)屏边安装
030204007	箱式配电室	(1)名称、型号 (2)规格 (3)质量	套	按设计图示数量计算	(1)基础槽钢制作、安装 (2)本体安装
030204008	硅整流柜	(1)名称、型号 (2)容量(A)			(1)基础槽钢制作、安装 (2)盘柜安装
030204009	可控硅柜	(1)名称、型号 (2)容量(kW)			
030204010	低压电容器柜		台		(1)基础槽钢制作、安装 (2)屏(柜)安装 (3)端子板安装 (4)焊压接线端子 (5)盘柜配线 (6)小母线安装 (7)屏边安装
030204011	自动调节励磁屏				
030204012	励磁灭磁屏				
030204013	蓄电池屏(柜)				
030204014	直流馈电屏				
030204015	事故照明切换屏				
030204016	控制台	(1)名称、型号 (2)规格			(1)基础槽钢制作、安装 (2)台(箱)安装 (3)端子板安装 (4)焊压接线端子 (5)盘柜配线 (6)小母线安装
030204017	控制箱				(1)基础型钢制作、安装 (2)箱体安装
030204018	配电箱				
030204019	控制开关	(1)名称 (2)型号 (3)规格	个		(1)安装 (2)焊压端子
030204020	低压熔断器				
030204021	限位开关	(1)名称、型号 (2)规格			
030204022	控制器		台		
030204023	接触器				

项目编码	项目名称	项 目 特 征	计量单位	工程量计算规则	工程内容
030204024	磁力启动器				
030204025	Y-△自耦减压启动器				
030204026	电磁铁（电磁制动器）	(1)名称、型号 (2)规格	台	按设计图示数量计算	(1)安装 (2)焊压端子
030204027	快速自动开关				
030204028	电阻器				
030204029	油浸频敏变阻器				
030204030	分流器	(1)名称、型号 (2)容量(A)			
030204031	小电器	(1)名称 (2)型号 (3)规格	个(套)		

说明如下。

① 清单项目描述时，对各种铁构件如需镀锌、镀锡、喷塑等，需予以描述，以便计价。

② 凡导线进出屏、柜、箱、低压电器的，该清单项目描述时均应描述是否要焊、（压）接线端子。电缆进出屏、柜、箱、低压电器的，可不描述焊、（压）接线端子，因为已综合在电缆敷设的清单项目中。

③ 凡需作盘（屏、柜）配线的清单项目必须予以描述。

④ 盘、柜、屏、箱等进出线的预留量（按设计要求或施工验收规范规定的长度）均不作为实物量，但必须在综合单价中体现。

五、蓄电池安装项目设置

蓄电池安装 工程量清单项目设置及工程量计算规则应按表 3-56 的规定执行。

表 3-56 蓄电池安装（编码：030205）

项目编码	项目名称	项 目 特 征	计量单位	工程量计算规则	工程内容
030205001	蓄电池	(1)名称、型号 (2)容量	个	按设计图示数量计算	(1)防震支架安装 (2)本体安装 (3)充放电

说明如下。

① 如果设计要求蓄电池抽头连接用电缆及电缆保护管时，应在清单项目中予以描述，以便计价。

② 蓄电池电解液如需承包方提供，亦应描述。

③ 蓄电池充放电费用综合在安装单价中，按"组"充放电，但需摊到每一个蓄电池的安装综合单价中报价。

六、电机检查接线及调试安装项目设置

电机检查接线及调试 工程量清单项目设置及工程量计算规则应按表 3-57 的规定执行。

表 3-57　蓄电池安装（编码：030206）

项目编码	项目名称	项目特征	计量单位	工程量计算规则	工程内容
030206001	发电机	(1)型号 (2)容量(kW)			(1)检查接线(包括接地) (2)干燥 (3)调试
030206002	调相机				
030206003	普通小型直流电动机	(1)名称、型号 (2)容量(kW) (3)类型			
030206004	可控硅调速直流电动机				
030206005	普通交流同步电动机	(1)名称、型号 (2)容量(kW) (3)启动方式	台		
030206006	低压交流异步电动机	(1)名称、型号、类别 (2)容量(kW) (3)控制保护方式		按设计图示数量计算	(1)检查接线(包括接地) (2)干燥 (3)系统调试
030206007	高压交流异步电动机	(1)名称、型号 (2)容量(kW) (3)保护类别			
030206008	交流变频调速电动机	(1)名称、型号 (2)容量(kW)			
030206009	微型电机、电加热器	(1)名称、型号 (2)规格			
030206010	电动机组	(1)名称、型号 (2)电动机台数 (3)联锁台数	组		
030206011	备用励磁机组	名称、型号			
030206012	励磁电阻器	(1)型号 (2)规格	台		(1)安装 (2)检查接线 (3)干燥

说明如下。

① 电机是否需要干燥应在项目中予以描述。

② 电机接线如需焊压接线端子亦应描述。

③ 按规范要求，从管口到电机接线盒间要有软管保护，项目应描述软管的材质和长度，报价时考虑在综合单价中。

④ 工程内容中应描述"接地"要求，如接地线的材质、防腐处理等。

⑤ 在检查接线项目中，按电机的名称、型号、规格（即容量）列出。全统定额按中大型列项，以单台质量在 3t 以下的为小型；单台质量在 3~30t 者为中型；单台质量 30t 以上者为大型。在报

价时，如果参考《全国统一安装工程预算定额》，就按电机铭牌上或产品说明书上的质量对应定额项目即可。

七、滑触线装置安装项目设置

滑触线装置安装 工程量清单项目设置及工程量计算规则应按表 3-58 的规定执行。

表 3-58　滑触线装置安装（编码：030207）

项目编码	项目名称	项目特征	计量单位	工程量计算规则	工程内容
030207001	滑触线	(1)名称 (2)型号 (3)规格 (4)材质	m	按设计图示单相长度计算	(1)滑触线支架制作、安装、刷油 (2)滑触线安装 (3)拉紧装置及挂式支持器制作、安装

说明如下。

① 清单项目应描述支架的基础铁件及螺栓是否由承包商浇筑。

② 沿轨道敷设软电缆清单项目，要说明是否包括轨道安装和滑轮制作的内容，以便报价。

③ 滑触线安装的预留长度不作为实物量计量，按设计要求或规范规定长度，在综合单价中考虑。

八、电缆安装项目设置

电缆安装 工程量清单项目设置及工程量计算规则应按表 3-59 的规定执行。

表 3-59　电缆安装（编码：030208）

项目编码	项目名称	项目特征	计量单位	工程量计算规则	工程内容
030208001	电力电缆	(1)型号 (2)规格 (3)敷设方式	m	按设计图示尺寸以长度计算	(1)揭(盖)盖板 (2)电缆敷设 (3)电缆头制作、安装 (4)过路保护管敷设 (5)防火堵洞 (6)电缆防护 (7)电缆防火隔板 (8)电缆防火涂料
030208002	控制电缆				
030208003	电缆保护管	(1)材质 (2)规格			保护管敷设
030208004	电缆桥架	(1)型号、规格 (2)材质 (3)类型			(1)制作、除锈、刷油 (2)安装
030208005	电缆支架	(1)材质 (2)规格	t	按设计图示质量计算	

说明如下。

① 电缆沟土方工程量清单按《清单计价规范》附录 A 设置编码。项目表述时，要表明沟的平均深度、土质和铺砂盖砖的要求。

② 电缆敷设中所有预留量，应按设计要求或规范规定的长度，考虑在综合单价中，而不作为实物量。

③ 电缆敷设需要综合的项目很多，一定要描述清楚。如工程内容一栏所示：揭（盖）盖板；电缆敷设；电缆终端头、中间头制作、安装；过路、过基础的保护管；防火墙堵洞、防水隔板安装、电缆防火涂料；电缆防护、防腐、缠石棉绳、刷漆。

九、防雷及接地装置安装项目设置

防雷及接地装置 工程量清单项目设置及工程量计算规则应按表 3-60 的规定执行。

表 3-60　防雷及接地装置（编码：030209）

项目编码	项目名称	项目特征	计量单位	工程量计算规则	工程内容
030209001	接地装置	(1)接地母线材质、规格 (2)接地极材质、规格	项	按设计图示尺寸以长度计算	(1)接地极(板)制作、安装 (2)接地母线敷设 (3)换土或化学处理 (4)接地跨接线 (5)构架接地
030209002	避雷装置	(1)受雷体名称、材质、规格、技术要求(安装部位) (2)引下线材质、规格、技术要求(引下形式) (3)接地极材质、规格、技术要求 (4)接地母线材质、规格、技术要求 (5)均压环材质、规格、技术要求		按设计图示数量计算	(1)避雷针(网)制作、安装 (2)引下线敷设、断接卡子制作、安装 (3)拉线制作、安装 (4)接地极(板、桩)制作、安装 (5)极间连线 (6)油漆(防腐) (7)换土或化学处理 (8)钢铝窗接地 (9)均压环敷设 (10)柱主筋与圈梁焊接
030209003	半导体少长针消雷装置	(1)型号 (2)高度	套		安装

说明如下。

① 利用桩基础作接地极时，应描述桩台下桩的根数，每桩几根柱筋需焊接。其工程量可计入柱引下线的工程量中一并计算。

② 利用桩筋作引下线的，一定要描述是几根柱筋焊接作为引下线。

③ "项"的单价，要包括特征和"工程内容"中所有的各项费用之和。

十、10kV 以下架空配电线路安装项目设置

10kV 以下架空配电线路 工程量清单项目设置及工程量计算规则应按表 3-61 的规定执行。

表 3-61　10kV 以下架空配电线路（编码：030210）

项目编码	项目名称	项目特征	计量单位	工程量计算规则	工程内容
030210001	电杆组立	(1)材质 (2)规格 (3)类型 (4)地形	根	按设计图示数量计算	(1)工地运输 (2)土(石)方挖填 (3)底盘、拉盘、卡盘安装 (4)木电杆防腐 (5)电杆组立 (6)横担安装 (7)拉线制作、安装
030210002	导线架设	(1)型号(材质) (2)规格 (3)地形	km	按设计图示尺寸以长度计算	(1)导线架设 (2)导线跨越及进户线架设 (3)进户横担安装

说明如下。

① 杆坑挖填土清单项目按《清单计价规范》附录 A 的规定设置、编码。

② 杆上变配电设备项目按《清单计价规范》附录 C.2.1、附录 C.2.2、附录 C.2.3 相关项目的规定度量与计量。

③ 在需要时，对杆坑的土质情况、沿途地形予以描述。

④ 架空线路的各种预留长度，按设计要求或施工及验收规范规定的长度计算在综合单价内。

十一、电气调整试验安装项目设置

电气调整试验 工程量清单项目设置及工程量计算规则应按表 3-62 的规定执行。

表 3-62 电气调整试验（编码：030211）

项目编码	项目名称	项目特征	计量单位	工程量计算规则	工程内容
030211001	电力变压器系统	(1)型号 (2)容量(kV·A)	系统	按设计图示数量计算	系统调试
030211002	送配电装置系统	(1)型号 (2)电压等级(kV)			
030211003	特殊保护装置	类型	套		调试
030211004	自动投入装置				
030211005	中央信号装置、事故照明切换装置、不间断电源		系统	按设计图示系统计算	
030211006	母线	电压等级	段	按设计图示数量计算	
030211007	避雷器、电容器		组		
030211008	接地装置	类别	系统	按设计图示系统计算	接地电阻测试
030211009	电抗器、消弧线圈、电除尘器	(1)名称、型号 (2)规格	台	按设计图示数量计算	调试
030211010	硅整流设备、可控硅整流装置	(1)名称、型号 (2)电流(A)			

说明：调整试验项目系指一个系统的调整试验，它是由多台设备、组件（配件）、网络连在一起，经过调整试验才能完成某一特定的生产过程，这个工作（调试）无法综合考虑在某一实体（仪表、设备、组件、网络）上，因此不能用物理计量单位或一般的自然计量单位来计量，只能用"系统"为单位计量。

电气调试系统的划分以设计的电气原理系统图为依据。具体划分可参照《全国统一安装工程预算工程量计算规则》的有关规定。

十二、配管、配线安装项目设置

配管、配线 工程量清单项目设置及工程量计算规则应按表 3-63 的规定执行。

表 3-63 配管、配线（编码：030212）

项目编码	项目名称	项目特征	计量单位	工程量计算规则	工程内容
030212001	电气配管	(1)名称 (2)材质 (3)规格 (4)配置形式及部位	m	按设计图示尺寸以"延长米"计算。不扣除管路中间的接线箱(盒)、灯头盒、开关盒所占长度	(1)刨沟槽 (2)钢索架设(拉紧装置安装) (3)支架制作、安装 (4)电线管路敷设 (5)接线盒(箱)、灯头盒、开关盒、插座盒安装 (6)防腐刷油 (7)接地

项目编码	项目名称	项目特征	计量单位	工程量计算规则	工程内容
030212002	线槽	(1)材质 (2)规格	m	按设计图示尺寸以"延长米"计算	(1)安装 (2)油漆
030212003	电气配线	(1)配线形式 (2)导线型号、材质、规格 (3)敷设部位或线制		按设计图示尺寸以单线"延长米"计算	(1)支持体(夹板、绝缘子、槽板等)安装 (2)支架制作、安装 (3)钢索架设(拉紧装置安装) (4)配线 (5)管内穿线

说明如下。

① 金属软管敷设不单设清单项目，在相关设备安装或电机核查接线清单项目的综合单价中考虑。

② 在配线工程中，所有的预留量(指与设备连接)均应依据设计要求或施工及验收规范规定的长度考虑在综合单价中，而不作为实物量计算。

③ 根据配管工艺的需要和计量的连续性，规范的接线箱(盒)、拉线盒、灯位盒综合在配管工程中，关于接线盒、拉线盒的设置按施工及验收规范的规定执行。

配电线保护管遇到下列情况之一时，中间应增设接线盒和拉线盒，且接线盒或拉线盒的位置应便于穿线：a. 管长度每超过30m无弯曲；b. 管长度每超过20m有1个弯曲；c. 管长度每超过15m有2个弯曲；d. 管长度每超过8m有3个弯曲。垂直敷设的电线保护管遇下列情况之一时，应增设固定导线用的拉线盒：a. 管内导线截面为50mm^{2}及以下，长度每超过30m；b. 管内导线截面为70~95mm^2，长度每超过20m；c. 管内导线截面为120~240mm^2，长度每超过18m。

在配管清单项目计量及设计无要求时，上述规定可以作为计量接线箱(盒)、拉线盒的依据。

十三、照明器具安装项目设置

(1) 照明器具安装　工程量清单项目设置及工程量计算规则应按表3-64的规定执行。

表3-64　照明器具安装 (编码：030213)

项目编码	项目名称	项目特征	计量单位	工程量计算规则	工程内容
030213001	普通吸顶灯及其他灯具	(1)名称、型号 (2)规格	套	按设计图示数量计算	(1)支架制作、安装 (2)组装 (3)油漆
030213002	工厂灯	(1)名称、安装 (2)规格 (3)安装形式及高度			(1)支架制作、安装 (2)组装 (3)油漆
030213003	装饰灯	(1)名称 (2)型号 (3)规格 (4)安装高度			(1)支架制作、安装 (2)安装
030213004	荧光灯	(1)名称 (2)型号 (3)规格 (4)安装形式			安装
030213005	医疗专用灯	(1)名称 (2)型号 (3)规格			

项目编码	项目名称	项目特征	计量单位	工程量计算规则	工程内容
030213006	一般路灯	(1)名称 (2)型号 (3)灯杆材质及高度 (4)灯架形式及臂长 (5)灯杆形式(单、双)	套	按设计图示 数量计算	(1)基础制作、安装 (2)立灯杆 (3)杆座安装 (4)灯架安装 (5)引下线支架制作、安装 (6)焊压接线端子 (7)铁构件制作、安装 (8)除锈、刷油 (9)灯杆编号 (10)接地
030213007	广场灯安装	(1)灯杆的材质及高度 (2)灯架的型号 (3)灯头数量 (4)基础形式及规格			(1)基础浇筑(包括土石方) (2)立灯杆 (3)杆座安装 (4)灯架安装 (5)引下线支架制作、安装 (6)焊压接线端子 (7)铁构件制作、安装 (8)除锈、刷油 (9)灯杆编号 (10)接地
030213008	高杆灯安装	(1)灯杆高度 (2)灯架形式(成套或组装、固定或升降) (3)灯头数量 (4)基础形式及规格			(1)基础浇筑(包括土石方) (2)立杆 (3)灯架安装 (4)引下线支架制作、安装 (5)焊压接线端子 (6)铁构件制作、安装 (7)除锈、刷油 (8)灯杆编号 (9)升降机构接线调试 (10)接地
030213009	桥栏杆灯	(1)名称 (2)型号 (3)规格 (4)安装形式			(1)支架、铁构件制作、安装、油漆 (2)灯具安装
03021310	地道涵洞灯				

说明如下。

① 各种照明灯具、开关、插座、门铃等工程量清单项目包括普通吸顶灯及其他灯具、工厂灯及其他灯具、装饰灯具、荧光灯具、医疗专用灯具、一般路灯、广场灯、高杆灯、桥栏杆灯、地道涵洞灯等安装。

② 适用范围：适用于工业与民用建筑（含公用设施）及市政设施的照明器具的清单项目的设置与计量。

下列清单项目适用的灯具如下。

a. 030213001 普通吸顶灯及其他灯具：圆球、半圆球吸顶，方形吸顶灯，软线吊灯，吊链灯，防水吊灯，一般弯脖灯，一般墙壁灯，软线吊灯头、座灯头。

b. 030213002 工厂灯及其他灯具：直杆工厂吊灯，吊链式工厂灯，吸顶式工厂灯，弯杆式工厂灯，悬挂式工厂灯，防水防尘灯，防潮灯，腰形舱顶灯，碘钨灯，管形氙气灯，投光灯，安全灯，防爆灯，高压水银防爆灯，防爆荧光灯。

c. 030213003 装饰灯具：吊式艺术装饰灯，吸顶式艺术装饰灯，荧光艺术装饰灯，几何形状组合艺术灯，标志诱导装饰灯，水下艺术装饰灯，点光源艺术装饰灯，草坪灯，歌舞厅灯。

d. 030213004 荧光灯具：组装型荧光灯，成套型荧光灯。

e. 030213005 医疗专用灯具：病房指示灯，病房暗脚灯，无影灯。

③ 清单项目的设置与计量：依据设计图示工程内容（灯具）对应《清单计价规范》附录 C.2.13 的项目特征，表述项目名称即可。本节项目的基本特征（名称、型号、规格）大致一样，所以实体的名称就是项目名称，但要说明型号、规格，而市政路灯要说明杆高、灯杆材质、灯架形式及臂长，以便区别其安装单价。

各清单项目的计量单位为"套"，计算规则按图示数量计算。

④ 灯具没带引导线的，应予说明，提供报价依据。

（2）电气设备安装工程其他相关问题　其他相关问题应按下列规定处理。

① "电气设备安装工程"适用于 10kV 以下变配电设备及线路的安装工程。

② 挖土、填土工程，应按附录 A 相关项目编码列项。

③ 电机按其质量划分为大、中、小型。3t 以下为小型，3～30t 为中型，30t 以上为大型。

④ 控制开关包括：自动空气开关、刀型开关、铁壳开关、胶盖刀闸开关、组合控制开关、万能转换开关、漏电保护开关等。

⑤ 小电器包括：按钮、照明用开关、插座、电笛、电铃、电风扇、水位电气信号装置、测量表计、继电器、电磁锁、屏上辅助设备、辅助电压互感器、小型安全变压器等。

第四节　电气安装工程工程量清单计价实例

现在全国各省、直辖市、自治区的定额站基本都是在规范指导下编制本地区的计价依据，其本地区的建设工程概预算都是依据本地区的工程量清单计价定额编制。各地区的工程量清单计价定额在保持与规范基本一致的同时，都略有不同。本节就以 2008 年辽宁省建设工程计价依据——电气安装工程计价定额以及辽宁省建设工程取费标准为依据，举例说明电气安装工程工程量清单计价和编制过程。

在编制工程量清单计价前，首先确定该项工程的类别，辽宁省建设工程取费标准的工程类别划分标准如表 3-65 所示。

表 3-65　工程类别划分标准

工程类别	划 分 标 准	说　明
一	(1)单层厂房 15000m² 以上 (2)多层厂房 20000m² 以上 (3)民用建筑 25000m² 以上 (4)机电设备安装工程工程费(不含设备)1500 万元以上 (5)市政公用工程工程费(不含设备)3000 万元以上	单层厂房跨度超过 30m 或高度超过 18m、多层厂房跨度超过 24m、民用建筑檐高超过 100m、机电设备安装单体设备质量超过 80t、市政工程的隧道及长度超过 80m 的桥梁工程,可参考二类工程费率
二	(1)单层厂房 10000m² 以上,15000m² 以下 (2)多层厂房 15000m² 以上,20000m² 以下 (3)民用建筑 18000m² 以上,25000m² 以下 (4)机电设备安装工程工程费(不含设备)1000 万元以上,1500 万元以下 (5)市政公用工程工程费(不含设备)2000 万元以上,3000 万元以下	单层厂房跨度超过 24m 或高度超过 15m、多层厂房跨度超过 18m、民用建筑檐高超过 80m、机电设备安装单体设备质量超过 50t、市政工程的隧道及长度超过 50m 的桥梁工程,可参考三类工程费率
三	(1)单层厂房 5000m² 以上,10000m² 以下 (2)多层厂房 8000m² 以上,15000m² 以下 (3)民用建筑 10000m² 以上,18000m² 以下 (4)机电设备安装工程工程费(不含设备)500 万元以上,1000 万元以下 (5)市政公用工程工程费(不含设备)1000 万元以上,2000 万元以下 (6)园林绿化工程工程费 200 万元以上,500 万元以下	单层厂房跨度超过 18m 或高度超过 10m、多层厂房跨度超过 15m、民用建筑工程檐高超过 50m、机电设备安装单体设备质量超过 30t、市政工程的隧道及长度超过 30m 的桥梁工程,可参考四类工程费率

工程类别	划 分 标 准	说　明
四	(1)单层厂房 5000m² 以下 (2)多层厂房 8000m² 以下 (3)民用建筑 10000m² 以下 (4)机电设备安装工程工程费(不含设备)500 万元以下 (5)市政公用工程工程费(不含设备)1000 万元以下 (6)园林绿化工程工程费 200 万元以下	

说明如下。

① 建筑物按经审图部门审核后的施工图的单位工程进行划分。

② 以工程费为标准划分类别的工程，其工程费为经批准的工程概算（或估算）投资扣除设备费。

③ 一项总承包工程中含两项以上不同性质的工程时，不同性质的工程分别确认，以类别高的工程为准。

④ 划分标准中的×××以上，不包括×××本身，×××以下包括×××本身。

该实例是机电安装二类工程。

一、工程量清单综合单价的计算

定额采用 2008 年辽宁省建设工程计价依据——电气安装工程计价定额（安装工程第二分册）的数据。分部分项工程量清单中管理费和利润的取费标准见表 3-66 和表 3-67。

表 3-66　企业管理费　　　　　　　　单位：%

工程项目	总承包工程		专业承包工程	
	建筑工程、市政工程	机电设备安装工程	建筑工程类、市政园林工程	装饰装修工程、机电设备安装工程
一	12.25	11.20	8.75	7.70
二	14.00	12.95	10.50	9.10
三	16.10	15.05	12.25	11.20
四	18.20	16.80	13.65	12.25

表 3-67　企业利润　　　　　　　　单位：%

工程项目	总承包工程		专业承包工程	
	建筑工程、市政工程	机电设备安装工程	建筑工程类、市政园林工程	装饰装修工程、机电设备安装工程
一	15.75	14.40	11.25	9.90
二	18.00	16.65	13.50	11.70
三	20.70	19.35	16.75	14.40
四	23.40	21.60	17.55	15.75

本工程的管理费和利润的取费分别为人工费＋机械费的 7.40% 和 16.65%。

二、分部分项工程量清单计价表的填写

辽宁省建设工程取费标准中费用计算规则规定：总承包与专业承包工程以计价定额分部分项工程费中的人工费＋机械费之和为计费基数（其中人工费不含机械费中的人工费）。计价定额分部分项工程费为：

工程费×计价定额中的定额计价＋主材费＋材料差价

把上述计算的综合单价填写到相应的分部分项工程量清单计价表综合单价一栏内，并与工程数量相乘，即得到每一项工程量的价格，把所有的工程量价格相加，即得到分部分项工程量的总价及分部分项工程费，如 5195768.92 元。同时把人工费和机械费分别累计求和，列到单位工程费汇总表中，如人工费和机械费合计分别为 892624.53 元和 67189.01 元。

三、措施项目费的计算

（1）安全文明施工措施费的计算　辽宁省建设工程取费标准见表 3-68。

表 3-68　安全文明施工措施费　　　　　　　　　　单位：%

工程项目	总承包工程		专业承包工程	
	建筑工程、市政工程	机电设备安装工程	建筑工程类、市政园林工程	装饰装修工程、机电设备安装工程
一	7.00	6.40	5.00	4.40
二	8.00	7.40	6.00	5.20
三	9.20	8.60	7.00	6.40
四	10.40	9.60	7.80	7.00

依据上述标准，把人工费和机械费合计为 959813.54 元，按机电设备安装工程二类标准，安全文明施工措施费为人工费和机械费合计的 7.40%，即 71026.2 元。

（2）冬雨施工费的计算　冬雨施工措施费见表 3-69。

表 3-69　冬雨施工措施费　　　　　　　　　　单位：%

项　　目	计价定额分部分项工程费中人工费和机械费之和为基数
冬季施工	6
雨季施工	1

依据上述标准，把人工费和机械费合计为 959813.54 元，冬雨施工措施费为人工费和机械费合计的 7%，即 67186.95 元。

四、规费的确定

依据辽宁省建设工程取费标准的规定，规费按核定的施工企业计取标准执行，所以，不同的企业的规费标准是不同的，该实例的规费见单位工程费汇总表。

五、税金的计算

税金含有营业税、城市建设维护税、教育费附加税等，合计为税费前工程造价合计 5333982.07 元加上规费 351223.85 元的 3.445%，即 195855.34 元。

六、工程总价

工程总价为税费前工程造价＋税金，为 5881061.26 元。

工程造价程序见表 3-70。

表 3-70　工程造价程序表

序　　号	费用项目	计算方法
1	计价定额分部分项工程费合计	工程量×计价定额＋主材费＋材料价差
1.1	其中人工费＋机械费	
2	企业管理费	1.1×费率
3	利润	1.1×费率
4	措施项目费	1.1×费率、规定、施工组织设计和签证
5	其他项目费	
6	税费前工程造价合计	1＋2＋3＋4＋5
7	规费	1.1×核定费率及各市规定
8	工程定额测定费	（6＋7）×规定费率
9	税金	（6＋7＋8）×规定费率
10	工程造价	6＋7＋8＋9

<u>　　　某医院电气工程　　　</u>**工程**

工 程 量 清 单

工 程 造 价
招 标 人：<u>　　　　×××　　　　</u>　　咨 询 人：<u>　　　×××　　　</u>
　　　　　　　（单位盖章）　　　　　　　　　　　（单位资质专用章）

法定代表人　　　　　　　　　　　法定代表人
或其授权人：<u>　　　×××　　　　</u>　或其授权人：<u>　　　×××　　　</u>
　　　　　　　（签字或盖章）　　　　　　　　　　（签字或盖章）

编 制 人：<u>　　　×××　　　　</u>　复 核 人：<u>　　　×××　　　</u>
　　　　（造价人员签字盖专用章）　　　　　　（造价工程师签字盖专用章）

编 制 时 间：×年×月×日　　　　复 核 时 间：×年×月×日

投 标 总 价

招 标 人： _____×××_____

工 程 名 称： _____某医院电气工程_____

投 标 总 价(小写)： _____5881061.26 元_____

(大写)： _____伍佰捌拾捌万壹仟零陆拾壹元贰角陆分_____

投 标 人： _____×××_____

(单位盖章)

法定代表人

或其授权人： _____×××_____

(签字或盖章)

编 制 人： _____×××_____

(造价人员签字盖专用章)

编 制 时 间：×年×月×日

总 说 明

工程名称：某医院电气工程   第 1 页　共 1 页

一　工程概况
1. 工程名称；
2. 建设地点；
3. 建设规模；
4. 工程特点；
二　编制依据
1.《建设工程工程量清单计价规范》(GB 50500—2008)；
2. 2008 年辽宁省建设工程计价依据——电气安装工程计价定额；
3. 辽宁省建设工程取费标准；
4. 招标文件工程量清单及设计施工图；
5. 经审批的施工组织设计；
6. 现行的工程质量标准。
三　其他

单位工程费汇总表

工程名称：某医院（电气）

序　号	项 目 名 称	金额(元)
一	分部分项工程费	5195768.92
1.1	其中:人工费	892624.53
1.2	其中:机械费	67189.01
二	措施项目费	138213.15
三	其他项目费	
四	税费前工程造价合计	5333982.07
五	规费	351223.85
5.1	工程排污费	
5.2	社会保障费	251375.17
5.2.1	养老保险	157025.5
5.2.2	失业保险	15740.94
5.2.3	医疗保险	62867.79
5.2.4	生育保险	7870.47
5.2.5	工伤保险	7870.47
5.3	住房公积金	78512.75
5.4	危险作业意外伤害保险	21335.93
六	税金	195855.34
	合　　计	5881061.26

分部分项工程量清单计价表

工程名称：某医院（电气）

序号	项目编码	项目名称	计量单位	工程数量	金额（元）综合单价	金额（元）合价
		电气工程				4193143.17
1	030204004001	配电（电源）屏　低压开关柜	台	3	487.62	1462.86
2	030204004002	配电（电源）屏　低压开关柜	台	6	487.62	2925.72
3	030204004003	配电（电源）屏　低压开关柜	台	30	487.62	14628.6
4	030204018004	成套配电箱安装　悬挂嵌入式　半周长 1.5m	台	48	183.32	8799.36
5	030204018006	成套配电箱安装　悬挂嵌入式　半周长 1.5m	台	40	183.32	7332.8
6	030204018007	成套配电箱安装　悬挂嵌入式　半周长 1.5m	台	24	183.32	4399.68
7	030204031054	基础槽钢安装	10m	12	572.93	6875.16
8	030204031056	一般铁构件制作	100kg	10	1267.76	12677.6
9	030204031081	扳式暗开关（单控）　单联	10 套	15	109.97	1649.55
10	030204031082	扳式暗开关（单控）　双联	10 套	18	141.42	2545.56
11	030204031083	扳式暗开关（单控）　三联	10 套	12	185.18	2222.16
12	030204031084	扳式暗开关（单控）　四联	10 套	11	249.78	2747.58
13	030204031114	单相暗插座 15A　5 孔	10 套	220	155.93	34304.6
14	030204031123	单相暗插座 30A　3 孔	10 套	180	226.26	40726.8
15	030213001002	圆球吸顶灯　灯罩直径 300mm 以内	10 套	45	447.35	20130.75
16	030213002008	防水防尘灯　吸顶式	10 套	12	546	6552
17	030213003068	装饰灯	10 套	15	6531.65	97974.75
18	030213004014	成套型荧光灯　吸顶式　单管	10 套	26	478.28	12435.28
19	030213004015	成套型荧光灯　吸顶式　双管	10 套	88	770.47	67801.36
20	030213004016	成套型荧光灯　吸顶式　三管	10 套	28.5	1039.84	29635.44
21	030212003185	暗装　接线盒	10 个	885	76.28	67507.8
22	030206005001	交流同步电机检查接线　功率 3kW 以下	台	28	161.91	4533.48
23	030206005002	交流同步电机检查接线　功率 13kW 以下	台	32	289.98	9279.36
24	030206005003	交流同步电机检查接线　功率 30kW 以下	台	15	441.61	6624.15
25	030206005004	交流同步电机检查接线　功率 100kW 以下	台	10	631.24	6312.4
26	030208001001	电力电缆敷设　电缆截面 35mm^2 以下	100m	5.86	8953.62	52468.21
27	030208001002	电力电缆敷设　电缆截面 120mm^2 以下	100m	3.8	85487.56	324852.73
28	030208001003	电力电缆敷设　电缆截面 240mm^2 以下	100m	3.5	58050.27	203175.95
29	030208001004	电力电缆敷设　电缆截面 35mm^2 以下	100m	3.75	2607.62	9778.58
30	030208001005	电力电缆敷设　电缆截面 35mm^2 以下	100m	2.8	3594.62	10064.94
31	030208001006	电力电缆敷设　电缆截面 35mm^2 以下	100m	2.65	2476.62	6563.04
32	030208001007	电力电缆敷设　电缆截面 35mm^2 以下	100m	5.5	3395.62	18675.91
33	030208001008	电力电缆敷设　电缆截面 35mm^2 以下	100m	3.2	5127.62	16408.38
34	030208001009	电力电缆敷设　电缆截面 35mm^2 以下	100m	2.95	7520.2	22184.59
35	030208001010	电力电缆敷设　电缆截面 35mm^2 以下	100m	2.2	8834.62	19436.16
36	030208001011	电力电缆敷设　电缆截面 35mm^2 以下	100m	1.8	7080.62	12745.12

序号	项目编码	项目名称	计量单位	工程数量	金额（元）	
					综合单价	合价
37	030208001012	电力电缆敷设　电缆截面 35mm² 以下	100m	2.66	9201.62	24476.31
38	030208001013	电力电缆敷设　截面 120mm² 以下	100m	3.45	12367.72	42668.63
39	030208001014	电力电缆敷设　电缆截面 120mm² 以下	100m	3.7	12919.72	47802.96
40	030208011001	户内干包式电力电缆终端头制作、安装　1kV 以下　截面 25mm² 以下	个	160	99.49	15918.4
41	030208011002	户内干包式电力电缆终端头制作、安装　1kV 以下　截面 95mm² 以下	个	111	170.97	18977.67
42	030208011003	户内干包式电力电缆终端头制作、安装　1kV 以下　截面 185mm² 以下	个	56	244.61	13698.16
43	030212001034	砖、混凝土结构暗配　钢管公称口径 15mm 以内	100m	267.8	1169.31	313141.22
44	030212001035	砖、混凝土结构暗配　钢管公称口径 20mm 以内	100m	289.75	1407.6	407852.1
45	030212001036	砖、混凝土结构暗配　钢管公称口径 25mm 以内	100m	88.9	1858.36	165208.2
46	030212001037	砖、混凝土结构暗配　钢管公称口径 32mm 以内	100m	15.85	2289.4	36286.99
47	030212001038	砖、混凝土结构暗配　钢管公称口径 40mm 以内	100m	9.85	2991.35	29464.8
48	030212001039	砖、混凝土结构暗配　钢管公称口径 50mm 以内	100m	8.88	3605.75	32019.06
49	030212001040	砖、混凝土结构暗配　钢管公称口径 70mm 以内	100m	8.5	4889.55	41561.18
50	030212001041	砖、混凝土结构暗配　钢管公称口径 80mm 以内	100m	4.8	6407.79	30757.39
51	030212001042	砖、混凝土结构暗配　钢管公称口径 100mm 以内	100m	3.68	7867.96	28954.09
52	030212003005	管内穿线　照明线路　铜芯　导线截面 4mm² 以内	100m 单线	913.68	284.2	259667.86
53	030212003191	管内穿线　照明线路　铜芯　导线截面 2.5mm² 以内	100m 单线	105.4	355.2	37438.08
54	030212003004	管内穿线　照明线路　铜芯　导线截面 2.5mm² 以内	100m 单线	657.69	224.12	147401.48
55	030212003032	管内穿线　动力线路　铜芯　导线截面 6mm² 以内	100m 单线	24.89	392.69	9774.05
56	030212003033	管内穿线　动力线路　铜芯　导线截面 10mm² 以内	100m 单线	32.88	666.5	21914.52
57	030212003034	管内穿线　动力线路　铜芯　导线截面 16mm² 以内	100m 单线	42.15	994.22	41906.37
58	030212003035	管内穿线　动力线路　铜芯　导线截面 25mm² 以内	100m 单线	18.5	1847.93	34186.71
59	030212003036	管内穿线　动力线路　铜芯　导线截面 35mm² 以内	100m 单线	9.88	2427.2	23980.74
60	030212003037	管内穿线　动力线路　铜芯　导线截面 50mm² 以内	100m 单线	12.52	3179.37	39805.71
61	030212003038	管内穿线　动力线路　铜芯　导线截面 95mm² 以内	100m 单线	4.44	7763.69	34470.78
62	030213004017	成套型荧光灯　吸顶式　双管	10 套	18	1200.71	21612.78
63	030213004018	成套型荧光灯　吸顶式　三管	10 套	26.8	1585.66	42495.69
64	030213001003	一般壁灯	10 套	8.8	645.87	5683.66
65	030213003069	标志、诱导装饰灯具　吸顶式　示意图号 171、172、173、174	10 套	18	1078.2	19407.6
66	030213003070	标志、诱导装饰灯具　吊杆式　示意图号 171、172、173、174	10 套	22.2	1150.89	25549.76
67	030213003071	标志、诱导装饰灯具　墙壁式　示意图号 171、172、173、174	10 套	32.3	1067.37	34476.05
68	030213003072	标志、诱导装饰灯具　嵌入式　示意图号 171、172、173、174	10 套	24.5	1080.16	26463.92
69	030213003073	嵌入灯具　嵌入式	10 套	32.4	574.37	18609.59
70	030208004001	钢制槽式桥架(宽＋高)150mm 以下	10m	24.5	384.89	9429.81
71	030208004002	钢制槽式桥架(宽＋高)150mm 以下	10m	26.7	540.66	14435.62
72	030208004003	钢制槽式桥架(宽＋高)400mm 以下	10m	22.3	636.14	14185.92
73	030208004004	钢制槽式桥架(宽＋高)400mm 以下	10m	27.6	1001.79	27649.4
74	030208004005	钢制槽式桥架(宽＋高)400mm 以下	10m	26.5	1383.69	36667.79
75	030208004006	钢制槽式桥架(宽＋高)600mm 以下	10m	25.5	1443.99	36821.75

序号	项目编码	项目名称	计量单位	工程数量	金额(元)	
					综合单价	合价
76	030208004007	钢制槽式桥架(宽＋高)600mm 以下	10m	23.4	1685.19	39433.45
77	030208004008	钢制槽式桥架(宽＋高)600mm 以下	10m	24.5	1915.63	46932.94
78	030208004009	钢制槽式桥架(宽＋高)800mm 以下	10m	29.5	3342.73	98610.54
79	030208004010	钢制槽式桥架(宽＋高)1000mm 以下	10m	25.9	4511.81	116855.88
80	030208004011	钢制槽式桥架(宽＋高)1200mm 以下	10m	29.8	6253.48	186353.7
81	030204031157	扳式暗开关(双控)　单联	10 套	5.6	136.87	766.47
82	030204031158	扳式暗开关(单控)　三联	10 套	4.5	275.96	1241.82
83	030212001201	砖、混凝土结构明配　钢管公称口径 15mm 以内	100m	6	1611.97	9671.82
84	030212001202	砖、混凝土结构明配　钢管公称口径 20mm 以内	100m	7.5	1872.13	14040.98
85	030212001203	砖、混凝土结构明配　钢管公称口径 25mm 以内	100m	3	2327.51	6982.53
86	030212001204	砖、混凝土结构明配　钢管公称口径 32mm 以内	100m	2.85	2798.83	7976.67
87	030212001205	砖、混凝土结构明配　钢管公称口径 40mm 以内	100m	2.5	3424.52	8561.3
88	030212001206	砖、混凝土结构明配　钢管公称口径 50mm 以内	100m	3.2	4066.97	13014.3
89	030212001207	砖、混凝土结构明配　钢管公称口径 70mm 以内	100m	2.1	5502.39	11555.02
90	030212001208	砖、混凝土结构明配　钢管公称口径 80mm 以内	100m	2	7079.95	14159.9
91	030212001209	砖、混凝土结构明配　钢管公称口径 100mm 以内	100m	0.8	8601.06	6880.85
92	030212001177	金属软管敷设　公称管径 15mm 以内　每根管长 500mm 以内	10m	111.1	343.76	38191.74
93	030209001009	户内接地母线敷设	10m	123.5	101.02	12475.97
94	030209001017	户内接地母线敷设	10m	58	141.82	8225.56
95	030209001014	接地跨接线	10 处	32.5	118.79	3860.68
96	030209004003	避雷引下线敷设　利用建筑物主筋引下	10m	45	94.42	4248.9
97	030209005001	避雷网安装　沿混凝土块敷设	10m	80	111.93	8954.4
98	030204031023	端子箱安装　户内	台	80	94.93	7594.4
99	030204031159	端子箱安装　户内	台	8	179.93	1439.44
100	030212003183	暗装　接线箱半周长 700mm 以内	10 个	1	899.19	899.19
101	030211002001	1kV 以下交流供电系统调试(综合)	系统	83	726.51	60300.33
102	030211004001	备用电源自投装置调试	系统(套)	35	1395.98	48859.3
103	030211005005	事故照明切换调试	台	25	518.88	12972
104	030211008002	接地网调试	系统	1	821.88	821.88
		弱电工程				953317.81
105	030204031156	端子箱安装　户内	台	72	177.68	12792.96
106	030212003190	暗装　接线盒	10 个	146.8	76.28	11197.9
107	030212001195	砖、混凝土结构暗配　钢管公称口径 15mm 以内	100m	243.76	1169.31	285031.01
108	030212001196	砖、混凝土结构暗配　钢管公称口径 20mm 以内	100m	243.65	1407.6	342961.74
109	030212001197	砖、混凝土结构暗配　钢管公称口径 25mm 以内	100m	75.18	1858.36	139711.5
110	030212001198	砖、混凝土结构暗配　钢管公称口径 32mm 以内	100m	20.5	2289.4	46932.7
111	030212001199	砖、混凝土结构暗配　钢管公称口径 40mm 以内	100m	19.44	2991.35	58151.84
112	030212001200	砖、混凝土结构暗配　钢管公称口径 50mm 以内	100m	15.68	3605.75	56538.16
		安装费用				49307.94
113	030114001005	脚手架搭拆费	项	1	37967.48	37967.48
114	030215001002	高层增加费	项	1	11340.46	11340.46
		合　计				5195768.92

分部分项工程量清单综合单价分析表

工程名称：某医院（电气）

单位：元

序号	项目编码	项目名称	工程内容	综合单价组成					综合单价
				人工费	材料费	机械使用费	管理费	利润	
1	03020404004001	配电（电源）屏 低压开关柜	配电（电源）屏 低压开关柜	221.02	123.47	59.96	36.39	46.78	487.62
			合计	221.02	123.47	59.96	36.39	46.78	
2	03020404004002	配电（电源）屏 低压开关柜	配电（电源）屏 低压开关柜	221.02	123.47	59.96	36.39	46.78	487.62
			合计	221.02	123.47	59.96	36.39	46.78	
3	03020404004003	配电（电源）屏 低压开关柜	配电（电源）屏 低压开关柜	221.02	123.47	59.96	36.39	46.78	487.62
			合计	221.02	123.47	59.96	36.39	46.78	
4	03020401804004	成套配电箱安装 悬挂嵌入式 半周长 1.5m	成套配电箱安装 悬挂嵌入式 半周长 1.5m	107.5	44		13.92	17.9	183.32
			合计	107.5	44		13.92	17.9	
5	03020401804006	成套配电箱安装 悬挂嵌入式 半周长 1.5m	成套配电箱安装 悬挂嵌入式 半周长 1.5m	107.5	44		13.92	17.9	183.32
			合计	107.5	44		13.92	17.9	
6	03020401804007	成套配电箱安装 悬挂嵌入式 半周长 1.5m	成套配电箱安装 悬挂嵌入式 半周长 1.5m	107.5	44		13.92	17.9	183.32
			合计	107.5	44		13.92	17.9	
7	03020403105405	基础槽钢安装	基础槽钢安装	91.84	436.7	13.28	13.61	17.5	572.93
			合计	91.84	436.7	13.28	13.61	17.5	
8	03020403105605	一般铁构件制作	一般铁构件制作	478.97	582.2	50.01	68.5	88.08	1267.76
			合计	478.97	582.2	50.01	68.5	88.08	
9	03020403108105	扳式暗开关（单控）单联	扳式暗开关（单控）单联	37.69	61.12		4.88	6.28	109.97
			合计	37.69	61.12		4.88	6.28	
10	03020403108205	扳式暗开关（单控）双联	扳式暗开关（单控）双联	39.48	90.26		5.11	6.57	141.42
			合计	39.48	90.26		5.11	6.57	
11	03020403108305	扳式暗开关（单控）三联	扳式暗开关（单控）三联	41.28	131.68		5.35	6.87	185.18
			合计	41.28	131.68		5.35	6.87	

安装工程工程量清单计价与案例分析

续表

序号	项目编码	项目名称	工程内容	综合单价组成					综合单价
				人工费	材料费	机械使用费	管理费	利润	
12	030204031084	扳式暗开关（单控）四联	扳式暗开关（单控）四联	43.45	193.47		5.63	7.23	249.78
			合计	43.45	193.47		5.63	7.23	
13	030204031114	单相暗插座 15A 5孔	单相暗插座 15A 5孔	48.77	92.72		6.32	8.12	155.93
			合计	48.77	92.72		6.32	8.12	
14	030204031123	单相暗插座 30A 3孔	单相暗插座 30A 3孔	47.88	164.21		6.2	7.97	226.26
			合计	47.88	164.21		6.2	7.97	
15	030213001002	圆球吸顶灯 灯罩直径300mm以内	圆球吸顶灯 灯罩直径300mm以内	88.08	333.19		11.41	14.67	447.35
			合计	88.08	333.19		11.41	14.67	
16	030213002008	防水防尘灯 吸顶式	防水防尘灯 吸顶式	120.66	389.62		15.63	20.09	546
			合计	120.66	389.62		15.63	20.09	
17	030213003068	装饰灯	挂片灯 直径400mm以内 垂钓长度500mm以内 示意图号 74,75,76,77,78	861.81	5389.59	19.41	114.12	146.72	6531.65
			合计	861.81	5389.59	19.41	114.12	146.72	
18	030213004014	成套型荧光灯 单管 吸顶式	成套型荧光灯 吸顶式 单管	88.46	363.63		11.46	14.73	478.28
			合计	88.46	363.63		11.46	14.73	
19	030213004015	成套型荧光灯 双管 吸顶式	成套型荧光灯 吸顶式 双管	111.3	626.23		14.41	18.53	770.47
			合计	111.3	626.23		14.41	18.53	
20	030213004016	成套型荧光灯 三管 吸顶式	成套型荧光灯 吸顶式 三管	124.31	878.73		16.1	20.7	1039.84
			合计	124.31	878.73		16.1	20.7	
21	030212003185	接线盒 暗装	暗装 接线盒	19.41	51.13		2.51	3.23	76.28
			合计	19.41	51.13		2.51	3.23	
22	030206005001	交流同步电机检查接线 功率3kW以下	交流同步电机检查接线 功率3kW以下	87.85	40.84	5.57	12.1	15.55	161.91
			合计	87.85	40.84	5.57	12.1	15.55	
23	030206005002	交流同步电机检查接线 功率13kW以下	交流同步电机检查接线 功率13kW以下	167.27	62.68	8.12	22.71	29.2	289.98
			合计	167.27	62.68	8.12	22.71	29.2	
24	030206005003	交流同步电机检查接线 功率30kW以下	交流同步电机检查接线 功率30kW以下	262.14	90.18	9.02	35.12	45.15	441.61
			合计	262.14	90.18	9.02	35.12	45.15	

序号	项目编码	项目名称	工程内容	综合单价组成					综合单价
				人工费	材料费	机械使用费	管理费	利润	
25	030206005004	交流同步电机检查接线 功率100kW以下	交流同步电机检查接线 功率100kW以下	388.81	115.65	9.02	51.52	66.24	631.24
			合计	388.81	115.65	9.02	51.52	66.24	
26	030208001001	电力电缆敷设 电缆截面35mm² 以下	电力电缆敷设 电缆截面35mm²以下	277.15	8585.06	7.23	36.83	47.35	8953.62
			合计	277.15	8585.06	7.23	36.83	47.35	
27	030208001002	电力电缆敷设 电缆截面120mm² 以下	电力电缆敷设 电缆截面120mm²以下	499.92	84774.1	50.59	71.29	91.66	85487.56
			合计	499.92	84774.1	50.59	71.29	91.66	
28	030208001003	电力电缆敷设 电缆截面240mm² 以下	电力电缆敷设 电缆截面240mm²以下	704.09	56762.6	289.48	128.67	165.43	58050.27
			合计	704.09	56762.6	289.48	128.67	165.43	
29	030208001004	电力电缆敷设 电缆截面35mm² 以下	电力电缆敷设 电缆截面35mm²以下	277.15	2239.06	7.23	36.83	47.35	2607.62
			合计	277.15	2239.06	7.23	36.83	47.35	
30	030208001005	电力电缆敷设 电缆截面35mm² 以下	电力电缆敷设 电缆截面35mm²以下	277.15	3226.06	7.23	36.83	47.35	3594.62
			合计	277.15	3226.06	7.23	36.83	47.35	
31	030208001006	电力电缆敷设 电缆截面35mm² 以下	电力电缆敷设 电缆截面35mm²以下	277.15	2108.06	7.23	36.83	47.35	2476.62
			合计	277.15	2108.06	7.23	36.83	47.35	
32	030208001007	电力电缆敷设 电缆截面35mm² 以下	电力电缆敷设 电缆截面35mm²以下	277.15	3027.06	7.23	36.83	47.35	3395.62
			合计	277.15	3027.06	7.23	36.83	47.35	
33	030208001008	电力电缆敷设 电缆截面35mm² 以下	电力电缆敷设 电缆截面35mm²以下	277.15	4759.06	7.23	36.83	47.35	5127.62
			合计	277.15	4759.06	7.23	36.83	47.35	
34	030208001009	电力电缆敷设 电缆截面35mm² 以下	电力电缆敷设 电缆截面35mm²以下	277.15	7151.64	7.23	36.83	47.35	7520.2
			合计	277.15	7151.64	7.23	36.83	47.35	
35	030208001010	电力电缆敷设 电缆截面35mm² 以下	电力电缆敷设 电缆截面35mm²以下	277.15	8466.06	7.23	36.83	47.35	8834.62
			合计	277.15	8466.06	7.23	36.83	47.35	
36	030208001011	电力电缆敷设 电缆截面35mm² 以下	电力电缆敷设 电缆截面35mm²以下	277.15	6712.06	7.23	36.83	47.35	7080.62
			合计	277.15	6712.06	7.23	36.83	47.35	
37	030208001012	电力电缆敷设 电缆截面35mm² 以下	电力电缆敷设 电缆截面35mm²以下	277.15	8833.06	7.23	36.83	47.35	9201.62
			合计	277.15	8833.06	7.23	36.83	47.35	

续表

序号	项目编码	项目名称	工程内容	综合单价组成					综合单价
				人工费	材料费	机械使用费	管理费	利润	
38	030208001013	电力电缆敷设 电缆截面120mm²以下	电力电缆敷设 电缆截面120mm²以下	499.92	11654.26	50.59	71.29	91.66	12367.72
			合计	499.92	11654.26	50.59	71.29	91.66	
39	030208001014	电力电缆敷设 电缆截面120mm²以下	电力电缆敷设 电缆截面120mm²以下	499.92	12206.26	50.59	71.29	91.66	12919.72
			合计	499.92	12206.26	50.59	71.29	91.66	
40	030208011001	户内干包式电力电缆终端头制作、安装 1kV以下 截面25mm²以下	户内干包式电力电缆终端头制作、安装 1kV以下 截面25mm²以下	24.36	67.92		3.15	4.06	99.49
			合计	24.36	67.92		3.15	4.06	
41	030208011002	户内干包式电力电缆终端头制作、安装 1kV以下 截面95mm²以下	户内干包式电力电缆终端头制作、安装 1kV以下 截面95mm²以下	39.93	119.22		5.17	6.65	170.97
			合计	39.93	119.22		5.17	6.65	
42	030208011003	户内干包式电力电缆终端头制作、安装 1kV以下 截面185mm²以下	户内干包式电力电缆终端头制作、安装 1kV以下 截面185mm²以下	51.92	177.33		6.72	8.64	244.61
			合计	51.92	177.33		6.72	8.64	
43	030212001034	砖、混凝土结构暗配 钢管公称口径15mm以内	砖、混凝土结构暗配 钢管公称口径15mm以内	291.36	768.54	17.87	40.05	51.49	1169.31
			合计	291.36	768.54	17.87	40.05	51.49	
44	030212001035	砖、混凝土结构暗配 钢管公称口径20mm以内	砖、混凝土结构暗配 钢管公称口径20mm以内	310.82	981.61	17.87	42.57	54.73	1407.6
			合计	310.82	981.61	17.87	42.57	54.73	
45	030212001036	砖、混凝土结构暗配 钢管公称口径25mm以内	砖、混凝土结构暗配 钢管公称口径25mm以内	376.81	1333.79	27.95	52.42	67.39	1858.36
			合计	376.81	1333.79	27.95	52.42	67.39	
46	030212001037	砖、混凝土结构暗配 钢管公称口径32mm以内	砖、混凝土结构暗配 钢管公称口径32mm以内	400.96	1733.54	27.95	55.54	71.41	2289.4
			合计	400.96	1733.54	27.95	55.54	71.41	
47	030212001038	砖、混凝土结构暗配 钢管公称口径40mm以内	砖、混凝土结构暗配 钢管公称口径40mm以内	643.6	2107.11	38.68	88.36	113.6	2991.35
			合计	643.6	2107.11	38.68	88.36	113.6	
48	030212001039	砖、混凝土结构暗配 钢管公称口径50mm以内	砖、混凝土结构暗配 钢管公称口径50mm以内	686.32	2666.15	38.68	93.89	120.71	3605.75
			合计	686.32	2666.15	38.68	93.89	120.71	
49	030212001040	砖、混凝土结构暗配 钢管公称口径70mm以内	砖、混凝土结构暗配 钢管公称口径70mm以内	995.77	3526.48	55.98	136.2	175.12	4889.55
			合计	995.77	3526.48	55.98	136.2	175.12	

序号	项目编码	项目名称	工程内容	综合单价组成					综合单价
				人工费	材料费	机械使用费	管理费	利润	
50	03021200 1041	砖、混凝土结构暗配 钢管公称口径 80mm 以内	砖、混凝土结构暗配 钢管公称口径 80mm 以内	1482.73	4410.22	58.61	199.6	256.63	
			合计	1482.73	4410.22	58.61	199.6	256.63	6407.79
51	03021200 1042	砖、混凝土结构暗配 钢管公称口径 100mm 以内	砖、混凝土结构暗配 钢管公称口径 100mm 以内	1574.67	5751.23	58.61	211.51	271.94	
			合计	1574.67	5751.23	58.61	211.51	271.94	7867.96
52	03021200 3005	管内穿线 照明线路 铜芯 导线截面 4mm² 以内	管内穿线 照明线路 铜芯 导线截面 4mm² 以内	30.19	245.07		3.91	5.03	
			合计	30.19	245.07		3.91	5.03	284.2
53	03021200 3191	管内穿线 照明线路 铜芯 导线截面 2.5mm² 以内	管内穿线 照明线路 铜芯 导线截面 2.5mm² 以内	43.17	299.25		5.59	7.19	
			合计	43.17	299.25		5.59	7.19	355.2
54	03021200 3004	管内穿线 照明线路 铜芯 导线截面 2.5mm² 以内	管内穿线 照明线路 铜芯 导线截面 2.5mm² 以内	43.17	168.17		5.59	7.19	
			合计	43.17	168.17		5.59	7.19	224.12
55	03021200 3032	管内穿线 动力线路 铜芯 导线截面 6mm² 以内	管内穿线 动力线路 铜芯 导线截面 6mm² 以内	34.55	347.92		4.47	5.75	
			合计	34.55	347.92		4.47	5.75	392.69
56	03021200 3033	管内穿线 动力线路 铜芯 导线截面 10mm² 以内	管内穿线 动力线路 铜芯 导线截面 10mm² 以内	41.04	613.32		5.31	6.83	
			合计	41.04	613.32		5.31	6.83	666.5
57	03021200 3034	管内穿线 动力线路 铜芯 导线截面 16mm² 以内	管内穿线 动力线路 铜芯 导线截面 16mm² 以内	47.47	932.7		6.15	7.9	
			合计	47.47	932.7		6.15	7.9	994.22
58	03021200 3035	管内穿线 动力线路 铜芯 导线截面 25mm² 以内	管内穿线 动力线路 铜芯 导线截面 25mm² 以内	59.19	1771.21		7.67	9.86	
			合计	59.19	1771.21		7.67	9.86	1847.93
59	03021200 3036	管内穿线 动力线路 铜芯 导线截面 35mm² 以内	管内穿线 动力线路 铜芯 导线截面 35mm² 以内	62.63	2346.03		8.11	10.43	
			合计	62.63	2346.03		8.11	10.43	2427.2
60	03021200 3037	管内穿线 动力线路 铜芯 导线截面 50mm² 以内	管内穿线 动力线路 铜芯 导线截面 50mm² 以内	122.58	3020.51		15.87	20.41	
			合计	122.58	3020.51		15.87	20.41	3179.37
61	03021200 3038	管内穿线 动力线路 铜芯 导线截面 95mm² 以内	管内穿线 动力线路 铜芯 导线截面 70mm² 以内	130.37	7594.73		16.88	21.71	
			合计	130.37	7594.73		16.88	21.71	7763.69
62	03021300 4017	成套型荧光灯 吸顶式 双管	组装型荧光灯 吸顶式 双管	156.96	997.29		20.33	26.13	
			合计	156.96	997.29		20.33	26.13	1200.71

续表

序号	项目编码	项目名称	工程内容	综合单价组成					综合单价
				人工费	材料费	机械使用费	管理费	利润	
63	030213004018	成套型荧光灯 吸顶式 三管	组装型荧光灯 吸顶式 三管	193.64	1334.7		25.08	32.24	1585.66
			合计	193.64	1334.7		25.08	32.24	
64	030213001003	一般壁灯	一般壁灯	82.35	539.15		10.66	13.71	645.87
			合计	82.35	539.15		10.66	13.71	
65	030213003069	标志、诱导装饰灯具 吸顶式 示意图号 171、172、173、174	标志、诱导装饰灯具 吸顶式 示意图号 171、172、173、174	99.03	949.86		12.82	16.49	1078.2
			合计	99.03	949.86		12.82	16.49	
66	030213003070	标志、诱导装饰灯具 吊杆式 示意图号 171、172、173、174	标志、诱导装饰灯具 吊杆式 示意图号 171、172、173、174	116.2	1000.29		15.05	19.35	1150.89
			合计	116.2	1000.29		15.05	19.35	
67	030213003071	标志、诱导装饰灯具 墙壁式 示意图号 171、172、173、174	标志、诱导装饰灯具 墙壁式 示意图号 171、172、173、174	99.03	939.03		12.82	16.49	1067.37
			合计	99.03	939.03		12.82	16.49	
68	030213003072	标志、诱导装饰灯具 嵌入式 示意图号 171、172、173、174	标志、诱导装饰灯具 嵌入式 示意图号 171、172、173、174	115.76	930.14		14.99	19.27	1080.16
			合计	115.76	930.14		14.99	19.27	
69	030213003073	嵌入灯具 嵌入式	点光源艺术装饰灯具 嵌入式 灯具直径(150mm) 示意图号 179、180、181	101.16	443.27		13.1	16.84	574.37
			合计	101.16	443.27		13.1	16.84	
70	030208004001	钢制槽式桥架(宽+高)150mm以下	钢制槽式桥架(宽+高)150mm以下	84.73	269.52	4.29	11.53	14.82	384.89
			合计	84.73	269.52	4.29	11.53	14.82	
71	030208004002	钢制槽式桥架(宽+高)150mm以下	钢制槽式桥架(宽+高)150mm以下	84.73	425.29	4.29	11.53	14.82	540.66
			合计	84.73	425.29	4.29	11.53	14.82	
72	030208004003	钢制槽式桥架(宽+高)400mm以下	钢制槽式桥架(宽+高)150mm以下	84.73	520.77	4.29	11.53	14.82	636.14
			合计	84.73	520.77	4.29	11.53	14.82	
73	030208004004	钢制槽式桥架(宽+高)400mm以下	钢制槽式桥架(宽+高)400mm以下	141.01	807.73	8.73	19.39	24.93	1001.79
			合计	141.01	807.73	8.73	19.39	24.93	
74	030208004005	钢制槽式桥架(宽+高)400mm以下	钢制槽式桥架(宽+高)400mm以下	141.01	1189.63	8.73	19.39	24.93	1383.69
			合计	141.01	1189.63	8.73	19.39	24.93	

序号	项目编码	项目名称	工程内容	综合单价组成					综合单价
				人工费	材料费	机械使用费	管理费	利润	
75	030208004006	钢制槽式桥架（宽＋高）600mm以下	钢制槽式桥架（宽＋高）400mm以下	141.01	1249.93	8.73	19.39	24.93	
			合计	141.01	1249.93	8.73	19.39	24.93	1443.99
76	030208004007	钢制槽式桥架（宽＋高）600mm以下	钢制槽式桥架（宽＋高）400mm以下	141.01	1491.13	8.73	19.39	24.93	
			合计	141.01	1491.13	8.73	19.39	24.93	1685.19
77	030208004008	钢制槽式桥架（宽＋高）600mm以下	钢制槽式桥架（宽＋高）600mm以下	226.24	1603.81	14.36	31.16	40.06	
			合计	226.24	1603.81	14.36	31.16	40.06	1915.63
78	030208004009	钢制槽式桥架（宽＋高）800mm以下	钢制槽式桥架（宽＋高）600mm以下	226.24	3030.91	14.36	31.16	40.06	
			合计	226.24	3030.91	14.36	31.16	40.06	3342.73
79	030208004010	钢制槽式桥架（宽＋高）1000mm以下	钢制槽式桥架（宽＋高）800mm以下	306.49	4065.86	37.61	44.56	57.29	
			合计	306.49	4065.86	37.61	44.56	57.29	4511.81
80	030208004011	钢制槽式桥架（宽＋高）1200mm以下	钢制槽式桥架（宽＋高）1000mm以下	389.88	5672.81	58.17	58.02	74.6	
			合计	389.88	5672.81	58.17	58.02	74.6	6253.48
81	030204031157	扳式暗开关（双控）单联	扳式暗开关（双控）单联	37.69	88.02		4.88	6.28	
			合计	37.69	88.02		4.88	6.28	136.87
82	030204031158	扳式暗开关（单控）三联	扳式暗开关（单控）三联	41.28	222.46		5.35	6.87	
			合计	41.28	222.46		5.35	6.87	275.96
83	030212001201	钢管公称口径15mm以内	砖、混凝土结构明配	511.05	926.48	17.87	68.5	88.07	
			合计	511.05	926.48	17.87	68.5	88.07	1611.97
84	030212001202	钢管公称口径20mm以内	砖、混凝土结构明配	542.99	1145.26	17.87	72.63	93.38	
			合计	542.99	1145.26	17.87	72.63	93.38	1872.13
85	030212001203	钢管公称口径25mm以内	砖、混凝土结构明配	625	1481.28	27.95	84.56	108.72	
			合计	625	1481.28	27.95	84.56	108.72	2327.51
86	030212001204	钢管公称口径32mm以内	砖、混凝土结构明配	663.86	1902.24	27.95	89.59	115.19	
			合计	663.86	1902.24	27.95	89.59	115.19	2798.83
87	030212001205	钢管公称口径40mm以内	砖、混凝土结构明配	814.07	2319.36	38.68	110.43	141.98	
			合计	814.07	2319.36	38.68	110.43	141.98	3424.52
88	030212001206	钢管公称口径50mm以内	砖、混凝土结构明配	864.16	2896.89	38.68	116.92	150.32	
			合计	864.16	2896.89	38.68	116.92	150.32	4066.97

续表

序号	项目编码	项目名称	工程内容	综合单价组成					综合单价
				人工费	材料费	机械使用费	管理费	利润	
89	030212001207	砖、混凝土结构明配 钢管公称口径 70mm 以内	砖、混凝土结构明配 钢管公称口径 70mm 以内	1287.13	3761.72	55.98	173.93	223.63	5502.39
			合计	1287.13	3761.72	55.98	173.93	223.63	
90	030212001208	砖、混凝土结构明配 钢管公称口径 80mm 以内	砖、混凝土结构明配 钢管公称口径 80mm 以内	1802.98	4667.33	58.61	241.08	309.95	7079.95
			合计	1802.98	4667.33	58.61	241.08	309.95	
91	030212001209	砖、混凝土结构明配 钢管公称口径 100mm 以内	砖、混凝土结构明配 钢管公称口径 100mm 以内	1914.37	6044.06	58.61	255.5	328.5	8601.06
			合计	1914.37	6044.06	58.61	255.5	328.5	
92	030212001177	金属软管敷设 公称管径 15mm 以内 每根管长 500mm 以内	金属软管敷设 公称管径 15mm 以内 每根管长 500mm 以内	164.05	131.16		21.24	27.31	343.76
			合计	164.05	131.16		21.24	27.31	
93	030209001009	户内接地母线敷设	户内接地母线敷设	60.76	14.99	5.62	8.6	11.05	101.02
			合计	60.76	14.99	5.62	8.6	11.05	
94	030209001017	户内接地母线敷设	户内接地母线敷设	60.76	55.79	5.62	8.6	11.05	141.82
			合计	60.76	55.79	5.62	8.6	11.05	
95	030209001014	接地跨接线	接地跨接线	49.23	41.75	10.21	7.7	9.9	118.79
			合计	49.23	41.75	10.21	7.7	9.9	
96	030209004003	避雷引下线敷设 利用建筑物主筋引下	避雷引下线敷设 利用建筑物主筋引下	36.4	5.55	32.17	8.88	11.42	94.42
			合计	36.4	5.55	32.17	8.88	11.42	
97	030209005001	避雷网安装 沿混凝土块敷设	避雷网安装 沿混凝土块敷设	40.77	50.49	6.64	6.14	7.89	111.93
			合计	40.77	50.49	6.64	6.14	7.89	
98	030204031023	端子箱安装 户内	暗装 接线箱半周长 700mm 以内	45.76	35.62		5.93	7.62	94.93
			合计	45.76	35.62		5.93	7.62	
99	030204031159	端子箱安装 户内	暗装 接线箱半周长 700mm 以内	45.76	120.62		5.93	7.62	179.93
			合计	45.76	120.62		5.93	7.62	
100	030212003183	暗装 接线箱半周长 700mm 以内	暗装 接线箱半周长 700mm 以内	457.59	306.15		59.26	76.19	899.19
			合计	457.59	306.15		59.26	76.19	
101	030211002001	1kV 以下交流供电系统调试（综合）	1kV 以下交流供电系统调试（综合）	467.28	4.64	89.72	72.13	92.74	726.51
			合计	467.28	4.64	89.72	72.13	92.74	

序号	项目编码	项目名称	工程内容	综合单价组成					综合单价
				人工费	材料费	机械使用费	管理费	利润	
102	030211004001	备用电源自投装置调试	备用电源自投装置调试	654.2	6.5	417.93	138.84	178.51	1395.98
			合计	654.2	6.5	417.93	138.84	178.51	
103	030211005005	事故照明切换调试	事故照明切换调试	280.37	2.79	117.85	51.57	66.3	518.88
			合计	280.37	2.79	117.85	51.57	66.3	
104	030211008002	接地网调试	接地网调试	467.28	4.64	163.31	81.66	104.99	821.88
			合计	467.28	4.64	163.31	81.66	104.99	
105	030204031156	端子箱安装 户内	暗装 接线箱半周长 700mm 以内	50.84	111.79		6.58	8.47	177.68
			合计	50.84	111.79		6.58	8.47	
106	030212003190	暗装 接线盒	暗装 接线盒	19.41	51.13		2.51	3.23	76.28
			合计	19.41	51.13		2.51	3.23	
107	030212001195	砖、混凝土结构暗配 钢管公称口径 15mm 以内	砖、混凝土结构暗配 钢管公称口径 15mm 以内	291.36	768.54	17.87	40.05	51.49	1169.31
			合计	291.36	768.54	17.87	40.05	51.49	
108	030212001196	砖、混凝土结构暗配 钢管公称口径 20mm 以内	砖、混凝土结构暗配 钢管公称口径 20mm 以内	310.82	981.61	17.87	42.57	54.73	1407.6
			合计	310.82	981.61	17.87	42.57	54.73	
109	030212001197	砖、混凝土结构暗配 钢管公称口径 25mm 以内	砖、混凝土结构暗配 钢管公称口径 25mm 以内	376.81	1333.79	27.95	52.42	67.39	1858.36
			合计	376.81	1333.79	27.95	52.42	67.39	
110	030212001198	砖、混凝土结构暗配 钢管公称口径 32mm 以内	砖、混凝土结构暗配 钢管公称口径 32mm 以内	400.96	1733.54	27.95	55.54	71.41	2289.4
			合计	400.96	1733.54	27.95	55.54	71.41	
111	030212001199	砖、混凝土结构暗配 钢管公称口径 40mm 以内	砖、混凝土结构暗配 钢管公称口径 40mm 以内	643.6	2107.11	38.68	88.36	113.6	2991.35
			合计	643.6	2107.11	38.68	88.36	113.6	
112	030212001200	砖、混凝土结构暗配 钢管公称口径 50mm 以内	砖、混凝土结构暗配 钢管公称口径 50mm 以内	686.32	2666.15	38.68	93.89	120.71	3605.75
			合计	686.32	2666.15	38.68	93.89	120.71	
113	030114001005	脚手架搭拆费	脚手架搭拆——脚手架搭拆(电气设备工程)	8837.87	26513.6		1144.5	1471.51	37967.48
			合计	8837.87	26513.6		1144.5	1471.51	
114	030215001002	高层增加费	高层建筑增加费——9层以下(电气设备工程)	8750.36			1133.17	1456.93	11340.46
			合计	8750.36			1133.17	1456.93	
115									

措施项目清单计价表

工程名称：某医院（电气）

序　号	项 目 名 称	金额(元)
一	措施项目	138213.15
1	安全文明施工措施费	71026.2
1.1	环境保护	
1.2	文明施工	71026.2
1.3	安全施工	
1.4	临时设施	
2	夜间施工增加费	
3	二次搬运费	
4	已完工程及设备保护费	
5	冬雨季施工费	67186.95
6	市政工程干扰费	
7	焦炉施工大棚(C.4 炉窑砌筑工程)	
8	组装平台(C.5 静置设备与工艺金属结构制作安装工程)	
9	格架式抱杆(C.5 静置设备与工艺金属结构制作安装工程)	
10	其他措施项目费	
	合计	138213.15

措施项目费分析表

工程名称：某医院（电气）

序号	措施项目名称	单位	数量	金额(元)					
				人工费	材料费	机械使用费	管理费	利润	小计
一	措施项目				138213.15				138213.15
1	安全文明施工措施费	项	1		71026.2				71026.2
1.1	环境保护	项	1						
1.2	文明施工	项	1		71026.2				71026.2
1.3	安全施工	项	1						
1.4	临时设施	项	1						
2	夜间施工增加费	项	1						
3	二次搬运费	项	1						
4	已完工程及设备保护费	项	1						
5	冬雨季施工费	项	1		67186.95				67186.95
6	市政工程干扰费	项	1						
7	焦炉施工大棚(C.4 炉窑砌筑工程)	项	1						
8	组装平台(C.5 静置设备与工艺金属结构制作安装工程)	项	1						
9	格架式抱杆(C.5 静置设备与工艺金属结构制作安装工程)	项	1						
10	其他措施项目费	项	1						
	合计				138213.15				138213.15

主要材料价格表

工程名称：某医院（电气）

序号	材料编码	材料名称	规格、型号等特殊要求	单位	单价
1	001@28	电缆	NH-YJV 5×6mm²	m	20.58
2	001@29	电缆	NH-YJV 5×10mm²	m	30.45
3	001@30	电缆	YJV 5×6mm²	m	19.27
4	001@31	电缆	YJV 5×10mm²	m	28.46
5	001@32	电缆	YJV 5×16mm²	m	45.78
6	001@33	电缆	YJV 3×25mm²+2×16mm²	m	64.26
7	001@34	电缆	YJV 3×35mm²+2×16mm²	m	82.85
8	001@35	电缆	YJV 4×25mm²+1×16mm²	m	65.31
9	001@36	电缆	YJV 4×35mm²+1×16mm²	m	86.52
10	001@37	电缆	YJV 3×50mm²+2×25mm²	m	114.35
11	001@38	电缆	YJV 4×50mm²+1×25mm²	m	119.87
12	Z00212	扁钢（综合）		kg	
13	Z00507@1	角钢（综合）		kg	4.3
14	Z00895	圆钢（综合）		kg	
15	Z01241@1	钢管（按实际规格）	DN 15	m	6.93
16	Z01241@16	钢管（按实际规格）	DN 70	m	32.29
17	Z01241@2	钢管（按实际规格）	DN 20	m	8.84
18	Z01241@3	钢管（按实际规格）	DN 25	m	12.1
19	Z01241@4	钢管（按实际规格）	DN 32	m	15.76
20	Z01241@5	钢管（按实际规格）	DN 40	m	19.15
21	Z01241@6	钢管（按实际规格）	DN 50	m	24.29
22	Z01241@7	钢管（按实际规格）	DN 70	m	32.29
23	Z01241@8	钢管（按实际规格）	DN 80	m	40.47
24	Z01241@9	钢管（按实际规格）	DN 100	m	52.64
25	Z01323@1	金属软管	DN 15	m	2.7
26	Z01327@1	金属软管 φ25mm		m	4
27	Z01328@1	金属软管 φ40mm		m	6.6
28	Z01329@1	金属软管 φ50mm		m	8.85
29	Z01335@2	绝缘导线	BV-2.5	m	1.34
30	Z01335@4	绝缘导线	BV-4	m	2.11
31	Z01335@5	绝缘导线	NH-BV-2.5	m	2.47
32	Z01388@1	桥架	50×50	m	22.5
33	Z01388@10	桥架	800×200	m	400
34	Z01388@11	桥架	1000×200	m	560
35	Z01388@2	桥架	100×50	m	38
36	Z01388@3	桥架	100×100	m	47.5
37	Z01388@4	桥架	200×100	m	76
38	Z01388@5	桥架	300×100	m	114
39	Z01388@6	桥架	300×150	m	120
40	Z01388@7	桥架	400×100	m	144
41	Z01388@8	桥架	400×150	m	155

序号	材料编码	材料名称	规格、型号等特殊要求	单位	单价
42	Z01388@9	桥架	600×200	m	297
43	Z01454@1	铜芯绝缘导线	BV-6	m	3.19
44	Z01454@2	铜芯绝缘导线	BV-10	m	5.69
45	Z01454@3	铜芯绝缘导线	BV-16	m	8.73
46	Z01454@4	铜芯绝缘导线	BV-25	m	16.69
47	Z01454@5	铜芯绝缘导线	BV-35	m	22.16
48	Z01454@6	铜芯绝缘导线	BV-50	m	28.55
49	Z01454@7	铜芯绝缘导线	BV-95	m	72.1
50	Z02400@1	开关盒接线盒		个	1.8
51	Z02400@2	接线盒		个	1.8
52	Z03383@1	五孔插座		套	8.5
53	Z03383@2	三孔插座 安全型大功率		套	15.5
54	Z03384@1	吸顶灯		套	28
55	Z03384@10	标志、诱导装饰灯具 吸顶式		套	90
56	Z03384@11	标志、诱导装饰灯具 吊杆式		套	90
57	Z03384@12	标志、诱导装饰灯具 墙壁式		套	90
58	Z03384@13	标志、诱导装饰灯具 嵌入式		套	90
59	Z03384@14	点光源艺术装饰灯具 嵌入式		套	35
60	Z03384@2	防水吸顶灯		套	35
61	Z03384@3	装饰灯		套	500
62	Z03384@4	单管荧光灯 40W		套	34
63	Z03384@5	双管荧光灯 40W		套	60
64	Z03384@6	三管荧光灯 40W		套	85
65	Z03384@7	双管格栅灯		套	90
66	Z03384@8	三管格栅灯		套	120
67	Z03384@9	卫生间镜前灯		套	50
68	Z03480@1	金属软管活接头 φ25mm		套	4
69	Z03481@1	金属软管活接头 φ40mm		套	6.6
70	Z03482@1	金属软管活接头 φ50mm		套	8.85
71	Z03702@1	单联开关		只	5.7
72	Z03702@2	双联开关		只	8.5
73	Z03702@3	三联开关		只	12.5
74	Z03702@4	四联开关		只	18.5
75	Z03702@5	双控开关		只	8.3
76	Z03702@6	防水开关		只	21.4
77	Z03716@1	等电位端子箱		个	35
78	Z03716@2	弱电预埋各种箱体		个	100
79	补充主材 4@1	电力电缆敷设	WDZ(WDZN)-YJFE 3×35+2×16	m	84.04
80	补充主材 5@1	电力电缆敷设	WDZ(WDZN)-YJFE 3×120+2×35	m	263.8
81	补充主材 6@1	电力电缆敷设	WDZ(WDZN)-YJFE 3×240+2×120	m	508.1
82	补充主材 8@1	镀锌圆钢 φ12mm		m	3.82

第一节　消防及安全防范设备安装工程造价的相关知识

一、消防及安全防范系统

1. 室内消火栓系统

（1）室内消火栓系统的给水方式　根据建筑物的高度、室外给水管网压力和流量及室内消防管道对水压和水量的要求，室内消火栓系统的给水方式一般有以下几种。

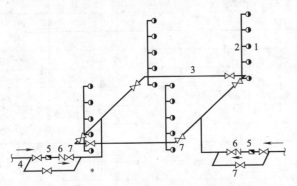

图 4-1　无加压泵和水箱的室内消火栓给水系统
1—室内消火栓；2—消防立管；3—消防干管；4—进户管；
5—水表；6—止回阀；7—闸阀

① 无加压泵和水箱的室内消火栓给水系统　该系统用于室内给水管网的压力和流量能满足室内最不利消火栓的设计水压和水量时，如图 4-1 所示。

② 设有水箱的室内消火栓给水系统　水压变化较大的城市或居住区，室外管网的压力和流量周期性不能满足室内最不利点消火栓的压力和流量时，宜采用单设水箱的室内消火栓给水系统，如图 4-2 所示。

当生活、生产用水量达到最大时，室外管网不能保证室内最不利点消火栓的压力和流量，由水箱出水满足消防要求；而当用水量较小时，室外管网可向水箱补水。管网应独立设置，10min 的消防用水量，同时还应设水泵接合器。

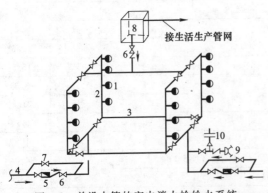

图 4-2　单设水箱的室内消火栓给水系统
1—室内消火栓；2—消防立管；3—干管；4—进户管；
5—水表；6—止回阀；7—旁通管及阀门；8—水箱；
9—水泵接合器；10—安全阀

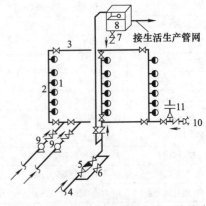

图 4-3　设加压水泵和水箱的室内消火栓给水系统
1—室内消火栓；2—消防立管；3—干管；4—进户管；
5—水表；6—旁通管及阀门；7—止回阀；8—水箱；
9—水泵；10—水泵接合器；11—安全阀

③ 设有消防泵和水箱的室内消火栓给水系统　用于室外管网压力经常不能满足室内消火栓系统的水量和水压的要求时，可设加压水泵和水箱，如图4-3所示。

消防用水与生活、生产合用的室内消火栓给水系统，其消防泵应保证供应生活、生产、消防用水的最大秒流量，并应满足室内管网最不利点消火栓的水压。水箱应储存10min的消防用水量。

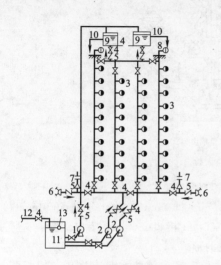

图 4-4　不分区的室内消火栓给水系统

1—生活、生产水泵；2—消防水泵；3—消火栓和水泵
远距离启动按钮；4—阀门；5—止回阀；6—水泵接
合器；7—安全阀；8—屋顶消火栓；9—高位水箱；
10—至生活、生产管网；11—储水池；12—来
自城市管网；13—浮球阀

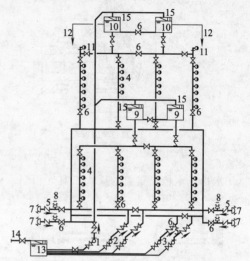

图 4-5　分区的室内消火栓给水系统

1—生活、生产水泵；2——区消防水泵；3—二区消防水泵；
4—室内消火栓和远距离启动消防水泵的按钮；5—止回阀；
6—闸阀；7—水泵接合器；8—安全阀；9——区水箱；
10—二区水箱；11—屋顶消火栓；12—至生活、生产
给水管网；13—储水池；14—进户管；15—浮球阀

④ 不分区的室内消火栓给水系统　建筑物高度大于24m，但不超过50m，室内消火栓栓口处静水压力超过0.8MPa的工业和民用建筑室内消火栓给水系统，仍可利用消防车通过水泵接合器向室内管网供水，以加强室内消防给水系统工作，系统可采用不分区的消火栓灭火系统，如图4-4所示。

⑤ 分区的室内消火栓给水系统　建筑物高度超过50m，或室内消火栓栓口的静水压力大于0.8MPa时，消防车已难以协助灭火，室内消防给水系统应具有扑灭建筑物内大火的能力。为了加强供水安全和保证火场供水，宜采用分区的室内消火栓给水系统，如图4-5所示。

⑥ 设稳压泵的消防供水方式　图4-6所示为设稳压泵的消防供水方式。在各区水箱出水管上设有稳压泵。

（2）室内消火栓系统的组成　室内消防给水系统主要由消防水源、消防给水管道、室内消火栓及消防箱（包括水枪、水带、直接启动水泵的按钮）组成，必要时还需设置消防水泵、水箱和水泵接合器等。

① 室内消火栓　室内消火栓是具有内扣式接头的角形截止阀，按其出口形式分为直角单出口式、45°角单出口式和直角双出口式三种，它的进水口端与消防立管相连，出水口端与水带相连接。

栓口直径有65mm和50mm两种，流量小于5L/s时，用

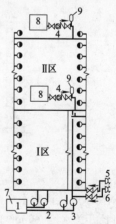

图 4-6　设稳压泵的消防供水方式

1—水池；2—Ⅰ区消防水泵；3—Ⅱ区消防水泵；4—稳压泵；5—Ⅰ区水泵接合器；6—Ⅱ区水泵接合器；7—水池进水管；8—水箱；9—气压罐

50mm直径的消火栓；流量大于5L/s时，用65mm直径的消火栓。图4-7所示为单出口室内消火栓。

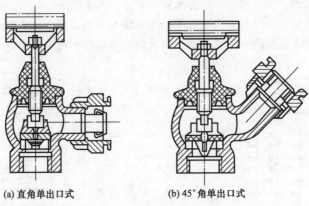

(a) 直角单出口式   (b) 45°角单出口式

图4-7　单出口室内消火栓

② 水枪　水枪是重要的灭火工具，用铜、铝合金或塑料制成。

室内一般采用直流式水枪，喷嘴口径有 13mm、16mm、19mm 三种，分别配 50mm 接口、

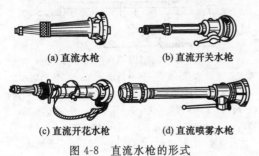

(a) 直流水枪   (b) 直流开关水枪

(c) 直流开花水枪   (d) 直流喷雾水枪

图4-8　直流水枪的形式

50mm 或 65mm 接口、65mm 接口。图 4-8 所示为直流水枪的形式。

③ 水带　室内消防水带有麻织、棉织和衬胶三种，衬胶的压力损失较小，但抗折性能不如麻织和棉织的好。水带口径有 50mm 和 65mm 两种，其长度有 15m、20m、25m 三种，但不宜超过 25m。

④ 消火栓箱　消火栓箱是放置消火栓、水带和水枪的箱子，一般安装在墙体内。常用的消火栓箱规格为 800mm×650mm×200（320）mm。用铝合金或钢板制作，外装玻璃门，门上有明显标志，图4-9所示为消火栓箱。

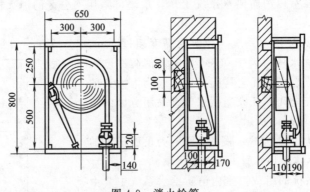

图4-9　消火栓箱

⑤ 消防水喉　消防水喉是由小口径室内消火栓（口径 25mm 或 32mm）、口径 19mm 的输入胶管和小口径开关水枪（6mm、8mm 或 9mm）的转盘配套组成。

消防水喉如图 4-10 所示。

⑥ 消防管道　消防管道由支管、干管和立管组成，一般选用镀锌钢管。

室内消防给水管道一般为一条进水管，对于7~9层的单元住宅，可用一条，不连成环状。

当室内消火栓超过 10 个，且室外消防用水量大于 15L/s 时，室内消防给水管道至少应有两条进水管与室外环状管网连接，并应将室内管道连成环状或将进水管与室外管道连成环状。

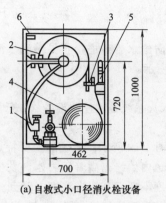

(a) 自救式小口径消火栓设备

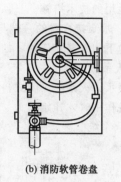

(b) 消防软管卷盘

图 4-10　消防水喉

1—小口径消火栓；2—卷盘；3—小口径直流开关水枪；4—φ65mm
输水衬胶水带；5—大口径直流水枪；6—控制按钮

对于超过 6 层的塔式（采用双出口消火栓者除外）和通廊式住宅，超过 5 层或体积超过
10000m³ 的其他民用建筑，超过 4 层的厂房和库房，若室内消防立管为两条或两条以上时，至少每
两条立管相连组成环状管道。

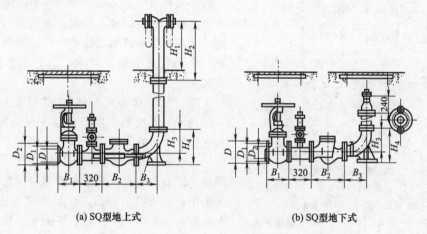

(a) SQ型地上式

(b) SQ型地下式

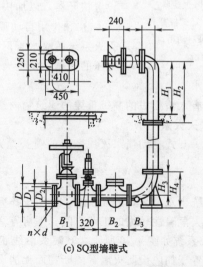

(c) SQ型墙壁式

图 4-11　水泵接合器外形示意

⑦ 消防水箱　消防水箱应能储存10min的消防水量，一般与生活水箱合建，以防水质变坏，但应有防止消防水他用的技术措施。

⑧ 水泵接合器　水泵接合器的一端与室内消防给水管道连接，另一端供消防车向室内消防管道供水，有地上、地下和墙壁式三种，如图4-11所示。

2. 自动喷水灭火系统

(1) 闭式自动喷水灭火系统　闭式自动喷水灭火系统是用控制设备（如低熔点合金）堵住喷头的出口，当控制设备作用时才开始灭火。

① 湿式喷水灭火系统　湿式喷水灭火系统如图4-12所示。系统的主要特点是在报警阀的前后管道内始终充满着压力水。发生火灾时，建筑物的温度不断上升，当温度上升到一定程度时，闭式喷头的温感元件熔化脱落，喷头打开即自动喷水灭火。此时，管道中的水开始流动，系统中的水流指示器被感应送出电信号，在报警控制器上指示某一区域已在喷水。持续喷水造成报警阀上部和下部的压力差，当压力差达到一定值，原来闭合的报警阀自动开启，水池中的水在水泵的作用下流入管道中灭火。同时一部分水流进入延时器、压力开关和水力警铃等设备发出火警信号。根据水流指示器和压力开关的信号或消防水箱的水位信号，控制器能自动启动消防泵向管道中加压供水，达到连续自动供水的目的。

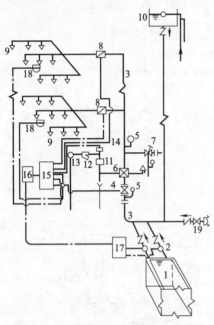

图4-12　湿式喷水灭火系统示意

1—消防水池；2—消防泵；3—管网；4—控制蝶阀；5—压力表；6—湿式报警阀；7—泄放实验阀；8—水流指示器；9—喷头；10—高位水箱、稳压泵或气压给水设备；11—延时器；12—过滤器；13—水力警铃；14—压力开关；15—报警控制器；16—控制箱；17—水泵启动箱；18—探测器；19—水泵接合器

② 干式喷水灭火系统　干式喷水灭火系统如图4-13所示。系统的主要特点是平时充有压缩空气，只在报警阀前的管道中充满有压力的水。发生火灾时闭式喷头打开，首先喷出压缩空气，管道内气压降低，压力差达到一定值时，报警阀打开，水流入管道中，并从喷头喷出。同时水流到达压力开关，令报警装置发出火警信号。在大型系统中，还可以设置快开器，以加快打开报警阀的速度。

③ 预作用自动喷水灭火系统　预作用自动喷水灭火系统的喷水管网中平时不充水，而充以有压或无压的气体，发生火灾时，接到火灾探测器信号后，自动启动预作用阀而向管道中供水。

这种系统适用于平时不允许有水渍损失的高级重要的建筑物内或干式喷水灭火系统适用的建筑物内。图4-14所示为预作用喷水灭火系统示意。

(2) 开式自动喷水灭火系统　开式自动喷水灭火系统的喷头是开启的，其控制设备在管网上，喷头的开放是成组进行的。

① 雨淋灭火系统　雨淋灭火系统如图4-15所示，发生火灾时，报警装置自动开启雨淋阀，开式喷头便自动喷水灭火。这种系统出水量大，灭火及时，适用于扑救大面积火灾及需要快速阻止火灾蔓延的场合，如剧院舞台、火灾危险性较大的工业车间、库房等。

② 水幕灭火系统　水幕灭火系统如图4-16所示，其喷头沿线状布置，用于阻火、隔火、冷却防火隔断物和局部灭火。一般设置于如应设防火墙等隔断物而无法设置的开口部分、大型剧院、礼堂的舞台口、防火卷帘或防火幕的上部等。

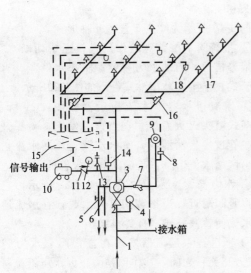

图 4-13　干式喷水灭火系统示意

1—供水管；2—闸阀；3—干式阀；4—压力表；5,6—截
止阀；7—过滤器；8—压力开关；9—水力警铃；10—空
压机；11—止回阀；12—压力表；13—安全阀；14—压
力开关；15—火灾报警控制箱；16—水流指示器；
17—闭式喷头；18—火灾探测器

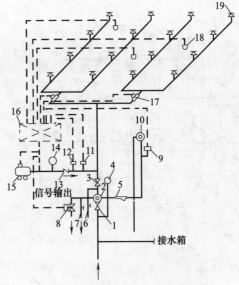

图 4-14　预作用喷水灭火系统示意

1—总控制阀；2—预作用阀；3—检修闸阀；4—压力表；
5—过滤器；6—截止阀；7—手动开启截止阀；8—电
磁阀；9,11—压力开关；10—水力警铃；12—低
气压报警压力开关；13—止回阀；14—压力表；
15—空压机；16—火灾报警控制箱；17—水
流指示器；18—火灾探测器；19—闭式喷头

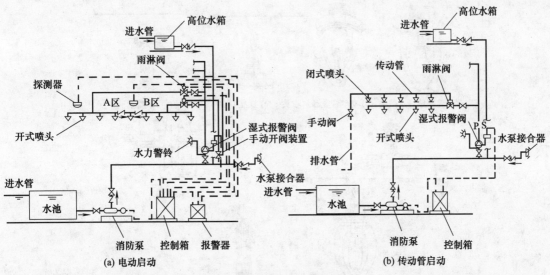

图 4-15　雨淋灭火系统示意

水幕系统和雨淋系统不同的是雨淋系统中用开式喷头，将水喷洒成锥体扩散射流，而水幕系统
中用开式水幕喷头，将水喷洒成水帘幕状。因此，它不能用来直接扑灭火灾，而是与防火卷帘、防
火墙等配合使用，对它们进行冷却和提高它们的耐火性能。

（3）自动喷水灭火系统中的设备

① 喷头　闭式喷头的喷水口用由热敏元件组成的释放机构封闭，当达到一定温度时自动开启。
图 4-17 所示为各种类型的闭式喷头。

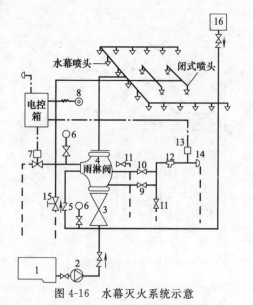

图 4-16　水幕灭火系统示意

1—水池；2—水泵；3—供水闸阀；4—雨淋阀；5—止回阀；6—压力表；7—电磁阀；8—按钮；9—试验铃阀；10—警铃管阀；11—放水阀；12—过滤器；13—压力开关；14—警铃；15—手动快开阀；16—水箱

开式喷头（见图 4-18）又分为开启式喷头、水幕喷头和喷雾喷头等。

图 4-19 所示为喷头布置的几种形式。

② 报警阀　报警阀的作用是接通或切断水源；输送报警信号，启动水力警铃；防止水倒流，有湿式、干式、干湿式和雨淋式等，如图 4-20 所示。

③ 水流指示器　水流指示器如图 4-21 所示，用于湿式喷头灭火系统中，当火灾发生，喷头开启喷水或管道发生泄漏时，有水流通过，则水流指示器发出区域水流信号，起辅助电动报警的作用。

④ 水力警铃　水力警铃如图 4-22 所示，它安装在报警阀附近，当报警阀打开水源，有水流通过时，水流使铃锤旋转，打铃报警。

⑤ 延迟器　延迟器安装在报警阀和水力警铃（或压力开关）之间，其作用是防止因水压不稳所引起的报警阀开启而造成的误报警。报警阀开启后，水流须经 30s 左右充满延迟器后方可冲击水力警铃。

⑥ 压力开关　压力开关垂直安装于水力警铃和延迟器之间的管道上。在水力警铃报警的同时，由于警铃管内水压的升高而自动接通电触点，完成电动警铃报警，向消防控制室传送电信号或启动消防水泵。

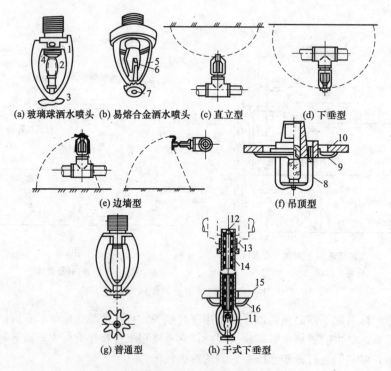

图 4-17　闭式喷头构造示意

1,5,8—支架；2—玻璃球；3,7—溅水盘；4—喷水口；6—合金锁片；9—装饰置；10—吊顶；11—热敏元件；12—铜球；13—铜球密封圈；14—套筒；15—吊顶；16—装饰罩

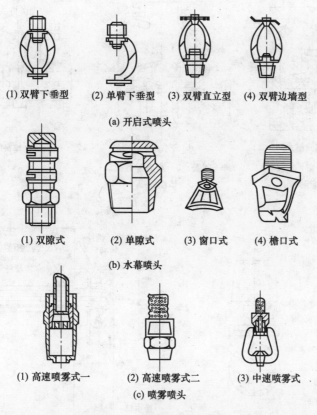

(1) 双臂下垂型　(2) 单臂下垂型　(3) 双臂直立型　(4) 双臂边墙型

(a) 开启式喷头

(1) 双隙式　　(2) 单隙式　　(3) 窗口式　　(4) 檐口式

(b) 水幕喷头

(1) 高速喷雾式一　　(2) 高速喷雾式二　　(3) 中速喷雾式

(c) 喷雾喷头

图 4-18　开式喷头构造示意

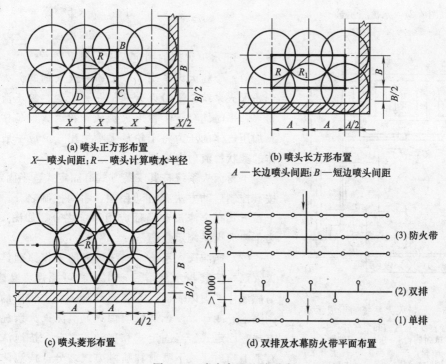

(a) 喷头正方形布置
X—喷头间距；R—喷头计算喷水半径

(b) 喷头长方形布置
A—长边喷头间距；B—短边喷头间距

(c) 喷头菱形布置

(d) 双排及水幕防火带平面布置

(3) 防火带

(2) 双排

(1) 单排

图 4-19　喷头布置几种形式

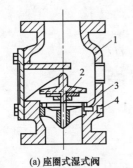
(a) 座圈式湿式阀

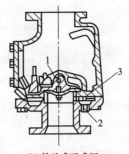
(b) 差动式干式阀

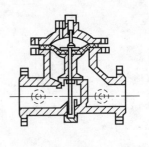
(c) 雨淋阀

1—阀体；2—阀瓣；3—沟槽；
4—水力警铃接口

1—阀瓣；2—水力警铃接口；
3—弹性隔膜

图 4-20　报警阀

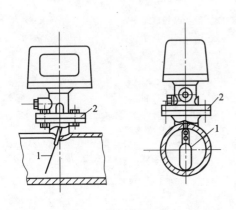

图 4-21　水流指示器
1—桨片；2—连接法兰

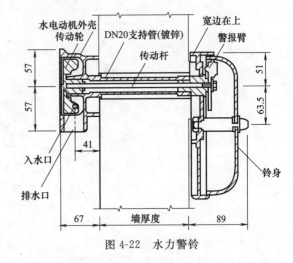

图 4-22　水力警铃

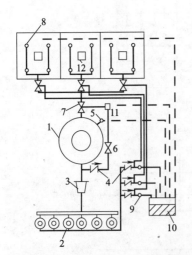

图 4-23　干粉灭火系统的组成示意
1—干粉储罐；2—氮气瓶和集气管；3—压力控
制器；4—单向阀；5—压力传感器；6—减压
阀；7—球阀；8—喷嘴；9—压力开关；
10—消防控制中心；11—电磁阀；
12—火灾探测器

3. 非水灭火剂的固定灭火系统

（1）干粉灭火系统　以干粉为灭火剂的灭火系统称为干粉灭火系统。干粉灭火剂是一种干燥、易于流动的细微粉末，平时储存于干粉灭火器或干粉灭火设备中，灭火时靠加压气体的压力将干粉从喷嘴射出，形成一股携加压气体的雾状粉流射向燃烧物。

干粉灭火系统按其安装方式有固定式、半固定式之分；按其控制启动方法有自动控制、手动控制之分；按其喷射干粉方式有全淹没和局部应用系统之分。如图 4-23 所示，为干粉灭火系统示意。

（2）泡沫灭火系统　泡沫灭火的工作原理是应用泡沫灭火剂，使其与水混溶后产生一种可漂浮、黏附在可燃、易燃液体、固体表面，或者充满某一着火物质的空间，达到隔绝、冷却，使燃烧物质熄灭。泡沫灭火系统按其使用方式有固定式、半固定式和移动式之分；按泡沫喷射方式有液上喷射、液下喷射和喷淋方式之分；按泡沫发泡倍数有低倍、中倍和高倍之分。固定式泡沫喷淋灭火系统示意如图 4-24 所示。

（3）卤代烷灭火系统　卤代烷灭火系统是把具有灭火功能的卤代烷碳氢化合物作为灭火剂的消防系统。卤代烷灭火系统有全淹没、局部应用两类。全淹没卤代烷灭火系统能在一定的封闭空间内，保持一定浓度的卤代烷气体，从而达到灭火所需浸渍时间；局部应用卤代烷灭火系统是由灭火装置直接向燃烧物喷射灭火剂灭火，系统的各种部件是固定的，可自动喷射灭火剂。卤代烷灭火系统示意如图 4-25所示。

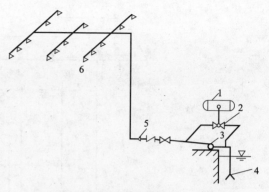

图 4-24　固定式泡沫喷淋灭火系统示意
1—泡沫储液罐；2,3—消防泵；4—水池；
5—泡沫产生器；6—喷头

卤代烷（1301）灭火系统在国内外早已被开发应用，1301 灭火剂具有灭火效能高、低毒、电绝缘性好、灭火后对设备无污染等特点。该灭火系统主要由自动报警控制器、储存装置、阀驱动装置、选择阀、单项阀、压力信号器、框架、喷头、管网等部件组成，适用于电子计算机房、电信中心、地下工程、海上采油、图书馆、档案馆、珍品库、配电房等重要场所的消防保护。

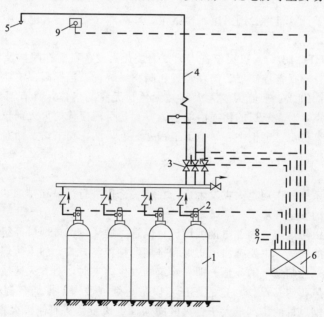

图 4-25　卤代烷灭火系统示意
1—灭火剂储瓶；2—容器阀；3—选择阀；4—管网；5—喷嘴；
6—自控装置；7—控制联动；8—报警；9—火警探测器

悬挂式卤代烷（1301）/七氟丙烷灭火装置是将储存容器、容器阀、喷头等预先装配成独立的可悬挂安装（或固定于墙壁上）的、火灾时可自动或手动启动喷放灭火剂的一类灭火装置，主要适用于电子计算机房、配电房、变压器房、档案文物资料室、小型油库、电信中心等小型防护区的消防保护。

（4）二氧化碳灭火系统　二氧化碳灭火系统是一种纯物理的气体灭火系统，它可用于扑灭某些气体、固体表面，液体和电器火灾，一般可以使用卤代烷灭火系统的场合均可以采用二氧化碳灭火系统。图 4-26 为二氧化碳灭火系统示意。

二氧化碳灭火设备是目前应用非常广泛的一种现代化消防设备，是常温储存系统，主要由自动报警控制器、储存装置、阀驱动装置、选择阀、单项阀、压力信号器、称重装置、框架、喷头、管

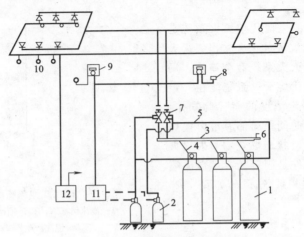

图 4-26　二氧化碳灭火系统示意

1—二氧化碳储存器；2—启动用气容器；3—总管；4—连接管；
5—操作管；6—安全阀；7—选择阀；8—报警器；9—手动
启动装置；10—探测器；11—控制盘；12—检测盘

网等部件组成，适用于计算机房、图书馆、档案馆、珍品库、配电房、电信中心等重要场所的消防保护。

（5）七氟丙烷（HFC-227ea）灭火设备　七氟丙烷灭火设备目前在我国及世界其他地区已广泛应用，该设备主要由自动报警控制器、储存装置、阀驱动装置、选择阀、单项阀、压力信号器、框架、喷头、管网等部件组成。七氟丙烷灭火剂是无色、无味的气体，具有清洁、低毒、电绝缘性好、灭火效能高等特点，对臭氧层的耗损潜能值为零，是目前卤代烷灭火剂较理想的替代物。该设备主要适用于电子计算机房、电信中心、地下工程、海上采油、图书馆、档案馆、珍品库、配电房等重要场所的消防保护。

4. 防排烟系统

建筑内部防排烟系统的作用是火灾发生后，在相关部位进行送风和排烟，在逃生通道内为人员的疏散提供一个短暂的安全环境。

防排烟系统主要由防烟防火阀、防排烟风机、风管、送风口、排烟口等组成。为了防止烟气的扩散，保证逃生通道的安全，主要有加压防烟和排烟两种控制方式。加压防烟是利用通风机所产生的气体流动和压力差来控制烟气的蔓延，即在建筑物发生火灾时，对着火区域外的走廊、楼梯间等疏散通道进行加压送风，使其保持一定的正压，以防止烟气侵入。排烟有自然排烟和机械排烟两种，机械排烟是使排烟风机的排烟量大于着火区的烟气生成量，从而使得火灾区产生一定的负压，实现对烟气蔓延的有效控制。

5. 火灾自动报警系统

火灾自动报警系统基本上由探测报警元件、中心声光指示装置及消防联动装置构成，分为区域报警系统、集中报警系统、控制中心报警系统。

区域报警系统由区域火灾报警控制器和火灾探测器等组成，或由火灾报警控制器和火灾探测器等组成功能简单的火灾自动报警系统，宜用于二级保护对象。

集中报警系统由集中火灾报警控制器、区域火灾报警控制器和火灾探测器等组成，或由火灾报警控制器、区域显示器和火灾探测器等组成，宜用于一级和二级保护对象。

控制中心报警系统由消防控制室的消防控制设备、集中火灾报警控制器、区域火灾报警控制器和火灾探测器等组成，或由消防控制室的消防控制设备、火灾报警控制器、区域显示器和火灾探测器等组成功能复杂的火灾自动报警系统，宜用于特级和一级保护对象。

二、消防及安全防范设备安装工程施工图的识读

(1) 消防给水送风排烟系统施工图的识读　消防工程图应符合《房屋制图统一标准》(GB/T 5001—2001)、《消防技术文件用消防设备图形符号》(GB/T 4327—93)、《火灾报警设备图形符号》(GA/T 229—1999)、《给水排水制图标准》(GB/T 50106—2001)、《暖通空调制图标准》(GB/T 50014—2001)、《电气简图用图形符号》(GB/T 4728)以及其他相关标准的规定。

(2) 火灾自动报警系统施工图的识读　火灾自动报警系统施工图的识读原则与建筑电气工程相同。

(3) 消防及安全防范设备安装工程制图常用符号

① 火灾报警常用符号　火灾报警常用符号如表4-1所示。

表 4-1　火灾报警常用符号

序号	符号	含　义	序号	符号	含　义
1	C	控制模块	4	FS	水流开关
2	F	水流指示器	5	PS	压力开关
3	T	图像摄像方式火灾探测器	6	LS	液位开关

② 消防布线颜色选用　消防布线颜色的选用参见表4-2。

表 4-2　消防布线颜色的选用

序号	线色	应用范围	序号	线色	应用范围
1	红(R)	交流电相线、探测器正极线	5	黑(BLK)	探测器灯线
2	蓝(BL)	探测器负极、控制、反馈公用线	6	黄绿(YGR)	保护接地线
3	白(W)	电话线、通信线	7	绿(GR)	手动报警确认线
4	黄(Y)	广播信号线、联运反馈信号线	8	棕(BR)	直流24V电源正极

③ 基本符号　基本符号见表4-3。

表 4-3　基本符号

序号	名称	图例	备注	序号	名称	图例	备注
1	手提式灭火器		ISO 6790-2.1	7	控制和指示设备		ISO 6790-2.7
2	推车式灭火器		ISO 6790-2.2	8	报警启动装置(点式-手动或自动)		ISO 6790-2.8
3	固定式灭火器(全淹没)		ISO 6790-2.3	9	线型探测器		ISO 6790-2.9
4	固定式灭火器(局部应用)		ISO 6790-2.4	10	火警报警装置		ISO 6790-2.10
				11	消防通风口		ISO 6790-2.11
5	消防供水干线		ISO 6790-2.5	12	正压(烟气控制)		ISO 6790-2.12
6	其他灭火器		ISO 6790-2.6	13	特殊危险区域或房间		ISO 6790-2.13

④ 辅助符号 辅助符号见表 4-4。

表 4-4 辅助符号

编号	名　称	图　例	备　注
1	水类及泡沫类消防设备辅助符号		
1.1	水		ISO 6790-3.1.1
1.2	泡沫或泡沫液		ISO 6790-3.1.2
1.3	含有添加剂的水		ISO 6790-3.1.3
1.4	无水		ISO 6790-3.1.4
2	干粉类消防设备辅助符号		
2.1	BC 类干粉		ISO 6790-3.2.1
2.2	ABC 类干粉		ISO 6790-3.2.2
2.3	非 BC 类和 ABC 类干粉		ISO 6790-3.2.3
3	气体类消防设备辅助符号		
3.1	卤代烷		ISO 6790-3.3.1
3.2	二氧化碳(CO_2)		ISO 6790-3.3.2
3.3	非卤代烷和二氧化碳灭火气体		限定在平面图例之内 ISO 6790-3.3.3
4	消防管路及逃生路线辅助符号		
4.1	阀		ISO 6790-3.4.1
4.2	出口		ISO 6790-3.4.2
4.3	入口		ISO 6790-3.4.3
5	报警启动装置辅助符号		
5.1	热		ISO 6790-3.5.1
5.2	烟		ISO 6790-3.5.2
5.3	火焰		ISO 6790-3.5.3
5.4	易爆气体		ISO 6790-3.5.4
5.5	手动启动		ISO 6790-3.5.5
6	火灾警报装置辅助符号		
6.1	电铃		ISO 6790-3.6.1

编号	名　称	图　例	备　注
6	火灾警报装置辅助符号		
6.2	发声器		ISO 6790-3.6.2
6.3	扬声器		ISO 6790-3.6.3
6.4	电话		ISO 6790-3.6.4
6.5	照明信号		ISO 6790-3.6.5
7	爆炸材料		ISO 6790-3.9
8	氧化剂		ISO 6790-3.8
9	易燃材料		ISO 6790-3.7

⑤ 单独使用的符号　单独使用的符号见表4-5。

表 4-5　单独使用的符号

序号	名　称	符　号	备　注
5.1	水桶		ISO 6790-4.1
5.2	砂桶		ISO 6790-4.2
5.3	地上消火栓		箭头的数目由出水口定 ISO 6790-4.3
5.4	地下消火栓		箭头的数目由出水口定 ISO 6790-4.4
5.5	逃生路线，逃生方向		ISO 6790-4.5
5.6	逃生路线，最终出口		ISO 6790-4.6

⑥ 组合图形符号举例　组合图形符号举例见表4-6。

表 4-6　组合图形符号举例（非基本符号与辅助符号合成的符号）

序号	名　称	符　号	备　注
6.1	手提式清水灭火器		ISO 6790-5.1 灭火器符号
6.2	手提式 ABC 类干粉灭火器		ISO 6790-5.2 灭火器符号
6.3	手提式二氧化碳灭火器		ISO 6790-5.3 灭火器符号
6.4	推车式 BC 类干粉灭火器		ISO 6790-5.4 灭火器符号
6.5	泡沫灭火系统（全淹没）		ISO 6790-5.5 固定式灭火系统符号

序号	名　称	符　号	备　注
6.6	BC 干粉灭火系统(局部应用系统)		ISO 6790-5.6 固定式灭火系统符号
6.7	手动控制的灭火系统(全淹没)		ISO 6790-5.7 固定式灭火系统符号
6.8	干式立管,入口无阀门		ISO 6790-5.8 消防供水线符号
6.9	湿式立管,出口带阀门		ISO 6790-5.9 消防供水线符号
6.10	消防水带,湿式储水管		ISO 6790-5.10 其他灭火设备符号
6.11	感烟火灾探测器(点式)	或	ISO 6790-5.11 报警启动装置符号
6.12	气体火灾探测器(点式)		ISO 6790-5.12 报警启动装置符号
6.13	电话		ISO 6790-5.14 报警启动装置符号
6.14	感温火灾探测器(线型)	或	ISO 6790-5.15 报警启动装置符号
6.15	报警发生器		ISO 6790-5.16 火灾警报装置符号
6.16	消防通风口的手动控制器		ISO 6790-5.17 消防通风口符号
6.17	有视听信号的控制和显示设备		ISO 6790-5.18 控制与指示设备符号
6.18	含有爆炸性材料的房间		ISO 6790-5.19 火灾和爆炸危险区域符号

第二节　全国统一消防及安全防范设备安装工程预算工程量计算规则及说明

一、消防及安全防范设备安装工程预算定额分册说明

1. 第七册《消防及安全防范设备安装工程》(以下简称本定额)适用于工业与民用建筑中的新建、扩建和整体更新改造工程。

2. 本定额主要依据的标准、规范

① 《火灾自动报警系统设计规范》GB 50116—98。

② 《火灾自动报警系统施工及验收规范》GB 50166—92。

③ 《自动喷水灭火系统设计规范》GB J84—85。

④ 《自动喷水灭火系统施工及验收规范》GB 50261—96。

⑤ 《全国通用给排水标准图集》86S 164、87S 163、88S 162、89S 175。

⑥ 《卤代烷 1211 灭火系统设计规范》GB J110—87。

⑦ 《卤代烷 1301 灭火系统设计规范》GB 50163—92。

⑧ 《二氧化碳灭火系统设计规范》GB 50193—93。

⑨《气体灭火系统施工及验收规范》GB 50263—97。

⑩《低倍数泡沫灭火系统设计规范》GB 50151—92。

⑪《高倍数、中倍数泡沫灭火系统设计规范》GB 50196—93。

⑫《泡沫灭火系统施工及验收规范》GB 50281—98。

⑬《入侵报警工程技术规范》。

⑭《保安电视监控工程技术规范》。

⑮《全国统一施工机械台班费用定额》(1998 年)。

⑯《全国统一安装工程施工仪器仪表台班费用定额》GFD-201—1999。

⑰《全国统一安装工程基础定额》;

⑱《全国统一建筑安装劳动定额》(1988 年)。

3. 执行其他册相应定额的内容

① 电缆敷设、桥架安装、配管配线、接线盒、动力、应急照明控制设备、应急照明器具、电动机检查接线、防雷接地装置等安装，均执行第二册《电气设备安装工程》相应定额。

② 阀门、法兰安装，各种套管的制作安装，不锈钢管和管件，铜管和管件及泵间管道安装，管道系统强度试验、严密性试验和冲洗等执行第六册《工业管道工程》相应定额。

③ 消火栓管道、室外给水管道安装及水箱制作安装执行第八册《给排水、采暖、燃气工程》相应项目。

④ 各种消防泵、稳压泵等机械设备安装及二次灌浆执行第一册《机械设备安装工程》相应项目。

⑤ 各种仪表的安装及带电讯号的阀门、水流指示器、压力开关、驱动装置及泄漏报警开关的接线、校线等执行第十册《自动化控制仪表安装工程》相应项目。

⑥ 泡沫液储罐、设备支架制作、安装等执行第五册《静置设备与工艺金属结构制作安装工程》相应项目。

⑦ 设备及管道除锈、刷油及绝热工程执行第十一册《刷油、防腐蚀、绝热工程》相应项目。

4. 各项费用的规定

① 脚手架搭拆费按人工费的 5% 计算，其中人工工资占 25%。

② 高层建筑增加费（指高度在 6 层或 20m 以上的工业与民用建筑）按表 4-7 计算（其中全部为人工工资）。

表 4-7　高层建筑增加费

层数	9 层以下 (30m)	12 层以下 (40m)	15 层以下 (50m)	18 层以下 (60m)	21 层以下 (70m)	24 层以下 (80m)	27 层以下 (90m)	30 层以下 (100m)	33 层以下 (110m)
按人工费的百分数/%	1	2	4	5	7	9	11	14	17
层数	36 层以下 (120m)	39 层以下 (130m)	42 层以下 (140m)	45 层以下 (150m)	48 层以下 (160m)	51 层以下 (170m)	54 层以下 (180m)	57 层以下 (190m)	60 层以下 (200m)
按人工费的百分数/%	20	23	26	29	32	35	38	41	44

③ 安装与生产同时进行增加的费用，按人工费的 10% 计算。

④ 在有害身体健康的环境中施工增加的费用，按人工费的 10% 计算。

⑤ 超高增加费：指操作物高度距离楼地面 5m 以上的工程，按其超过部分的定额人工费乘以超高系数（见表 4-8）。

表 4-8　超高系数

标高(m 以内)	8	12	16	20
超高系数	1.10	1.15	1.20	1.25

（一）火灾自动报警系统安装

（1）本章包括探测器、按钮、模块（接口）、报警控制器、联动控制器、报警联动一体机、重复显示器、警报装置、远程控制器、火灾事故广播、消防通讯、报警备用电源安装等项目。

（2）本章包括的工作内容

① 施工技术准备、施工机械准备、标准仪器准备、施工安全防护措施、安装位置的清理。

② 设备和箱、机及元件的搬运，开箱检查，清点，杂物回收，安装就位，接地，密封，箱、机内的校线、接线，挂锡，编码，测试，清洗，记录整理等。

（3）本章定额中均包括了校线、接线和本体调试。

（4）本章定额中箱、机是以成套装置编制的；柜式及琴台式安装均执行落地式安装相应项目。

（5）本章不包括的工作内容

① 设备支架、底座、基础的制作与安装。

② 构件加工、制作。

③ 电机检查、接线及调试。

④ 事故照明及疏散指示控制装置安装。

⑤ CRT 彩色显示装置安装。

（二）水灭火系统安装

（1）本章定额适用于工业和民用建（构）筑物设置的自动喷水灭火系统的管道、各种组件、消火栓、气压水罐的安装及管道支吊架的制作、安装。

（2）界线划分

① 室内外界线：以建筑物外墙皮 1.5m 为界，入口处设阀门者以阀门为界。

② 设在高层建筑内的消防泵间管道与本章界线，以泵间外墙皮为界。

（3）管道安装定额

① 包括工序内一次性水压试验。

② 镀锌钢管法兰连接定额，管件是按成品、弯头两端是按接短管焊法兰考虑的，定额中包括了直管、管件、法兰等全部安装工序的内容，但管件、法兰及螺栓的主材数量应按设计规定另行计算。

③ 定额也适用于镀锌无缝钢管的安装。

（4）喷头、报警装置及水流指示器安装定额均按管网系统试压、冲洗合格后安装考虑的，定额中已包括丝堵、临时短管的安装、拆除及其摊销。

（5）其他报警装置适用于雨淋、干湿两用及预作用报警装置。

（6）温感式水幕装置安装定额中已包括给水三通至喷头、阀门间的管道、管件、阀门、喷头等全部安装内容。但管道的主材数量按设计管道中心长度另加损耗计算；喷头数量按设计数量另加损耗计算。

（7）集热板的安装位置：当高架仓库分层板上方有孔洞、缝隙时，应在喷头上方设置集热板。

（8）隔膜式气压水罐安装定额中地脚螺栓是按设备带有考虑的，定额中包括指导二次灌浆用工，但二次灌浆费用另计。

（9）管道支吊架制作安装定额中包括了支架、吊架及防晃支架。

（10）管网冲洗定额是按水冲洗考虑的，若采用水压气动冲洗法时，可按施工方案另行计算。定额只适用于自动喷水灭火系统。

（11）本章不包括的工作内容

① 阀门、法兰安装，各种套管的制作安装，泵房间管道安装及管道系统强度试验、严密性试验。

② 消火栓管道、室外给水管道安装及水箱制作安装。

③ 各种消防泵、稳压泵安装及设备二次灌浆等。

④ 各种仪表的安装及带电讯号的阀门、水流指示器、压力开关的接线、校线。

⑤ 各种设备支架的制作安装。

⑥ 管道、设备、支架、法兰焊口除锈刷油。

⑦ 系统调试。

（12）其他有关规定

① 设置于管道间、管廊内的管道，其定额人工乘以系数1.3。

② 主体结构为现场浇筑采用钢模施工的工程：内外浇筑的定额人工乘以系数1.05，内浇外砌的定额人工乘以系数1.03。

（三）气体灭火系统安装

（1）本章定额适用于工业和民用建筑中设置的二氧化碳灭火系统、卤代烷1211灭火系统和卤代烷1301灭火系统中的管道、管件、系统组件等的安装。

（2）本章定额中的无缝钢管、钢制管件、选择阀安装及系统组件试验等均适用于卤代烷1211和1301灭火系统，二氧化碳灭火系统按卤代烷灭火系统相应定额乘以系数1.20。

（3）管道及管件安装定额

① 无缝钢管和钢制管件内外镀锌及场外运输费用另行计算。

② 螺纹连接的不锈钢管、铜管及管件安装时，按无缝钢管和钢制管件安装相应定额乘以系数1.20。

③ 无缝钢管螺纹连接定额中不包括钢制管件连接内容，应按设计用量执行钢制管件连接定额。

④ 无缝钢管法兰连接定额，管件是按成品、弯头两端是按接短管焊接法兰考虑的，定额中包括了直管、管件、法兰等全部安装工序内容，但管件、法兰及螺栓的主材数量应按设计规定另行计算。

⑤ 气动驱动装置管道安装定额中卡套连接件的数量按设计用量另行计算。

（4）喷头安装定额中包括管件安装及配合水压试验安装拆除丝堵的工作内容。

（5）储存装置安装，定额中包括灭火剂储存容器和驱动气瓶的安装固定、支框架、系统组件（集流管，容器阀，气、液单向阀，高压软管）、安全阀等储存装置和阀驱动装置的安装及氮气增压。二氧化碳储存装置安装时，不需增压，执行定额时，扣除高纯氮气，其余不变。

（6）二氧化碳称重检漏装置包括泄漏报警开关、配重及支架。

（7）系统组件包括选择阀，气、液单向阀和高压软管。

（8）本章定额不包括的工作内容

① 管道支吊架的制作安装应执行"（二）灭火系统安装"的相应项目。

② 不锈钢管、铜管及管件的焊接或法兰连接，各种套管的制作安装、管道系统强度试验、严密性试验和吹扫等均执行第六册《工业管道工程》定额相应项目。

③ 管道及支吊架的防腐刷油等执行第十一册《刷油、防腐蚀、绝热工程》相应项目。

④ 系统调试执行"（五）消防系统调试"的相应项目。

⑤ 阀驱动装置与泄漏报警开关的电气接线等执行第十册《自动化控制仪表安装工程》相应项目。

（四）泡沫灭火系统安装

（1）本章定额适用于高、中、低倍数固定式或半固定式泡沫灭火系统的发生器及泡沫比例混合器安装。

（2）泡沫发生器及泡沫比例混合器安装中包括整体安装、焊法兰、单体调试及配合管道试压时隔离本体所消耗的人工和材料。但不包括支架的制作、安装和二次灌浆的工作内容。地脚螺栓按本体带有考虑。

（3）本章不包括的内容

① 泡沫灭火系统的管道、管件、法兰、阀门、管道支架等的安装及管道系统水冲洗、强度性

试验等执行第六册《工业管道工程》相应项目。

② 泡沫喷淋系统的管道、组件、气压水罐、管道支吊架等安装可执行"（二）水灭火系统安装"相应项目及有关规定。

③ 消防泵等机械设备安装及二次灌浆执行第一册《机械设备安装工程》相应项目。

④ 泡沫液储罐、设备支架制作安装执行第五册《静置设备与工艺金属结构制作安装工程》相应项目。

⑤ 油罐上安装的泡沫发生器及化学泡沫室执行第五册《静置设备与工艺金属结构制作安装工程》相应项目。

⑥ 除锈、刷油、保温等均执行第十一册《刷油、防腐蚀、绝热工程》相应项目。

⑦ 泡沫液充装定额是按生产厂在施工现场充装考虑的，若由施工单位充装时，可另行计算。

⑧ 泡沫灭火系统调试应按批准的施工方案另行计算。

（五）消防系统调试

（1）本章包括自动报警系统装置调试，水灭火系统控制装置调试，火灾事故广播、消防通讯、消防电梯系统装置调试，电动防火门、防火卷帘门、正压送风阀、排烟阀、防火阀控制系统装置调试，气体灭火系统装置调试等项目。

（2）系统调试是指消防报警和灭火系统安装完毕且联通，并达到国家有关消防施工验收规范、标准所进行的全系统的检测、调整和试验。

（3）自动报警系统装置包括各种探测器、手动报警按钮和报警控制器，灭火系统控制装置包括消火栓、自动喷水、卤代烷、二氧化碳等固定灭火系统的控制装置。

（4）气体灭火系统调试试验时采取的安全措施，应按施工组织设计另行计算。

（六）安全防范设备安装

（1）本章包括入侵探测设备、出入口控制设备、安全检查设备、电视监控设备、终端显示设备安装及安全防范系统调试等项目。

（2）本章包括的工作内容

① 设备开箱、清点、搬运、设备组装、检查基础、划线、定位、安装设备。

② 施工及验收规范内规定的调整和试运行、性能实验、功能实验。

③ 各种机具及附件的领用、搬运、搭设、拆除、退库等。

（3）安防检测部门的检测费由建设单位负担。

（4）在执行电视监控设备安装定额时，其综合工日应根据系统中摄像机台数和距离（摄像机与控制署之间电缆实际长度）远近分别乘以表 4-9 和表 4-10 中的系数。

表 4-9　黑白摄像机折算系数

距离/m	1～8 台	9～16 台	17～32 台	33～64 台	65～128 台
71～200	1.3	1.6	1.8	2.0	2.2
200～400	1.6	1.9	2.1	2.3	2.5

表 4-10　彩色摄像机折算系数

距离/m	1～8 台	9～16 台	17～32 台	33～64 台	65～128 台
71～200	1.6	1.9	2.1	2.3	2.5
200～400	1.9	2.1	2.3	2.5	2.7

（5）系统调试是指入侵报警系统和电视监控系统安装完毕且连通，并按国家有关规范所进行的全系统的检测、调整和试验。

（6）系统调试中的系统装置包括前端各类入侵报警探测器、信号传输和终端控制设备、监视器及录像、灯光、警铃等所必须的联动设备。

二、消防及安全 防范设备安装工程预算工程量计算规则

(一) 火灾自动报警系统

(1) 点型探测器按线制的不同分为多线制与总线制,不分规格、型号、安装方式与位置,以"只"为计量单位。探测器安装包括了探头和底座的安装及本体调试。

(2) 红外线探测器以"对"为计量单位。红外线探测器是成对使用的,在计算时一对为两只。定额中包括了探头支架安装和探测器的调试、对中。

(3) 火焰探测器、可燃气体探测器按线制的不同分为多线制与总线制两种,计算时不分规格、型号、安装方式与位置,以"只"为计量单位。探测器安装包括了探头和底座的安装及本体调试。

(4) 线型探测器的安装方式按环绕、正弦及直线综合考虑,不分线制及保护形式,以"10m"为计量单位。定额中未包括探测器连接的一只模块和终端,其工程量应按相应定额另行计算。

(5) 按钮包括消火栓按钮、手动报警按钮、气体灭火启/停按钮,以"只"为计量单位,按照在轻质墙体和硬质墙体上安装两种方式综合考虑,执行时不得因安装方式不同而调整。

(6) 控制模块(接口)是指仅能起控制作用的模块(接口),亦称为中继器,依据其给出控制信号的数量,分为单输出和多输出两种形式。执行时不分安装方式,按照输出数量以"只"为计量单位。

(7) 报警模块(接口)不起控制作用,只能起监视、报警作用,执行时不分安装方式,以"只"为计量单位。

(8) 报警控制器按线制的不同分为多线制与总线制两种,其中又按其安装方式不同分为壁挂式和落地式。在不同线制、不同安装方式中按照"点"数的不同划分定额项目,以"台"为计量单位。

多线制"点"是指报警控制器所带报警器件(探测器、报警按钮等)的数量。

总线制"点"是指报警控制器所带的有地址编码的报警器件(探测器、报警按钮、模块等)的数量。如果一个模块带数个探测器,则只能计为一点。

(9) 联动控制器按线制的不同分为多线制与总线制两种,其中又按其安装方式不同分为壁挂式和落地式。在不同线制、不同安装方式中按照"点"数的不同划分定额项目,以"台"为计量单位。

多线制"点"是指联动控制器所带联动设备的状态控制和状态显示的数量。

总线制"点"是指联动控制器所带的有控制模块(接口)的数量。

(10) 报警联动一体机按其安装方式不同分为壁挂式和落地式。在不同安装方式中按照"点"数的不同划分定额项目,以"台"为计量单位。

这里的"点"是指报警联动一体机所带的有地址编码的报警器件与控制模块(接口)的数量。

总线制"点"是指报警联动一体机所带的有地址编码的报警器件与控制模块(接口)的数量。

(11) 重复显示器(楼层显示器)不分规格、型号、安装方式,按总线制与多线制划分,以"台"为计量单位。

(12) 警报装置分为声光报警和警铃报警两种形式,均以"只"为计量单位。

(13) 远程控制器按其控制回路数以"台"为计量单位。

(14) 火灾事故广播中的功放机、录音机的安装按柜内及台上两种方式综合考虑,分别以"台"为计量单位。

(15) 消防广播控制柜是指安装成套消防广播设备的成品机柜,不分规格、型号,以"台"为

计量单位。

（16）火灾事故广播中的扬声器不分规格、型号，按照吸顶式与壁挂式以"只"为计量单位。

（17）广播分配器是指单独安装的消防广播用分配器（操作盘），以"台"为计量单位。

（18）消防通讯系统中的电话交换机按"门"数不同以"台"为计量单位；通讯分机、插孔是指消防专用电话分机与电话插孔，不分安装方式，分别以"部"、"个"为计量单位。

（19）报警备用电源综合考虑了规格、型号，以"台"为计量单位。

（二）水灭火系统

（1）管道安装按设计管道中心长度，以"m"为计量单位，不扣除阀门、管件及各种组件所占长度。主材数量应按定额用量计算，管件含量见表4-11。

表 4-11　镀锌钢管（螺纹连接）管件含量表　　　　　　　单位：10m

项目	名称	公称直径(mm 以内)						
		25	32	40	50	70	80	100
管件含量	四通	0.02	1.20	0.53	0.69	0.73	0.95	0.47
	三通	2.29	3.24	4.02	4.13	3.04	2.95	2.12
	弯头	4.92	0.98	1.69	1.78	1.87	1.47	1.16
	管箍		2.65	5.99	2.73	3.27	2.89	1.44
	小计	7.23	8.07	12.23	9.33	8.91	8.26	5.19

（2）镀锌钢管安装定额也适用于镀锌无缝钢管，其对应关系见表4-12。

表 4-12　对应关系表

公称直径/mm	15	20	25	32	40	50	70	80	100	150	200
无缝钢管外径/mm	20	25	32	38	45	57	76	89	108	159	219

（3）镀锌钢管法兰连接定额，管件是按成品、弯头两端是按接短管焊法兰考虑的，定额中包括直管、管件、法兰等全部安装工作内容，但管件、法兰及螺栓的主材数量应按设计规定另行计算。

（4）喷头安装按有吊顶、无吊顶分别以"个"为计量单位。

（5）报警装置安装按成套产品以"组"为计量单位。其他报警装置适用于雨淋、干式（干湿两用）及预作用报警装置，其安装执行湿式报警装置安装定额，其人工乘以系数1.2，其余不变。成套产品包括的内容详见表4-13。

表 4-13　成套产品包括的内容

序号	项目名称	型号	包 括 内 容
1	湿式报警装置	ZSS	湿式阀、蝶阀、装配管、供水压力表、装置压力表、试验阀、泄放试验阀、泄放试验管、试验管流量计、过滤器、延时器、水力警铃、报警截止阀、漏斗、压力开关等
2	干湿两用报警装置	ZSL	两用阀、蝶阀、装配管、加速器、加速器压力表、供水压力表、试验阀、泄放试验阀（湿式）、泄放试验阀（干式）、挠性接头、泄放试验管、试验管流量计、排气阀、截止阀、漏斗、过滤器、延时器、水力警铃、压力开关等
3	电动雨淋报警装置	ZSY1	雨淋阀、蝶阀（2个）、装配管、压力表、泄放试验阀、流量表、截止阀、注水阀、止回阀、电磁阀、排水阀、手动应急球阀、报警试验阀、漏斗、压力开关、过滤器、水力警铃等

序号	项目名称	型号	包 括 内 容
4	预作用报警装置	ZSU	干式报警阀、控制蝶阀(2个)、压力表(2块)、流量表、截止阀、排放阀、注水阀、止回阀、泄放阀、报警试验阀、液压切断阀、装配管、供水检验管、气压开关(2个)、试压电磁阀、应急手动试压器、漏斗、过滤器、水力警铃等
5	室内消火栓	SN	消火栓箱、消火栓、水枪、水龙带、水龙带接扣、挂架、消防按钮
6	室外消火栓	地上式 SS 地下式 SX	地上式消火栓、法兰接管、弯管底座 地下式消火栓、法兰接管、弯管底座或消火栓三通
7	消防水泵接合器	地上式 SQ 地下式 SQX 墙壁式 SQB	消防接口本体、止回阀、安全阀、闸阀、弯管底座、放水阀 消防接口本体、止回阀、安全阀、闸阀、弯管底座、放水阀 消防接口本体、止回阀、安全阀、闸阀、弯管底座、放水阀、标牌
8	室内消火栓组合卷盘	SN	消火栓箱、消火栓、水枪、水龙带、水龙带接扣、挂架、消防按钮、消防软管卷盘

(6) 温感式水幕装置安装,按不同型号和规格以"组"为计量单位。但给水三通至喷头、阀门间管道的主材数量按设计管道中心长度另加损耗计算,喷头数量按设计数量另加损耗计算。

(7) 水流指示器、减压孔板安装,按不同规格均以"个"为计量单位。

(8) 末端试水装置按不同规格均以"组"为计量单位。

(9) 集热板制作安装均以"个"为计量单位。

(10) 室内消火栓安装,区分单栓和双栓以"套"为计量单位,所带消防按钮的安装另行计算。成套产品包括的内容详见表 4-13。

(11) 室内消火栓组合卷盘安装,执行室内消火栓安装定额乘以系数 1.2。成套产品包括的内容详见表 4-13。

(12) 室外消火栓安装,区分不同规格、工作压力和覆土深度,以"套"为计量单位。

(13) 消防水泵接合器安装,区分不同安装方式和规格,以"套"为计量单位。如设计要求用短管时,其本身价值可另行计算,其余不变。成套产品包括的内容详见表 4-13。

(14) 隔膜式气压水罐安装,区分不同规格以"台"为计量单位。出入口法兰和螺栓按设计规定另行计算。地脚螺栓是按设备带有考虑的,定额中包括指导二次灌浆用工,但二次灌浆费用应按相应定额另行计算。

(15) 管道支吊架已综合支架、吊架及防晃支架的制作安装,均以"kg"为计量单位。

(16) 自动喷水灭火系统管网水冲洗,区分不同规格,以"m"为计量单位。

(17) 阀门、法兰安装、各种套管的制作安装、泵房间管道安装及管道系统强度试验、严密性试验执行第六册《工业管道工程》相应定额。

(18) 消火栓管道、室外给水管道安装及水箱制作安装,执行第八册《给排水、采暖、燃气工程》相应定额。

(19) 各种消防泵、稳压泵等的安装及二次灌浆,执行第一册《机械设备安装工程》相应定额。

(20) 各种仪表的安装、带电讯信号的阀门、水流指示器、压力开关的接线、校线,执行第十册《自动化控制装置及仪表安装工程》相应定额。

(21) 各种设备支架的制作安装等,执行第五册《静置设备与工艺金属结构制作安装工程》相应定额。

（22）管道、设备、支架、法兰焊口除锈刷油，执行第十一册《刷油、防腐蚀、绝热工程》相应定额。

（23）系统调试执行"（五）消防系统调试"相应定额。

（三）气体灭火系统

（1）管道安装包括无缝钢管的螺纹连接、法兰连接、气动驱动装置管道安装及钢制管件的螺纹连接。

（2）各种管道安装按设计管道中心长度，以"m"为计量单位，不扣除阀门、管件及各种组件所占长度，主材数量应按定额用量计算。

（3）钢制管件螺纹连接均按不同规格以"个"为计量单位。

（4）无缝钢管螺纹连接不包括钢制管件连接内容，其工程量应按设计用量执行钢制管件连接定额。

（5）无缝钢管法兰连接定额，管件是按成品、弯头两端是按接短管焊法兰考虑的，包括了直管、管件、法兰等预装和安装的全部工作内容，但管件、法兰及螺栓的主材数量应按设计规定另行计算。

（6）螺纹连接的不锈钢管、铜管及管件安装时，按无缝钢管和钢制管件安装相应定额乘以系数1.2。

（7）无缝钢管和钢制管件内外镀锌及场外运输费用另行计算。

（8）气动驱动装置管道安装定额包括卡套连接件的安装，其本身价值按设计用量另行计算。

（9）喷头安装均按不同规格以"个"为计量单位。

（10）选择阀安装按不同规格和连接方式，分别以"个"为计量单位。

（11）储存装置安装中包括灭火剂储存容器和驱动气瓶的安装固定和支框架、系统组件（集流管、容器阀、单向阀、高压软管）、安全阀等储存装置和阀驱动装置的安装及氮气增压。

储存装置安装按储存容器和驱动气瓶的规格（L）以"套"为计量单位。

（12）二氧化碳储存装置安装时不需增压，执行定额时应扣除高纯氮气，其余不变。

（13）二氧化碳称重检漏装置包括泄漏报警开关、配重、支架等，以"套"为计量单位。

（14）系统组件包括选择阀、单向阀（含气、液）及高压软管。试验按水压强度试验和气压严密性试验，分别以"个"为计量单位。

（15）无缝钢管、钢制管件、选择阀安装及系统组件试验均适用于卤代烷1211和1301灭火系统。二氧化碳灭火系统，按卤代烷灭火系统相应安装定额乘以系数1.2。

（16）管道支吊架的制作安装执行"（二）水灭火系统安装"相应定额。

（17）不锈钢管、铜管及管件的焊接或法兰连接、各种套管的制作安装、管道系统强度试验、严密性试验和吹扫等均执行第六册《工业管道工程》相应定额。

（18）管道及支吊架的防腐、刷油等执行第十一册《刷油、防腐蚀、绝热工程》相应定额。

（19）系统调试执行"（五）消防系统调试"相应定额。

（20）电磁驱动器与泄漏报警开关的电气接线等执行第十册《自动化控制装置及仪表安装工程》相应定额。

（四）泡沫灭火系统

（1）泡沫发生器及泡沫比例混合器安装中已包括整体安装、焊法兰、单体调试及配合管道试压时隔离本体所消耗的人工和材料，不包括支架的制作安装和二次灌浆的工作内容，其工程量应按相应定额另行计算。地脚螺栓按设备带来考虑。

（2）泡沫发生器安装均按不同型号以"台"为计量单位，法兰和螺栓按设计规定另行计算。

（3）泡沫比例混合器安装均按不同型号以"台"为计量单位，法兰和螺栓按设计规定另行计算。

（4）泡沫灭火系统的管道、管件、法兰、阀门、管道支架等的安装及管道系统水冲洗、强度试验、严密性试验等执行第六册《工业管道工程》相应定额。

（5）消防泵等机械设备安装及二次灌浆执行第一册《机械设备安装工程》相应定额。

（6）除锈、刷油、保温等执行第十一册《刷油、防腐蚀、绝热工程》相应定额。

（7）泡沫液储罐、设备支架制作安装执行第五册《静置设备与工艺金属结构制作安装工程》相应定额。

（8）泡沫喷淋系统的管道组件、气压水罐、管道支吊架等安装应执行"（二）水灭火系统安装"相应定额及有关规定。

（9）泡沫液充装是按生产厂在施工现场充装考虑的，若由施工单位充装时，可另行计算。

（10）油罐上安装的泡沫发生器及化学泡沫室执行第五册《静置设备与工艺金属结构制作安装工程》相应定额。

（11）泡沫灭火系统调试应按批准的施工方案另行计算。

（五）消防系统调试

（1）消防系统调试包括：自动报警系统、水灭火系统、火灾事故广播、消防通讯系统、消防电梯系统、电动防火门、防火卷帘门、正压送风阀、排烟阀、防火阀控制装置、气体灭火系统装置。

（2）自动报警系统包括各种探测器、报警按钮、报警控制器，分别不同点数以"系统"为计量单位，其点数按多线制与总线制报警器的点数计算。

（3）水灭火系统控制装置按照不同点数以"系统"为计量单位，其点数按多线制与总线制联动控制器的点数计算。

（4）火灾事故广播、消防通讯系统中的消防广播喇叭、音箱和消防通讯的电话分机、电话插孔，按其数量以"10只"为计量单位。

（5）消防用电梯与控制中心间的控制调试以"部"为计量单位。

（6）电动防火门、防火卷帘门指可由消防控制中心显示与控制的电动防火门、防火卷帘门，以"10处"为计量单位，每樘为一处。

（7）正压送风阀、排烟阀、防火阀以"10处"为计量单位，一个阀为一处。

（8）气体灭火系统装置调试包括模拟喷气试验、备用灭火器储存容器切换操作试验，按试验容器的规格（L），分别以"个"为计量单位。试验容器的数量包括系统调试、检测和验收所消耗的试验容器的总数，试验介质不同时可以换算。

（六）安全防范设备安装

（1）设备、部件按设计成品以"台"或"套"为计量单位。

（2）模拟盘以"m^2"为计量单位。

（3）入侵报警系统调试以"系统"为计量单位，其点数按实际调试点数计算。

（4）电视监控系统调试以"系统"为计量单位，其头尾数包括摄像机、监视器数量之和。

（5）其他联动设备的调试已考虑在单机调试中，其工程量不得另行计算。

第三节　消防及安全防范设备安装工程量
清单项目的设置及计算规则

（1）水灭火系统　工程量清单项目设置及工程量计算规则，应按表4-14的规定执行。

（2）气体灭火系统　工程量清单项目设置及工程量计算规则，应按表4-15的规定执行。

（3）泡沫灭火系统　工程量清单项目设置及工程量计算规则，应按表4-16的规定执行。

表 4-14　水灭火系统（编码：030701）

项目编码	项目名称	项目特征	计量单位	工程量计算规则	工程内容
030701001	水喷淋镀锌钢管	（1）安装部位（室内、外） （2）材质 （3）型号、规格 （4）连接方式 （5）除锈标准、涮油、防腐设计要求 （6）水冲洗、水压试验设计要求	m	按设计图示管道中心线长度以"延长米"计算，不扣除阀门、管件及各种组件所占长度；方形补偿器以其所占长度按管道安装工程量计算	（1）管道及管件安装 （2）套管（包括防水套管）制作、安装 （3）管道除锈、刷油、防腐 （4）管网水冲洗 （5）无缝钢管镀锌 （6）水压试验
030701002	水喷淋镀锌无缝钢管				
030701003	消火栓镀锌钢管				
030701004	消火栓钢管				
030701005	螺纹阀门	（1）阀门类型、材质、型号、规格 （2）法兰结构、材质、规格、焊接形式	个	按设计图示数量计算	（1）法兰安装 （2）阀门安装
030701006	螺纹法兰阀门				
030701007	法兰阀门				
030701008	带短管甲乙的法兰阀门				
030701009	水表	（1）材质 （2）型号、规格 （3）连接方式	组		安装
030701010	消防水箱制作安装	（1）材质 （2）形状 （3）容量 （4）支架材质、型号、规格 （5）除锈标准、刷油设计要求	台		（1）制作 （2）安装 （3）支架制作、安装及除锈、刷油 （4）除锈、刷油
030701011	水喷头	（1）有吊顶、无吊顶 （2）材质 （3）型号、规格	个		（1）安装 （2）密封性试验
030701012	报警装置	（1）名称、型号 （2）规格	组	按设计图示数量计算（包括湿式报警装置、干湿两用报警装置、电动雨淋报警装置、预制作用报警装置）	安装
030701013	温感式水幕装置	（1）型号、规格 （2）连接方式	组	按设计图示数量计算（包括给水三通至喷头、阀门间的管道、管件、阀门、喷头等全部安装内容）	
030701014	水流指示器	规格、型号	个	按设计图示数量计算	
030701015	减压孔板	规格			
030701016	末端试水装置	（1）规格 （2）组装形式	组	按设计图示数量计算（包括连接管、压力表、控制阀及排水管等）	

项目编码	项目名称	项目特征	计量单位	工程量计算规则	工程内容
030701017	集热板制作安装	材质	个	按设计图示数量计算	制作、安装
030701018	消火栓	(1)安装部位(室内、外) (2)型号、规格 (3)单栓、双栓	套	按设计图示数量计算(安装包括室内消火栓、室外地上式消火栓、室外地下式消火栓)	安装
030701019	消防水泵式接合器	(1)安装部位 (2)型号、规格		按设计图示数量计算(包括消防接口本体、止回阀、安全阀、闸阀、弯管底、放水阀、标牌)	
030701020	隔膜式气压水灌	(1)规格、型号 (2)灌浆材料	台	按设计图示数量计算	(1)安装 (2)二次灌浆

表 4-15　气体灭火系统（编码：030702）

项目编码	项目名称	项目特征	计量单位	工程量计算规则	工程内容
030702001	无缝钢管	(1)卤代烷灭火系统、二氧化碳灭火系统 (2)材质 (3)规格 (4)连接方式 (5)除锈、刷油、防腐及无缝钢管镀锌设计要求 (6)压力试验、吹扫设计要求		按设计图示管道中心线长度以"延长米"计算，不扣除阀门、管件及各种组件所占长度	(1)管道安装 (2)管件安装 (3)套管制作、安装(包括防水套管) (4)钢管除锈、刷油、防腐 (5)管道压力试验 (6)管道系统吹扫 (7)无缝钢管镀锌
030702002	不锈钢管				
030702003	铜管				
030702004	气体驱动装置管道				
030702005	选择阀	(1)材质 (2)规格 (3)连接方式	个	按设计图示数量计算	(1)安装 (2)压力试验
030702006	气体喷头	型号、规格			
030702007	储存装置	成本规格	套	按设计图示数量计算(包括灭火剂存储器、驱动气瓶、支框架、集流阀、容器阀、单向阀、高压软管和安全阀等储存装置和阀驱动装置)	安装
030702008	二氧化碳称重检漏装置			按设计图示数量计算(包括泄漏开关、配重、支架等)	

表 4-16　泡沫灭火系统（编码：030703）

项目编码	项目名称	项目特征	计量单位	工程量计算规则	工程内容
030703001	碳钢管	(1)材质 (2)型号、规格 (3)焊接方式 (4)除锈、刷油、防腐设计要求 (5)压力试验、吹扫的设计要求	m	按设计图示管道中心线长度以"延长米"计算，不扣除阀门、管件及各种组件所占长度	(1)管道安装 (2)管件安装 (3)套管制作、安装 (4)钢管除锈、刷油、防腐 (5)管道压力试验 (6)管道系统吹扫
030703002	不锈钢管				
030703003	铜管				
030703004	法兰	(1)材质 (2)型号、规格 (3)连接方式	副	按设计图示数量计算	法兰安装
030703005	法兰阀门		个		阀门安装
030703006	泡沫发生器	(1)水轮机式、电动机式 (2)型号、规格 (3)支架材质、规格 (4)除锈、刷油设计要求 (5)灌浆材料	台		(1)安装 (2)设备支架制作、安装 (3)设备支架除锈、刷油 (4)二次灌浆
030703007	泡沫比例混合器	(1)类型 (2)型号、规格 (3)支架材质、规格 (4)除锈、刷油设计要求 (5)灌浆材料			
030703008	泡沫液储罐	(1)质量 (2)灌浆材料			(1)安装 (2)二次灌浆

（4）管道支架制作安装　工程量清单项目设置及工程量计算规则，应按表 4-17 的规定执行。

表 4-17　管道支架制作安装（编码：030704）

项目编码	项目名称	项目特征	计量单位	工程量计算规则	工程内容
030704001	管道支架制作安装	(1)管架形式 (2)材质 (3)除锈、刷油设计要求	kg	按设计图示质量计算	(1)制作、安装 (2)除锈、刷油

（5）火灾自动报警系统　工程量清单项目设置及工程量计算规则，应按表 4-18 的规定执行。

表 4-18　火灾自动报警系统（编码：030705）

项目编码	项目名称	项目特征	计量单位	工程量计算规则	工程内容
030705001	点型探测器	(1)名称 (2)多线制 (3)总线制 (4)类型	只	按设计图示数量计算	(1)探头安装 (2)底座安装 (3)校接线 (4)探测器调试
030705002	线型探测器	安装方式	m		(1)探测器安装 (2)控制模块安装 (3)报警终安装 (4)校接线 (5)系统调试
030705003	按钮	规格	只		(1)安装 (2)校接线 (3)调试
030705004	模块 （接口）	(1)名称 (2)输出形式			(1)安装 (2)调试
030705005	报警控制器	(1)多线制 (2)总线制 (3)安装方式 (4)控制点数量	台		(1)本体安装 (2)消防报警备用电源 (3)校接线 (4)调试
030705006	联动控制器				
030705007	报警联动一体机				
030705008	重复显示器	(1)多线制 (2)总线制			(1)安装 (2)调试
030705009	报警装置	形式			
030705010	远程控制器	控制回路			

（6）消防系统调试　工程量清单项目设置及工程量计算规则，应按表 4-19 的规定执行。

表 4-19　消防系统调试（编码：030706）

项目编码	项目名称	项目特征	计量单位	工程量计算规则	工程内容
030706001	自动报警系统装置调试	点数	系统	按设计图示数量计算（由探测器、报警按钮、报警控制器组成的报警系统）；点数按多线制、总线制报警器的点数计算	系统装置调试
030706002	水灭火系统控制装置调试			按设计图示数量计算（由消火栓、自动喷水、卤代烷、二氧化碳等灭火系统组成灭火系统装置；点数按多线制、总线制联动控制器的点数计算）	
030706003	防火控制系统装置调试	(1)名称 (2)类型	处	按设计图示数量计算（包括电动防火门、防火卷帘门、正压送风阀、排烟阀、防火控制阀）	
030706004	气体灭火系统装置调试	试验容器规格	个	按调试、检验和验收所消耗的试验容器总数计算	(1)拟喷气试验 (2)备用灭火器储存容器切换操作试验

（7）其他相关问题　其他相关问题应按下列规定处理。

① 管道界限的划分　喷淋系统水灭火管道：室内外界限应以建筑物外墙皮1.5m为界，入口处设阀门者应以阀门为界；设在高层建筑物内消防泵间管道应以泵间外墙皮为界。消火栓管道：给水管道室内外界限划分应以外墙皮1.5m为界，入口处设阀门者应以阀门为界。与市政给水管道的界限应以水表井为界；无水表井的，应以与市政给水管道碰头点为界。

② 湿式报警装置　包括湿式阀、碟阀、装配管、供水压力表、装置压力表、试验阀、泄放试验阀、泄放试验管、试验管流量计、过滤器、延时器、水力警铃、报警截止阀、漏斗、压力开关等。

③ 干湿两用报警装置　包括两用阀、碟阀、装配管、加速器、加速器压力表、供水压力表、试验阀、泄放试验阀（湿式、干式）、挠性接头、泄放试验管、试验管流量计、排气阀、截止阀、漏斗、过滤器、延时器、水力警铃、压力开关等。

④ 电动雨淋报警装置　包括雨淋阀、碟阀（2个）、装配管、压力表、泄放试验阀、流量表、截止阀、注水阀、止回阀、电磁阀、排水阀、手动应急球阀、报警试验阀、漏斗、压力开关、过滤器、水力警铃等。

⑤ 预作用报警装置　包括干式报警阀、控制碟阀（2个）、压力表（2块）、流量表、截止阀、排放阀、注水阀、止回阀、泄放阀、报警试验阀、液压切断阀、装配管、供水检验管、气压开关（2个）、试压电磁阀、应急手动试压器、漏斗、过滤器、水力警铃等。

⑥ 室内消火栓　包括消火栓箱、消火栓、水枪、水龙头、水龙带接扣、挂架、消防按钮。

⑦ 室外地上式消火栓　包括地上式消火栓、法兰接管、弯管底座。

⑧ 室外地下式消火栓　包括地下式消火栓、法兰接管、弯管底座或消火栓三通。

⑨ 凡涉及管沟及井类的土石方开挖、垫层、基础、砌筑、抹灰、地井盖板预制安装、回填、运输，路面开挖及修复、管道支墩等，应按附录A、附录D相关项目编码列项。

第四节　消防及安全防范设备安装工程预算示例

某办公楼消防工程
工程量清单报价表

投　标　人：＿＿＿＿＿＿×××＿＿＿＿＿＿　（单位签字盖章）

法定代表人：＿＿＿＿＿＿×××＿＿＿＿＿＿　（签字盖章）

造价工程师
及注册证号：＿＿＿＿＿×××　×××＿＿＿＿＿　（签字盖执业专用章）

编制时间：＿＿＿＿＿＿×××＿＿＿＿＿＿

投 标 总 价

建 设 单 位： _____×××_____

工 程 名 称： _____某办公楼消防工程_____

投 标 总 价(小写)： _____838560.26_____

   (大写)： _____捌拾叁万捌仟伍佰陆拾元贰角陆分_____

投 标 人： _____×××_____ （单位签字盖章）

法定代表人： _____×××_____ （签字盖章）

编 制 时 间： _____×××_____

单位工程费汇总表

工程名称：某办公楼消防工程

序号	项目名称	金额(元)
一	分部分项工程量清单计价合计	696719.9
1.1	其中:人工费＋机械费	205461.92
二	措施项目费	42325.15
三	其他项目费	
四	税费前工程造价合计	739045.05
五	规费	70617.28
5.1	工程排污费	
5.2	社会保障费	53810.49
5.2.1	养老保险	33613.57
5.2.2	失业保险	3369.58
5.2.3	医疗保险	13457.76
5.2.4	生育保险	1684.79
5.2.5	工伤保险	1684.79
5.3	住房公积金	16806.79
5.4	危险作业意外伤害保险	
六	工程定额测定费	971.59
七	税金	27926.34
	合　计	838560.26

分部分项工程量清单计价表

工程名称：某办公楼消防工程

序号	项目编码	项目名称	计量单位	工程数量	金额(元) 综合单价	合价
	C.6.17	C.6.17　其他项目制作安装				36785
1	030617020003	柔性防水套管制作 公称直径 100mm 以内	个	100	367.85	36785
	C.7.1	C.7.1　水灭火系统				595788.5
2	030701001001	水喷淋镀锌钢管(螺纹连接)DN 25mm 以内	10m	568	210.69	119671.92
3	030701001002	水喷淋镀锌钢管(螺纹连接)DN 32mm 以内	10m	160	246.99	39518.4
4	030701001003	水喷淋镀锌钢管(螺纹连接)DN 40mm 以内	10m	144	299.19	43083.36

序号	项目编码	项目名称	计量单位	工程数量	金额(元) 综合单价	金额(元) 合价
5	030701001004	水喷淋镀锌钢管(螺纹连接)DN 50mm 以内	10m	180	347.95	62631
6	030701001005	水喷淋镀锌钢管(螺纹连接)DN 70mm 以内	10m	70	453.15	31720.5
7	030701001006	水喷淋镀锌钢管(螺纹连接)DN 80mm 以内	10m	30	527.97	15839.1
8	030701001007	水喷淋镀锌钢管(螺纹连接)DN 100mm 以内	10m	152	633.63	96311.76
9	030701001015	水喷淋镀锌钢管(螺纹连接)DN 25mm 以内	10m	568	210.69	119671.92
10	030701011002	水喷头安装 DN 15mm 以内有吊顶	10个	260	253.82	65993.2
11	030701019001	消防水泵接合器安装 地下式 100	套	2	673.67	1347.34
	C.7.2	C.7.2 气体灭火系统				33245.5
12	030702001003	无缝钢管(螺纹连接)公称直径 25mm 以内	10m	5.36	217.15	1163.92
13	030702001004	无缝钢管(螺纹连接)公称直径 32mm 以内	10m	5.31	5.88	31.22
14	030702001005	无缝钢管(螺纹连接)公称直径 40mm 以内	10m	2.03	451.24	916.02
15	030702001006	无缝钢管(螺纹连接)公称直径 50mm 以内	10m	2.38	576.58	1372.26
16	030702001007	无缝钢管(螺纹连接)公称直径 70mm 以内	10m	4.53	749.04	3393.15
17	030702004001	气体驱动装置管道安装 管外径 10mm 以内	10m	2	1323.55	2647.1
18	030702005002	选择阀安装(螺纹连接)DN 32mm 以内	个	1	484.23	484.23
19	030702005005	选择阀安装(螺纹连接)DN 65mm 以内	个	2	1160.33	2320.66
20	030702006002	气体喷头安装 DN 20mm 以内	10个	3	749.5	2248.5
21	030702007001	储存装置安装 40L	套	3	418.66	1255.98
22	030702007002	储存装置安装 70L	套	26	570.8	14840.8
23	030702008001	二氧化碳称重检漏装置安装	套	26	98.91	2571.66
	C.7.5	C.7.6 消防系统调试				3940.71
24	030706004002	气体灭火系统装置调试 70L	个	3	1313.57	3940.71
	C.7.6	C.7.7 其他项目				
	C.8.1	C.8.1 给排水、采暖、燃气管道				81.49
25	030801015011	钢套管制作与安装 DN 32mm	10个	0.2	78.37	15.67
26	030801015014	钢套管制作与安装 DN 65mm	10个	0.4	164.54	65.82
		安装费用				26878.7
27	030707001001	高层增加费	项	1	16497.36	16497.36
28	030707001005	脚手架搭拆费	项	1	10381.34	10381.34
		合　计				696719.9

分部分项工程量清单综合单价分析表

工程名称：某办公楼消防工程

序号	项目编码	项目名称	工程内容	综合单价组成							综合单价
				人工费	材料费	主材费	机械使用费	管理费	利润		
1	030617020003	柔性防水套管制作公称直径100mm以内	柔性防水套管制作公称直径100mm以内	85.51	152.22	32.71	46.66	22.2	28.55		367.85
			合计	85.51	152.22	32.712	46.66	22.2	28.55		
			焊接钢管	85.51	152.22	32.71	46.66	22.2	28.55		
2	030701001001	水喷淋镀锌钢管（螺纹连接）DN 25mm以内	水喷淋镀锌钢管（螺纹连接）DN 25mm以内	64.12	5.9	110.47	4.03	11.45	14.72		210.69
			镀锌钢管			110.466					
			镀锌钢管接头零件								
			合计	64.12	5.9	110.47	4.03	11.45	14.72		
3	030701001002	水喷淋镀锌钢管（螺纹连接）DN 32mm以内	水喷淋镀锌钢管（螺纹连接）DN 32mm以内	66.62	7.18	139.33	5.98	12.2	15.68		246.99
			镀锌钢管			139.332					
			镀锌钢管接头零件								
			合计	66.62	7.18	139.33	5.98	12.2	15.68		
4	030701001003	水喷淋镀锌钢管（螺纹连接）DN 40mm以内	水喷淋镀锌钢管（螺纹连接）DN 40mm以内	75.79	10.95	170.75	9.1	14.26	18.34		299.19
			镀锌钢管			170.748					
			镀锌钢管接头零件								
			合计	75.79	10.95	170.75	9.1	14.26	18.34		
5	030701001004	水喷淋镀锌钢管（螺纹连接）DN 50mm以内	水喷淋镀锌钢管（螺纹连接）DN 50mm以内	78.94	10.65	216.85	8.09	14.62	18.8		347.95
			镀锌钢管			216.852					
			镀锌钢管接头零件								
			合计	78.94	10.65	216.85	8.09	14.62	18.8		
6	030701001005	水喷淋镀锌钢管（螺纹连接）DN 70mm以内	水喷淋镀锌钢管（螺纹连接）DN 70mm以内	87.76	14.3	306	8.23	16.13	20.73		453.15
			镀锌钢管			306					
			镀锌钢管接头零件								
			合计	87.76	14.3	306	8.23	16.13	20.73		

序号	项目编码	项目名称	工程内容	综合单价组成						综合单价
				人工费	材料费	主材费	机械使用费	管理费	利润	
7	030701001006	水喷淋镀锌钢管（螺纹连接）DN 80mm 以内	水喷淋镀锌钢管（螺纹连接）DN 80mm 以内	102.93	15.66		9.29	18.85	24.24	
			镀锌钢管			357				527.97
			镀锌钢管接头零件							
			合计	102.93	15.66	357	9.29	18.85	24.24	
8	030701001007	水喷淋镀锌钢管（螺纹连接）DN 100mm 以内	水喷淋镀锌钢管（螺纹连接）DN 100mm 以内	115.97	13.06		8.14	20.85	26.81	
			镀锌钢管			448.8				633.63
			镀锌钢管接头零件							
			合计	115.97	13.06	448.8	8.14	20.85	26.81	
9	030701001015	水喷淋镀锌钢管（螺纹连接）DN 25mm 以内	水喷淋镀锌钢管（螺纹连接）DN 25mm 以内	64.12	5.9	110.47	4.03	11.45	14.72	
			镀锌钢管			110.466				210.69
			镀锌钢管接头零件							
			合计	64.12	5.9	110.47	4.03	11.45	14.72	
10	030701011002	水喷头安装 DN 15mm 以内 有吊顶	水喷头安装 DN 15mm 以内 有吊顶	70.71	30.24	116.15	6.91	13.04	16.77	
			喷头			116.15				253.82
			合计	70.71	30.24	116.15	6.91	13.04	16.77	
11	030701019001	消防水泵接合器安装 地下式 100	消防水泵接合器安装 地下式 100	64.5	74.37	500	7.25	12.05	15.5	
			消防水泵接合器			500				673.67
			合计	64.5	74.37	500	7.25	12.05	15.5	
12	030702001003	无缝钢管（螺纹连接）公称直径 25mm 以内	无缝钢管（螺纹连接）公称直径 25mm 以内	29.54	8.47	153	10.69	6.76	8.69	
			无缝钢管			153				217.15
			合计	29.54	8.47	153	10.69	6.76	8.69	
13	030702001004	无缝钢管（螺纹连接）公称直径 32mm 以内	无缝钢管（螺纹连接）公称直径 32mm 以内	0.65	0.16	4.42	0.29	0.16	0.2	
			无缝钢管			4.418079096				5.88
			合计	0.65	0.16	4.42	0.29	0.16	0.2	
14	030702001005	无缝钢管（螺纹连接）公称直径 40mm 以内	无缝钢管（螺纹连接）公称直径 40mm 以内	36.8	10.5	367.2	16.33	8.93	11.48	
			无缝钢管			367.2				451.24
			合计	36.8	10.5	367.2	16.33	8.93	11.48	

序号	项目编码	项目名称	工程内容	人工费	材料费	主材费	机械使用费	管理费	利润	综合单价
15	030702001006	无缝钢管（螺纹连接）公称直径50mm以内	无缝钢管（螺纹连接）公称直径50mm以内	38.64	10.9	489.6	16.33	9.23	11.87	
			无缝钢管			489.6				
			合计	38.64	10.9	489.6	16.33	9.23	11.87	576.58
16	030702001007	无缝钢管（螺纹连接）公称直径70mm以内	无缝钢管（螺纹连接）公称直径70mm以内	49.22	14.09	642.6	17.51	11.21	14.41	
			无缝钢管			642.6				
			合计	49.22	14.09	642.6	17.51	11.21	14.41	749.04
17	030702004001	气体驱动装置管道安装管外径10mm以内	气体驱动装置管道安装管外径10mm以内	40.06	28.79	1236	2.4	7.13	9.17	
			紫铜管			1236				
			合计	40.06	28.79	1236	2.4	7.13	9.17	1323.55
18	030702005002	选择阀安装（螺纹连接）DN32mm以内	选择阀安装（螺纹连接）DN32mm以内	13.48	8.03	451	4.73	3.06	3.93	
			选择阀（旋塞阀）			350				
			钢制活接头			101				
			合计	13.48	8.03	451	4.73	3.06	3.93	484.23
19	030702005005	选择阀安装（螺纹连接）DN65mm以内	选择阀安装（螺纹连接）DN65mm以内	26.95	12.41	1103	5.51	5.45	7.01	
			选择阀（旋塞阀）			800				
			钢制活接头			303				
			合计	26.95	12.41	1103	5.51	5.45	7.01	1160.33
20	030702006002	气体喷头安装DN20mm以内	气体喷头安装DN20mm以内	80.14	41.52	555.5	30.03	18.51	23.8	
			喷头			555.5				
			镀锌钢管件							
			钢制丝堵							
			合计	80.14	41.52	555.5	30.03	18.51	23.8	749.5
21	030702007001	储存装置安装40L	储存装置安装40L	183.27	164.22		0.57	30.89	39.71	
			合计	183.27	164.22		0.57	30.89	39.71	418.66

续表

序号	项目编码	项目名称	工程内容	综合单价组成						综合单价
				人工费	材料费	主材费	机械使用费	管理费	利润	
22	030702007002	储存装置安装 70L	储存装置安装 70L	263.39	205.47		0.57	44.35	57.02	570.8
			合计	263.39	205.47		0.57	44.35	57.02	
23	030702008001	二氧化碳称重检漏装置安装	二氧化碳称重检漏装置安装	67.39	5.64			11.32	14.56	98.91
			合计	67.39	5.64			11.32	14.56	
24	030706004002	气体灭火系统装置调试 70L	气体灭火系统装置调试 70L	437.19	468.5	240		73.45	94.43	1313.57
			大膜片			100				
			小膜片			50				
			锥形堵块			30				
			金属密封垫			30				
			聚四氟乙烯垫			30				
			合计	437.19	468.5	240		73.45	94.43	
25	030801015011	钢套管制作与安装 DN 32mm	钢套管制作与安装 DN 32mm	17.49	8.39	41.8	2.86	3.4	4.4	78.37
			钢管(按实际规格)			41.7995				
			合计	17.49	8.39	41.8	2.86	3.4	4.4	
26	030801015014	钢套管制作与安装 DN 65mm	钢套管制作与安装 DN 65mm	32.19	11.25	100.8	5.73	6.38	8.19	164.54
			钢管(按实际规格)			100.8				
			合计	32.19	11.25	100.8	5.73	6.38	8.19	
27	030707001001	高层增加费	高层建筑增加费—16～18层(工业管道工程)	342.04				57.46	73.88	16497.36
			高层建筑增加费—19～21层(消防工程)	11577.69				1945.05	2500.78	
			高层建筑增加费—9层以下(给排水工程)	0.33				0.06	0.07	
			合计	11920.06				2002.57	2574.73	
28	030707001005	脚手架搭拆费	脚手架搭拆—脚手架搭拆(工业管道工程)	155.63	466.88			26.15	33.62	10381.34
			脚手架搭拆—脚手架搭拆(消防工程)	2212.17	6636.5			371.64	477.83	
			脚手架搭拆—脚手架搭拆(给排水工程)	0.21	0.63			0.04	0.05	
			合计	2368.01	7104.01			397.83	511.5	

分部分项工程量清单综合单价计算表

工程名称：某办公楼消防工程

项目编码：030617020003

项目名称：柔性防水套管制作　　公称直径 100mm 以内

计量单位：个

工程数量：100

综合单价：367.85 元

序号	定额编码	工程内容	单位	数量	人工费	其中：（元）			小计
						材料费	机械费	管理费	利润	
1	6-3001	柔性防水套管制作　公称直径 100mm 以内	个	100	85.51	152.22	46.66	22.2	28.55	367.85
		焊接钢管	kg	752		4.35				

项目编码：030701001001

项目名称：水喷淋镀锌钢管（螺纹连接）DN 25mm 以内

计量单位：10m

工程数量：568

综合单价：210.69 元

序号	定额编码	工程内容	单位	数量	人工费	其中：（元）			小计
						材料费	机械费	管理费	利润	
1	7-1	水喷淋镀锌钢管（螺纹连接）DN 25mm 以内	10m	568	64.12	5.9	4.03	11.45	14.72	210.69
		镀锌钢管	m	5793.6						
		镀锌钢管接头零件	个	4106.64		10.83				

项目编码：030701001002

项目名称：水喷淋镀锌钢管（螺纹连接）DN 32mm 以内

计量单位：10m

工程数量：160

综合单价：246.99 元

序号	定额编码	工程内容	单位	数量	人工费	其中：（元）			小计
						材料费	机械费	管理费	利润	
1	7-2	水喷淋镀锌钢管（螺纹连接）DN 32mm 以内	10m	160	66.62	7.18	5.98	12.2	15.68	246.99
		镀锌钢管	m	1632		13.66				
		镀锌钢管接头零件	个	1291.2						

项目编码：030701001003
项目名称：水喷淋镀锌钢管（螺纹连接）DN 40mm 以内

计量单位：10m
工程数量：144
综合单价：299.19 元

序号	定额编码	工程内容	单位	数量	人工费	其中：（元）			利润	小计
						材料费	机械费	管理费		
1	7-3	水喷淋镀锌钢管（螺纹连接）DN 40mm 以内	10m	144	75.79	10.95	9.1	14.26	18.34	299.19
		镀锌钢管	m	1468.8		16.74				
		镀锌钢管接头零件	个	1761.12						

项目编码：030701001004
项目名称：水喷淋镀锌钢管（螺纹连接）DN 50mm 以内

计量单位：10m
工程数量：180
综合单价：347.95 元

序号	定额编码	工程内容	单位	数量	人工费	其中：（元）			利润	小计
						材料费	机械费	管理费		
1	7-4	水喷淋镀锌钢管（螺纹连接）DN 50mm 以内	10m	180	78.94	10.65	8.09	14.62	18.8	347.95
		镀锌钢管	m	1836		21.26				
		镀锌钢管接头零件	个	1679.4						

项目编码：030701001005
项目名称：水喷淋镀锌钢管（螺纹连接）DN 70mm 以内

计量单位：10m
工程数量：70
综合单价：453.15 元

序号	定额编码	工程内容	单位	数量	人工费	其中：（元）			利润	小计
						材料费	机械费	管理费		
1	7-5	水喷淋镀锌钢管（螺纹连接）DN 70mm 以内	10m	70	87.76	14.3	8.23	16.13	20.73	453.15
		镀锌钢管	m	714		30				
		镀锌钢管接头零件	个	623.7						

项目编码：030701001006

项目名称：水喷淋镀锌钢管（螺纹连接）DN 80mm 以内

计量单位：10m

工程数量：30

综合单价：527.97 元

序号	定额编码	工程内容	单位	数量	其中：（元）					小计
					人工费	材料费	机械费	管理费	利润	
1	7-6	水喷淋镀锌钢管(螺纹连接)DN 80mm以内	10m	30	102.93	15.66	9.29	18.85	24.24	527.97
		镀锌钢管	m	306		35				
		镀锌钢管管接头零件	个	247.8						

项目编码：030701001007

项目名称：水喷淋镀锌钢管（螺纹连接）DN 100mm 以内

计量单位：10m

工程数量：152

综合单价：633.63 元

序号	定额编码	工程内容	单位	数量	其中：（元）					小计
					人工费	材料费	机械费	管理费	利润	
1	7-7	水喷淋镀锌钢管(螺纹连接)DN 100mm以内	10m	152	115.97	13.06	8.14	20.85	26.81	633.63
		镀锌钢管	m	1550.4		44				
		镀锌钢管管接头零件	个	788.88						

项目编码：030701001015

项目名称：水喷淋镀锌钢管（螺纹连接）DN 25mm 以内

计量单位：10m

工程数量：568

综合单价：210.69 元

序号	定额编码	工程内容	单位	数量	其中：（元）					小计
					人工费	材料费	机械费	管理费	利润	
1	7-1	水喷淋镀锌钢管(螺纹连接)DN 25mm以内	10m	568	64.12	5.9	4.03	11.45	14.72	210.69
		镀锌钢管	m	5793.6		10.83				
		镀锌钢管管接头零件	个	4106.64						

安装工程工程量清单计价与案例分析

项目编码：030701011002
项目名称：水喷头安装 DN 15mm 以内 有吊顶

计量单位：10 个　　工程数量：260　　综合单价：253.82 元

序号	定额编码	工程内容	单位	数量	人工费	材料费	机械费	管理费	利润	小计
						其中：（元）				
1	7-50	水喷头安装 DN 15mm 以内 有吊顶	10个	260	70.71	30.24	6.91	13.04	16.77	253.82
		喷头	个	2626		11.5				

项目编码：030701019001
项目名称：消防水泵接合器安装 地下式 100

计量单位：套　　工程数量：2　　综合单价：673.67 元

序号	定额编码	工程内容	单位	数量	人工费	材料费	机械费	管理费	利润	小计
						其中：（元）				
1	7-94	消防水泵接合器安装 地下式 100	套	2	64.5	74.37	7.25	12.05	15.5	673.67
		消防水泵接合器	套	2		.500				

项目编码：030702001003
项目名称：无缝钢管（螺纹连接）公称直径 25mm 以内

计量单位：10m　　工程数量：5.36　　综合单价：217.15 元

序号	定额编码	工程内容	单位	数量	人工费	材料费	机械费	管理费	利润	小计
						其中：（元）				
1	7-113	无缝钢管（螺纹连接）公称直径 25mm 以内	10m	5.36	29.54	8.47	10.69	6.76	8.69	217.15
		无缝钢管	m	54.672		15				

项目编码：030702001004
项目名称：无缝钢管（螺纹连接）公称直径 32mm 以内

计量单位：10m　　工程数量：5.31　　综合单价：5.88 元

序号	定额编码	工程内容	单位	数量	人工费	材料费	机械费	管理费	利润	小计
						其中：（元）				
1	7-114	无缝钢管（螺纹连接）公称直径 32mm 以内	10m	0.1	0.65	0.16	0.29	0.16	0.2	5.88
		无缝钢管	m	1.02		23				

项目编码：03070200100 5
项目名称：无缝钢管（螺纹连接） 公称直径 40mm 以内
计量单位：10m
工程数量：2.03
综合单价：451.24 元

序号	定额编码	工程内容	单位	数量	其中：（元）					小计
					人工费	材料费	机械费	管理费	利润	
1	7-115	无缝钢管（螺纹连接）公称直径40mm以内	10m	2.03	36.8	10.5	16.33	8.93	11.48	451.24
		无缝钢管	m	20.706		36				

项目编码：03070200100 6
项目名称：无缝钢管（螺纹连接） 公称直径 50mm 以内
计量单位：10m
工程数量：2.38
综合单价：576.58 元

序号	定额编码	工程内容	单位	数量	其中：（元）					小计
					人工费	材料费	机械费	管理费	利润	
1	7-116	无缝钢管（螺纹连接）公称直径50mm以内	10m	2.38	38.64	10.9	16.33	9.23	11.87	576.57
		无缝钢管	m	24.276		48				

项目编码：03070200100 7
项目名称：无缝钢管（螺纹连接） 公称直径 70mm 以内
计量单位：10m
工程数量：4.53
综合单价：749.04 元

序号	定额编码	工程内容	单位	数量	其中：（元）					小计
					人工费	材料费	机械费	管理费	利润	
1	7-117	无缝钢管（螺纹连接）公称直径70mm以内	10m	4.53	49.22	14.09	17.51	11.21	14.41	749.04
		无缝钢管	m	46.206		63				

项目编码：03070200400 1
项目名称：气体驱动装置管道安装 管外径 10mm 以内
计量单位：10m
工程数量：2
综合单价：1323.55 元

序号	定额编码	工程内容	单位	数量	其中：（元）					小计
					人工费	材料费	机械费	管理费	利润	
1	7-129	气体驱动装置管道安装 管外径10mm以内	10m	2	40.06	28.79	2.4	7.13	9.17	1323.55
		紫铜管	m	20.6		120				

项目编码：030702005002
项目名称：选择阀安装（螺纹连接）DN 32mm 以内

计量单位：个
工程数量：1
综合单价：484.23 元

序号	定额编码	工程内容	单位	数量	人工费	材料费	机械费	管理费	利润	小计
							其中：（元）			
1	7-132	选择阀安装（螺纹连接）DN 32mm 以内	个	1	13.48	8.03	4.73	3.06	3.93	484.23
		选择阀（旋塞阀）	个	1		350				
		钢制活接头	个	1.01		100				

项目编码：030702005005
项目名称：选择阀安装（螺纹连接）DN 65mm 以内

计量单位：个
工程数量：2
综合单价：1160.33 元

序号	定额编码	工程内容	单位	数量	人工费	材料费	机械费	管理费	利润	小计
							其中：（元）			
1	7-135	选择阀安装（螺纹连接）DN 65mm 以内	个	2	26.95	12.41	5.51	5.45	7.01	1160.33
		选择阀（旋塞阀）	个	2		800				
		钢制活接头	个	2.02		300				

项目编码：030702006002
项目名称：气体喷头安装 DN 20mm 以内

计量单位：10 个
工程数量：3
综合单价：749.5 元

序号	定额编码	工程内容	单位	数量	人工费	材料费	机械费	管理费	利润	小计
							其中：（元）			
1	7-139	气体喷头安装 DN 20mm 以内	10 个	3	80.14	41.52	30.03	18.51	23.8	749.5
		喷头	个	30.3		55				
		镀锌钢管管件	个	30.3						
		钢制丝堵	个	3						

项目编码: 03070200 7001
项目名称: 储存装置安装 40L

计量单位: 套
工程数量: 3
综合单价: 418.66 元

序号	定额编码	工程内容	单位	数量	其中: (元)				利润	小计
					人工费	材料费	机械费	管理费		
1	7-143	储存装置安装 40L	套	3	183.27	164.22	0.57	30.89	39.71	418.66

项目编码: 03070200 7002
项目名称: 储存装置安装 70L

计量单位: 套
工程数量: 26
综合单价: 570.8 元

序号	定额编码	工程内容	单位	数量	其中: (元)				利润	小计
					人工费	材料费	机械费	管理费		
1	7-144	储存装置安装 70L	套	26	263.39	205.47	0.57	44.35	57.02	570.8

项目编码: 03070200 8001
项目名称: 二氧化碳称重检漏装置安装

计量单位: 套
工程数量: 26
综合单价: 98.91 元

序号	定额编码	工程内容	单位	数量	其中: (元)				利润	小计
					人工费	材料费	机械费	管理费		
1	7-149	二氧化碳称重检漏装置安装	套	26	67.39	5.64		11.32	14.56	98.91

项目编码: 03070600 4002
项目名称: 气体灭火系统装置调试 70L

计量单位: 个
工程数量: 3
综合单价: 1313.57 元

序号	定额编码	工程内容	单位	数量	其中: (元)				利润	小计
					人工费	材料费	机械费	管理费		
1	7-248	气体灭火系统装置调试 70L	个	3	437.19	468.5		73.45	94.43	1313.57
		大膜片	片	3		100				
		小膜片	片	3		50				
		锥形堵块	只	3		30				
		金属密封垫	个	3		30				
		聚四氟乙烯垫	个	3		30				

项目编码：030801015011
项目名称：钢套管制作与安装 DN 32mm

计量单位：10 个
工程数量：0.2
综合单价：78.37 元

序号	定额编码	工程内容	单位	数量	人工费	材料费	机械费	管理费	利润	小计
							其中：（元）			
1	8-568	钢套管制作安装 DN 32mm	10 个	0.2	17.5	8.4	2.85	3.4	4.4	78.35
		钢管（按实际规格）	m	0.612		13.66				

项目编码：030801015014
项目名称：钢套管制作与安装 DN 65mm

计量单位：10 个
工程数量：0.4
综合单价：164.53 元

序号	定额编码	工程内容	单位	数量	人工费	材料费	机械费	管理费	利润	小计
							其中：（元）			
1	8-571	钢套管制作安装 DN 65mm	10 个	0.4	32.2	11.25	5.73	6.38	8.2	164.53
		钢管（按实际规格）	m	1.44		28				

项目编码：030707001001
项目名称：高层增加费

计量单位：项
工程数量：1
综合单价：16497.36 元

序号	定额编码	工程内容	单位	数量	人工费	材料费	机械费	管理费	利润	小计
							其中：（元）			
1	6-3094	高层建筑增加费——16～18层（工业管道工程）	元	1	342.04			57.46	73.88	473.38
2	7-253	高层建筑增加费——19～21层（消防工程）	元	1	11577.69			1945.05	2500.78	16023.52
3	8-1293	高层建筑增加费——9层以下（给排水工程）	元	1	0.33			0.06	0.07	0.46

项目编码：030707001005
项目名称：脚手架搭拆费

计量单位：项
工程数量：1
综合单价：10381.34 元

序号	定额编码	工程内容	单位	数量	人工费	材料费	机械费	管理费	利润	小计
							其中：（元）			
1	6-3099	脚手架搭拆——脚手架搭拆（工业管道工程）	元	1	155.63	466.88		26.15	33.62	682.28
2	7-257	脚手架搭拆——脚手架搭拆（消防工程）	元	1	2212.17	6636.5		371.64	477.83	9698.14
3	8-1299	脚手架搭拆——脚手架搭拆（给排水工程）	元	1	0.21	0.63		0.04	0.05	0.93

措施项目清单计价表

工程名称：某办公楼消防工程

序号	项目名称	金额（元）
一	措施项目	42325.15
1	安全文明施工措施费	19724.34
2	夜间施工增加费	
3	二次搬运费	
4	已完工程及设备保护费	
5	冬雨季施工费	14382.33
6	市政工程干预费	8218.48
7	焦炉施工大棚(C.4炉窑砌筑工程)	
8	组装平台(C.5静置设备与工艺金属结构制作安装工程)	
9	格架式抱杆(C.5静置设备与工艺金属结构制作安装工程)	
10	其他措施项目费	
	合计	42325.15

其他项目清单计价表

工程名称：某办公楼消防工程

序号	项目名称	金额（元）
1	暂列金额	
2	暂估价	
2.1	材料暂估价	—
2.2	专业工程暂估价	
3	计日工	
4	总承包服务费	
5	工程担保费	
	合计	

零星工作项目计价表

工程名称：某办公楼消防工程

序号	名 称	计量单位	数量	金额(元)	
				综合单价	合价
1	人工				
	小计				
2	材料				
	小计				
3	机械				
	小计				
	合计	—	—	—	—

措施项目费分析表

工程名称：某办公楼消防工程

序号	措施项目名称	单位	数量	金 额(元)					
				人工费	材料费	机械使用费	管理费	利润	小计
一	措施项目				42325.15				42325.15
1	安全文明施工措施费	项	1		19724.34				19724.34
2	夜间施工增加费	项	1						
3	二次搬运费	项	1						
4	已完工程及设备保护费	项	1						
5	冬雨季施工费	项	1		14382.33				14382.33
6	市政工程干预费	项	1		8218.48				8218.48
7	焦炉施工大棚(C.4炉窑砌筑工程)	项	1						
8	组装平台(C.5静置设备与工艺金属结构制作安装工程)	项	1						
9	格架式抱杆(C.5静置设备与工艺金属结构制作安装工程)	项	1						
10	其他措施项目费	项	1						
	合计				42325.15				42325.15

单位工程主材汇总表

工程名称：某办公楼消防工程

序号	名 称 及 规 格	单位	材料量	市场价	合计
1	焊接钢管	kg	752	4.35	3271.2
2	镀锌钢管	m	11587.2	10.83	125489.38
3	镀锌钢管	m	1632	13.66	22293.12
4	镀锌钢管	m	1468.8	16.74	24587.71
5	镀锌钢管	m	1836	21.26	39033.36
6	镀锌钢管	m	714	30	21420
7	镀锌钢管	m	306	35	10710
8	镀锌钢管	m	1550.4	44	68217.6
9	钢管（按实际规格）	m	0.612	13.66	8.36
10	钢管（按实际规格）	m	1.44	28	40.32
11	无缝钢管	m	54.672	15	820.08
12	无缝钢管	m	1.02	23	23.46
13	无缝钢管	m	20.706	36	745.42
14	无缝钢管	m	24.276	48	1165.25
15	无缝钢管	m	46.206	63	2910.98
16	紫铜管	m	20.6	120	2472
17	镀锌钢管管件	个	30.3		
18	镀锌钢管接头零件	个	14605.38		
19	钢制活接头	个	1.01	100	101
20	钢制活接头	个	2.02	300	606
21	钢制丝堵	个	3		
22	金属密封垫	个	3	30	90
23	聚四氟乙烯垫	个	3	30	90
24	喷头	个	2626	11.5	30199
25	喷头	个	30.3	55	1666.5
26	选择阀（旋塞阀）	个	1	350	350
27	选择阀（旋塞阀）	个	2	800	1600
28	大膜片	片	3	100	300
29	小膜片	片	3	50	150
30	消防水泵接合器	套	2	500	1000
31	锥形堵块	只	3	30	90
	合计				359450.74

安装工程工程量清单计价与案例分析

给排水、采暖、燃气工程量清单计价

单计价

第一节　给排水工程量清单的计价

一、给排水工程造价的相关知识

（一）给排水工程系统及相关名称概念

给水排水（简称给排水）工程系统及相关名称如下。

（1）给水工程　原水的取集、处理以及成品水输配的工程。

（2）排水工程　收集、输送、处理和处置废水的工程。

（3）给水系统　给水的取水、输水、水质处理和配水等设施以一定方式组合成的总体。

（4）建筑给水系统　建筑内部给水、输水和配水等设施以一定方式组合成的系统（见图5-1）。

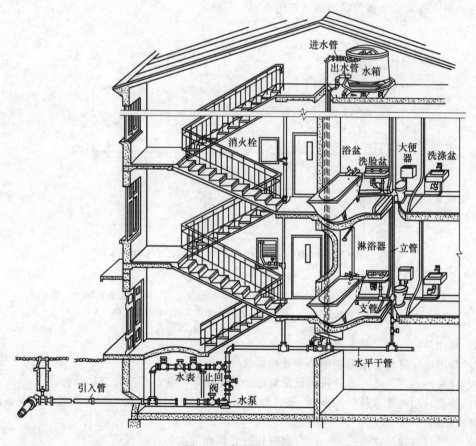

图 5-1　建筑给水系统

（5）排水系统　排水的收集、输送、水质处理和排放等设施以一定方式组合成的总体。

（6）建筑排水系统　建筑物排水的收集、输送、水质处理和排放等设施以一定方式组合成的系

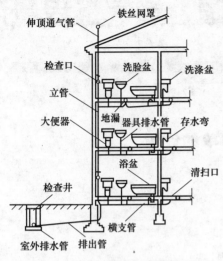

图 5-2 建筑排水系统

统（见图 5-2）。

（7）快滤池　应用石英砂或白煤、矿石等粒状滤料对自来水进行快速过滤而达到截留水中悬浮固体和部分细菌、微生物等目的的池子。

（8）虹吸滤池　以虹吸管代替进水和排水阀门的快滤池形式之一。滤池各格出水互相连通，反冲洗水由其他滤格的过滤水补给。每个滤格均在等滤速变水位条件下进行。

（9）检查口　带有可开启检查盖的短管，装设在排水立管及较长水平管段上，作检查和清通之用。

（10）存水弯　在卫生器具内部或器具排水管段上设置的一种内有水封的配件。

（11）水封　在装置中有一定高度的水柱，防止排水管系统中气体窜入室内。

（12）雨水斗　将建筑物上的雨水导入雨水立管的装置。

（13）回水管　在循环管系统中仅通过循环流量的管段。

（14）卫生器具　供水或接受、排出污水或污物的容器或装置。

（15）气压给水设备　由水泵和密闭罐以及一些附件组成，水泵将水压入密闭罐，依靠罐内的空气压力，将水送入给水系统的设备（见图 5-3）。

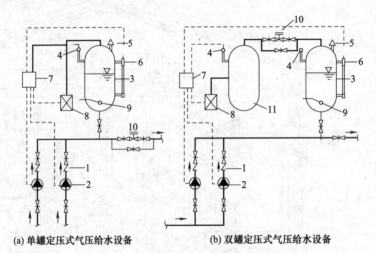

(a) 单罐定压式气压给水设备　　　　(b) 双罐定压式气压给水设备

图 5-3　气压给水设备

1—止回阀；2—水泵；3—气压水罐；4—压力信号器；5—安全阀；6—液位信号器；7—控制器；
8—补气装置；9—排气阀；10—压力调节阀；11—储气罐

（16）隔油井　分离、拦集污水中油类物质的小型处理构筑物。

（17）降温池　降低排水温度的小型处理构筑物。

（18）化粪池　将生活污水分格沉淀及对污泥进行厌氧消化的小型处理构筑物。

（19）铁制自动冲洗水箱　用钢板 A3、厚度由 2～4mm 焊接而成的冲洗水箱，安装自动冲洗阀，冲洗大便槽。

（20）大便自动冲洗水箱托架　用角钢制作的、栽在墙内的冲洗水箱支架。

（21）排水栓带链堵　又称下水口，镀铬铜或尼龙制品装在水池底部，排除污水，带铁链及胶皮堵。

（22）地漏　铸铁或塑料制品，为汇集和排除地面积水，自身有水封，带有隔网，进入地漏水为顺流形状。

（23）水箱　水箱是具有储备水量、稳定水压、调节水泵工作和保证供水等作用的设备（见图5-4）。

（二）给排水工程施工图的组成与识读

给排水工程施工图分为室外给排水和室内给排水两部分。室外给排水工程施工图表示的是一个区域的给排水管网，它主要由平面图、纵断面图和详图组成。室内排水工程施工图表示一幢建筑物的给排水工程，它主要由平面图、系统图（轴测图）和详图组成。

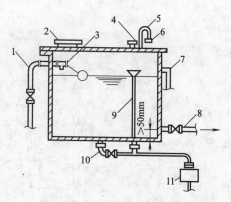

图5-4　水箱配管、附件示意
1—进水管；2—人孔；3—浮球阀；4—仪表孔；
5—通气管；6—防虫网；7—信号管；
8—出水管；9—溢流管；10—泄
水管；11—受水器

在上述施工图中均有施工说明，说明中对所采用的设备、材料名称、规格、型号、施工质量要求，采用的标准图集名称、代号、编号和图例等一般都有交代。

1.室外给排水工程施工图的识读

给排水施工图是用来表达和交流工程中技术思想的重要工具，设计人员用它来表达设计意图，施工人员依据它进行施工，因此人们经常把施工图称为工程的语言。

（1）平面图　室外给排水管道平面图主要表示一个厂区、地区（或街道）的给排水布置情况。识读的主要内容和注意事项如下。

① 查明管道平面的布置和走向。通常给水管道、排水管道、检查井等的表示方法，如表5-1图例所示，给水管道的走向是从大管径到小管径通向建筑物的；排水管道的走向则是从建筑物出来到检查井，各检查井之间是从高标高到低标高，管径是从小到大的。

② 室外给水管道要查明消火栓、水表井、阀门井的具体位置。当管路上有泵站、水池、水塔以及其他构筑物时，要查明构筑物的位置、管道进出口的方向以及各构筑物上管道、阀门及附件的设置情况。

③ 要了解给排水管道的埋深及管径。管道标高往往标注绝对标高，识读时要搞清楚地面的自然标高，以便计算管道的埋设深度，室外给排水管道的标高，通常是按管底来标注的。

④ 在阅读室外排水管道图纸时，特别要注意检查井的位置和检查井进出管的标高。当没有标注标高时，可用坡度计算出管道的相对标高。当排水管道有局部处理构筑物时，还要查明这些构筑物的位置，进出接管的管径、距离、坡度等，必要时应查阅有关详图，进一步搞清构筑物的构造以及构筑物上配管的情况。

（2）纵剖面图　由于地下管道种类繁多，布置复杂，为了更好地表示给排水管道的纵剖面图布置情况，有些工程还绘制管道纵剖面图，识读时应该掌握的主要内容和注意事项如下。

① 查明管道、检查井的纵断面情况。有关数据均列在图纸下面的表格中，一般应列有检查井编号及距离、管道埋深、管底标高、地面标高、管道坡度和管道直径等。

② 由于管道长度方向比直径方向大得多，绘制剖面图时，纵横采用不同比例。横向比例，城市（或居住区）为1∶50000或1∶10000，工矿企业为1∶1000或1∶2000；纵向比例为1∶100或1∶200。

（3）详图　室外给排水工程详图，主要是表示管道节点、检查井、室外消火栓、阀门井、水塔水池构件、水处理设备及各种污水处理设备等，有些已经制成标准图，在全国或某一地区内通用。

2.室内给排水工程施工图的识读

（1）平面图　室内给排水平面图是以建筑物各层平面为依据绘制的，是施工图纸中最基本和最重要的图样，常用的比例有1∶100和1∶50两种，主要表明管道在各楼层的平面位置及编号，管道和设备器具的规格型号，以及给水引入管和排水出户管与室外给排水管网的关系。这种图纸上的线条都是示意性的，管配件（如管箍、活接头、补芯等）不直接画在图纸上，因此在识读时，必须熟悉给排水管道的施工工艺（见图5-5）。

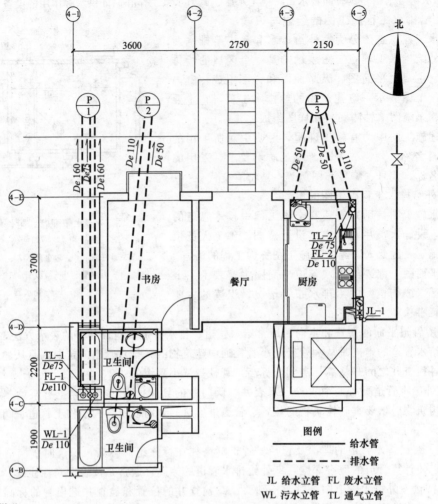

图 5-5 底层给排水平面示意

识读的主要内容和注意事项如下。

① 查明卫生器具、用水设备及升压设备的类型、数量、安装位置、定位尺寸。卫生设备和其他设备通常是用图例表示，只能说明器具和设备的类型，而不能表示各部分的具体结构和外部尺寸。所以，必须参考技术资料和有关详图，将其构造、配管方式、安装尺寸等弄清，便于准确地计算工程量和施工。

② 弄清楚给水引入管和污水排出管的平面位置、走向、定位尺寸、管径、坡度以及与室外管网的连接方式等。给水引入管上一般都装设阀门，若阀门设在室外阀门井中，在平面图上就能表示出来，要查明阀门的规格型号及离建筑物的距离。污水排出管与室外排水管的连接，是通过检查井来实现的，要了解排出管的管径、埋深及离建筑物的距离。

③ 查明给排水干管、立管、支管的平面位置、走向、管径及立管编号。平面图上的管线虽然是示意性的，但是它还是按照一定比例绘制的，因此，在计算平面图的工程量时，可以结合详图，图注尺寸或用比例尺进行计算。在计算时，每一个立管都要进行编号，且要与引入（出）管的编号

统一。

④ 消防给水管道要查明消火栓的布置、口径大小及消防箱的形式与安装位置。若图中有自动喷水消防系统或水幕灭火系统，则要查明喷头的型号、构造、安装方式及安装要求。

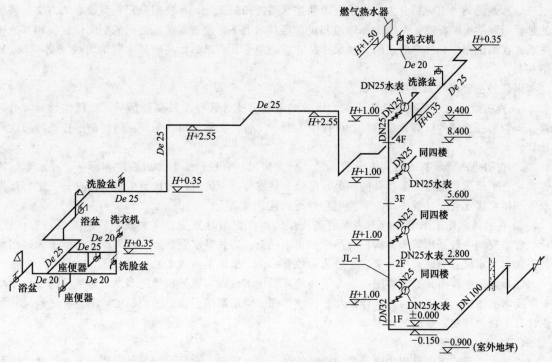

图 5-6　给水系统轴侧图

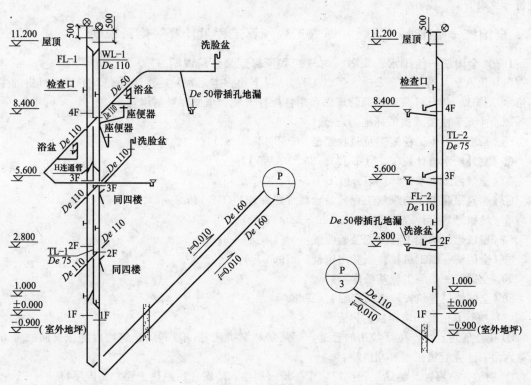

图 5-7　排水系统轴侧图

⑤ 查明水表的安装位置、型号、水表前后阀门的设置情况，以及所采用的安装标准图号。

⑥ 室内排水管道要查明检查井进出管的连接方向以及清通口、清扫口的布置情况；对于雨水管道，要查明雨水斗的型号、数量及布置情况，结合详图弄清雨水斗与天沟的连接方式。

（2）系统图 系统图分为给水系统图和排水系统图两部分，系统图是用轴测投影的方法，表明的是管道和楼层的标高，系统中各管道和设备器具的上下、左右、前后之间的空间位置及相互连接关系。在系统图中标注有管道的直径尺寸、立管的编号、管道的标高和排水管的坡度（见图5-6和图5-7）。

识读的主要内容和注意事项如下。

① 查明给水管道系统的具体走向、干管的敷设方式、管径及其变径情况，阀门的位置，引入管、干管和各支管的标高，识读时，可按引入管—干管—支管—给水配件及附件的顺序进行阅读和计算。

② 查明排水管道系统的具体走向、管路分支情况、管径、水平管道坡度和标高、存水弯形式等，结合平面图弄清楚卫生器具的种类、型号、位置等。识读时，可按卫生设备器具—卫生器具排水管—排水横支管—立管—出户管的顺序进行阅读计算。

③ 在给排水施工图上一般不表示管道支架，但在识图时要按照有关规定确定其数量和位置。给水管道支架一般采用管卡、钩钉、吊环和角钢托架；铸铁排水立管通常用铸铁立管卡子固定在承口下面，排水横管上则采用吊卡，一般为每根管一个，最多不超过2m。

（3）详图 详图又称大样图，是为了详细表明用水设备、器具和管道节点的详细构造、尺寸与安装要求的图样，详图分为标准详图与非标准详图。详图是用正投影法绘制的，图中标注的尺寸可供计算工程量和材料量时使用。

（三）常用图例符号

给排水工程施工图是用图例符号来表示管线、卫生器具、附件、阀门及附属设备的，常用的图例符号见表5-1。

二、全国统一给排水、采暖、燃气工程预算工程量计算规则及说明

（一）全国统一给排水、采暖、燃气工程预算定额分册说明

（1）第八册《给排水、采暖、燃气工程》（以下简称本定额）适用于新建、扩建项目中的生活用给水、排水、燃气、采暖热源管道以及附件配件安装、小型容器制作安装。

（2）本定额主要依据的标准、规范

①《采暖与卫生工程施工及验收规范》（GB J242—82）。

②《室外给水设计规范》[GB J13—86（97版）]。

③《建筑给水排水设计规范》[GB J15—86（97版）]。

④《建筑采暖卫生与煤气工程质量检验评定标准》（GB J302—88）。

⑤《城镇燃气设计规范》[GB 50028—93（98版）]。

⑥《城镇燃气输配工程施工及验收规范》（CJ J33—89）。

⑦《全国统一施工机械台班费用定额》（1998年）。

⑧《全国统一安装工程基础定额》。

⑨《全国统一建筑安装劳动定额》（1988年）。

（3）执行其他册相应定额的内容

① 工业管道、生产生活共用的管道、锅炉房和泵类配管以及高层建筑物内加压泵间的管道执行第六册《工业管道工程》相应项目。

② 刷油、防腐蚀、绝热工程执行第十一册《刷油、防腐蚀、绝热工程》相应项目。

（4）各项费用的规定

表 5-1　给排水施工图常用符号

名称	图　例	名称	图　例
生活给水管	—— J ——	蒸汽管	—— Z ——
热水给水管	—— RJ ——	凝结水管	—— N ——
循环给水管	—— XJ ——	中水给水管	—— ZJ ——
消火栓给水管	—— XH ——	自动喷水灭火给水管	—— ZP ——
污水管	—— W ——	通气管	—— T ——
废水管	—— F ——	雨水管	—— Y ——
雨淋灭火给水管	—— YL ——	水幕灭火给水管	—— SM ——
管道立管	XL-1 平面　　XL-1 系统	保温管	(保温管图例)
立管检查口	(立管检查口图例)	圆形地漏	(圆形地漏图例)
清扫口	平面　　系统	方形地漏	(方形地漏图例)
通气帽	成品　　铅丝球	排水漏斗	平面　　系统
雨水斗	YD-平面　　YD-系统	自动冲洗水箱	(自动冲洗水箱图例)
放水龙头	(放水龙头图例)	皮带龙头	(皮带龙头图例)
洒水（栓）龙头	(洒水龙头图例)	肘式龙头	(肘式龙头图例)
化验龙头	(化验龙头图例)	脚踏开关	(脚踏开关图例)
混合水龙头	(混合水龙头图例)	旋转水龙头	(旋转水龙头图例)
		室外消火栓	(室外消火栓图例)
浴盆带喷头混合水龙头	(浴盆带喷头混合水龙头图例)	室内消火栓（双口）	平面　　系统
室外消火栓（单口）	平面　　系统	自动喷洒头（开头）	平面　　系统
水泵接合器	(水泵接合器图例)	干式报警阀	平面　　系统
自动喷洒头（闭式）	平面　　系统	湿式报警阀	平面　　系统

第五章　给排水、采暖、燃气工程量清单计价　　**177**

名称	图 例	名称	图 例
立式洗脸盆		预作用报警阀	平面 系统
挂式洗脸盆		台式洗脸盆	
化验盆、洗涤盆		浴盆	
盥洗槽		带沥水板洗涤盆	
妇女卫生盆		污水池	
壁挂式小便器		立式小便器	
坐式大便器		蹲式小便器	
淋浴喷头		小便槽	
圆形化粪池	HC	矩形化粪池	HC
水表井		雨水口（单口）	
		雨水口（双口）	
水泵	平面　系统	水表	
阀门井、检查井		开水器	

① 脚手架搭拆费按人工费的 5％计算，其中人工工资占 25％。

② 高层建筑增加费（指高度在 6 层或 20m 以上的工业与民用建筑）按表 5-2 计算（其中全部为人工工资）。

表 5-2　高层建筑增加费

层数	9 层以下 (30m)	12 层以下 (40m)	15 层以下 (50m)	18 层以下 (60m)	21 层以下 (70m)	24 层以下 (80m)	27 层以下 (90m)	30 层以下 (100m)	33 层以下 (110m)
按人工费的百分数/％	2	3	4	6	8	10	13	16	19
层数	36 层以下 (120m)	39 层以下 (130m)	42 层以下 (140m)	45 层以下 (150m)	48 层以下 (160m)	51 层以下 (170m)	54 层以下 (180m)	57 层以下 (190m)	60 层以下 (200m)
按人工费的百分数/％	22	25	28	31	34	37	40	43	46

③ 超高增加费：定额中操作高度均以 3.6m 为界限，如超过 3.6m 时，其超过部分（指由 3.6m 至操作物高度）的定额人工费乘以表 5-3 中的系数。

表 5-3　超高系数

标高±(m)	3.6～8	3.6～12	3.6～16	3.6～20
超高系数	1.10	1.15	1.20	1.25

④ 采暖工程系统调整费按采暖工程人工费的 15％ 计算，其中人工工资占 20％。

⑤ 设置于管道间、管廊内的管道、阀门、法兰、支架安装，人工乘以系数 1.3。

⑥ 主体结构为现场浇筑采用钢模施工的工程，内外浇筑的人工乘以系数 1.05，内浇外砌的人工乘以系数 1.03。

（二）管道安装

（1）本章适用于室内外生活用给水、排水、雨水、采暖热源管道、法兰、套管、伸缩器等的安装。

（2）界线划分

① 给水管道

a. 室内外界线以建筑物外墙皮 1.5m 为界，入口处设阀门者以阀门为界；

b. 与市政管道界线以水表井为界，无水表井者，以与市竣管道碰头点为界。

② 排水管道

a. 室内外以出户第一个排水检查井为界；

b. 室外管道与市政管道界线以与市政管道碰头井为界。

③ 采暖热源管道

a. 室内外以入口阀门或建筑物外墙皮 1.5m 为界；

b. 与工业管道界线以锅炉房或泵站外墙皮 1.5m 为界；

c. 工厂车间内采暖管道以采暖系统与工业管道碰头点为界；

d. 设在高层建筑内的加压泵间管道与本章项目的界线，以泵间外墙皮为界。

（3）本章定额包括的工作内容

① 管道及接头零件安装。

② 水压试验或灌水试验。

③ 室内 DN 32mm 以内钢管包括管卡及托钩制作安装。

④ 钢管包括弯管制作与安装（伸缩器除外），无论是现场煨制或成品弯管均不得换算。

⑤ 铸铁排水管、雨水管及塑料排水管均包括管卡及托吊支架、臭气帽、雨水漏斗制作安装。

⑥ 穿墙及过楼板铁皮套管安装人工。

（4）本章定额不包括的工作内容

① 室内外管道沟土方及管道基础。

② 管道安装中不包括法兰、阀门及伸缩器的制作、安装，按相应项目另行计算。

③ 室内外给水、雨水铸铁管包括接头零件所需的人工，但接头零件价格应另行计算。

④ DN 32mm 以上的钢管支架按本章管道支架另行计算。

⑤ 过楼板的钢套管的制作、安装工料，按室外钢管（焊接）项目计算。

（三）阀门、水位标尺安装

（1）螺纹阀门安装适用于各种内外螺纹连接的阀门安装。

（2）法兰阀门安装适用于各种法兰阀门的安装，如仅为一侧法兰连接时，定额中的法兰、带帽螺栓及钢垫圈数量减半。

（3）各种法兰连接用垫片均按石棉橡胶板计算，如用其他材料，不作调整。

（4）浮标液面计 FQ-Ⅱ型安装是按《采暖通风国家标准图集》N102-3 编制的。

（5）水塔、水池浮漂水位标尺制作安装是按《全国通用给水排水标准图集》S318 编制的。

（四）低压器具、水表组成与安装

（1）减压器、疏水器组成与安装是按《采暖通风国家标准图集》N108 编制的，如实际组成与此不同时，阀门和压力表数量可按实际调整，其余不变。

（2）法兰水表安装是按《全国通用给水排水标准图集》S145 编制的，定额内包括旁通管及止回阀，如实际安装形式与此不同时，阀门及止回阀可按实际调整，其余不变。

（五）卫生器具制作安装

（1）本章所有卫生器具安装项目，均参照《全国通用给水排水标准图集》中有关标准图集计算，除详细说明者外，设计无特殊要求均不作调整。

（2）成组安装的卫生器具，定额均已按标准图集计算了与给水、排水管道连接的人工和材料。

（3）浴盆安装适用于各种型号的浴盆，但浴盆支座和浴盆周边的砌砖、瓷砖粘贴应另行计算。

（4）洗脸盆、洗手盆、洗涤盆适用于各种型号。

（5）化验盆安装中的鹅颈水嘴、化验单嘴、双嘴适用于成品件安装。

（6）洗脸盆肘式开关安装不分单双把均执行同一项目。

（7）脚踏开关安装包括弯管和喷头的安装人工和材料。

（8）淋浴器铜制品安装适用于各种成品淋浴器安装。

（9）蒸汽-水加热器安装项目中，包括了莲蓬头安装，但不包括支架制作安装，阀门和疏水器安装可按相应项目另行计算。

（10）冷热水混合器安装项目中包括了温度计安装，但不包括支座制作安装，可按相应项目另行计算。

（11）小便槽冲洗管制作安装定额中，不包括阀门安装，可按相应项目另行计算。

（12）大、小便槽水箱托架安装已按标准图集计算在定额内，不得另行计算。

（13）高（无）水箱蹲式大便器，低水箱坐式大便器安装，适用于各种型号。

（14）电热水器、电开水炉安装定额内只考虑了本体安装，连接管、连接件等可按相应项目另行计算。

（15）饮水器安装的阀门和脚踏开关安装，可按相应项目另行计算。

（16）容积式水加热器安装，定额内已按标准图集计算了其中的附件，但不包括安全阀安装、本体保温、刷油和基础砌筑。

（六）供暖器具安装

（1）本章系参照1993年《全国通用暖通空调标准图集》T9N112"采暖系统及散热器安装"编制的。

（2）各类型散热器不分明装或暗装，均按类型分别编制，柱型散热器为挂装时，可执行 M132 项目。

（3）柱型和 M132 型铸铁散热器安装用拉条时，拉条另行计算。

（4）定额中列出的接口密封材料，除圆翼汽包垫采用橡胶石棉板外，其余均采用成品汽包垫，如采用其他材料，不作换算。

（5）光排管散热器制作、安装项目，单位每10m 系指光排管长度，联管作为材料已列入定额，不得重复计算。

（6）板式、壁板式，已计算了托钩的安装人工和材料，闭式散热器，如主材价不包括托钩者，托钩价格另行计算。

（七）小型容器制作安装

（1）本章系参照《全国通用给水排水标准图集》S151、S342 及《全国通用采暖通风标准图集》T905、T906 编制，适用于给排水、采暖系统中一般低压碳钢容器的制作和安装。

（2）各种水箱连接管均未包括在定额内，可执行室内管道安装的相应项目。

（3）各类水箱均未包括支架制作安装，如为型钢支架，执行本册定额"一般管道支架"项目，混凝土或砖支座可按土建相应项目执行。

（4）水箱制作包括水箱本身及人孔的质量。水位计、内外人梯均未包括在定额内，发生时，可另行计算。

（八）燃气管道、附件及器具安装

（1）本章包括低压镀锌钢管、铸铁管、管道附件、器具安装。

（2）室内外管道分界

① 地下引入室内的管道以室内第一个阀门为界。

② 地上引入室内的管道以墙外三通为界。

（3）室外管道与市政管道以两者的碰头点为界。

（4）各种管道安装定额包括的工作内容

① 场内搬运，检查清扫，分段试压。

② 管件制作（包括机械煨弯、三通）。

③ 室内托钩角钢卡制作与安装。

（5）钢管焊接安装项目适用于无缝钢管和焊接钢管。

（6）编制预算时，下列项目应另行计算。

① 阀门安装，按本册定额相应项目另行计算。

② 法兰安装，按本册定额相应项目另行计算（调长器安装、调长器与阀门联装、燃气计量表安装除外）。

③ 穿墙套管：铁皮管按本册定额相应项目计算；内墙用钢套管按本章"室外钢管焊接定额"相应项目计算；外墙钢套管按第六册《工业管道工程》定额相应项目计算。

④ 埋地管道的土方工程及排水工程，执行本地区相应预算定额。

⑤ 非同步施工的室内管道安装的打、堵洞眼，执行相应定额。

⑥ 室外管道所有带气碰头。

⑦ 燃气计量表安装，不包括表托、支架、表底基础。

⑧ 燃气加热器具只包括器具与燃气管终端阀门连接，其他执行相应定额。

⑨ 铸铁管安装，定额内未包括接头零件，可按设计数量另行计算，但人工、机械不变。

（7）承插煤气铸铁管以 N1 和 X 型接口形式编制的。如果采用 N 型和 SMJ 型接口时，其人工乘以系数 1.05，当安装 X 型，$\phi 400$ 铸铁管接口时，每个口增加螺栓 2.06 套，人工乘以系数 1.08。

（8）燃气输送压力大于 0.2MPa 时，承插煤气铸铁管安装定额中人工乘以系数 1.30。

三、给排水、采暖、燃气工程量计算规则

（一）管道安装

（1）各种管道，均以施工图所示中心长度，以"m"为计量单位，不扣除阀门、管件（包括减压器、疏水器、水表、伸缩器等组成安装）所占的长度。

（2）镀锌铁皮套管制作以"个"为计量单位，其安装已包括在管道安装定额内，不得另行计算。

（3）管道支架制作安装，室内管道公称直径 32mm 以下的安装工程已包括在内，不得另行计算。公称直径 32mm 以上的，可另行计算。

（4）各种伸缩器制作安装，均以"个"为计量单位。方形伸缩器的两臂，按臂长的两倍合并在管道长度内计算。

（5）管道消毒、冲洗、压力试验，均按管道长度以"m"为计量单位，不扣除阀门、管件所占

的长度。

（二）阀门、水位标尺安装

（1）各种阀门安装均以"个"为计量单位。法兰阀门安装，如仅为一侧法兰连接时，定额所列法兰、带帽螺栓及垫圈数量减半，其余不变。

（2）各种法兰连接用垫片，均按石棉橡胶板计算，如用其他材料，不得调整。

（3）法兰阀（带短管甲乙）安装，均以"套"为计量单位，如接口材料不同时，可作调整。

（4）自动排气阀安装以"个"为计量单位，已包括了支架制作安装，不得另行计算。

（5）浮球阀安装均以"个"为计量单位，已包括了联杆及浮球的安装，不得另行计算。

（6）浮标液面计、水位标尺是按国标编制的，如设计与国标不符时，可作调整。

（三）低压器具、水表组成与安装

（1）减压器、疏水器组成安装以"组"为计量单位，如设计组成与定额不同时，阀门和压力表数量可按设计用量进行调整，其余不变。

（2）减压器安装按高压侧的直径计算。

（3）法兰水表安装以"组"为计量单位，定额中旁通管及止回阀如与设计规定的安装形式不同时，阀门及止回阀可按设计规定进行调整，其余不变。

（四）卫生器具制作安装

（1）卫生器具组成安装以"组"为计量单位，已按标准图综合了卫生器具与给水管、排水管连接的人工与材料用量，不得另行计算。

（2）浴盆安装不包括支座和四周侧面的砌砖及瓷砖粘贴。

（3）蹲式大便器安装，已包括了固定大便器的垫砖，但不包括大便器蹲台砌筑。

（4）大便槽、小便槽自动冲洗水箱安装以"套"为计量单位，已包括了水箱托架的制作安装，不得另行计算。

（5）小便槽冲洗管制作与安装以"m"为计量单位，不包括阀门安装，其工程量可按相应定额另行计算。

（6）脚踏开关安装，已包括了弯管与喷头的安装，不得另行计算。

（7）冷热水混合器安装以"套"为计量单位，不包括支架制作安装及阀门安装，其工程量可按相应定额另行计算。

（8）蒸汽-水加热器安装以"台"为计量单位，包括莲蓬头安装，不包括支架制作安装及阀门、疏水器安装，其工程量可按相应定额另行计算。

（9）容积式水加热器安装以"台"为计量单位，不包括安全阀安装、保温与基础砌筑，其工程量可按相应定额另行计算。

（10）电热水器、电开水炉安装以"台"为计量单位，只考虑本体安装，连接管、连接件等工程量可按相应定额另行计算。

（11）饮水器安装以"台"为计量单位，阀门和脚踏开关工程量可按相应定额另行计算。

（五）供暖器具安装

（1）热空气幕安装以"台"为计量单位，其支架制作安装可按相应定额另行计算。

（2）长翼、柱型铸铁散热器组成安装以"片"为计量单位，其汽包垫不得换算；圆翼型铸铁散热器组成安装以"节"为计量单位。

（3）光排管散热器制作安装以"m"为计量单位，已包括联管长度，不得另行计算。

（六）小型容器制作安装

（1）钢板水箱制作，按施工图所示尺寸，不扣除人孔、手孔质量，以"kg"为计量单位，法兰和短管水位计可按相应定额另行计算。

（2）钢板水箱安装，按国家标准图集水箱容量（m³）执行相应定额。各种水箱安装，均以

"个"为计量单位。

（七）燃气管道、附件及器具安装

（1）各种管道安装，均按设计管道中心线长度，以"m"为计量单位，不扣除各种管件和阀门所占长度。

（2）除铸铁管外，管道安装中已包括管件安装和管件本身价值。

（3）承插铸铁管安装定额中未列出接头零件，其本身价值应按设计用量另行计算，其余不变。

（4）钢管焊接挖眼接管工作，均在定额中综合取定，不得另行计算。

（5）调长器及调长器与阀门连接，包括一副法兰安装，螺栓规格和数量以压力为 0.6MPa 的法兰装配，如压力不同可按设计要求的数量、规格进行调整，其他不变。

（6）燃气表安装按不同规格、型号分别以"块"为计量单位，不包括表托、支架、表底垫层基础，其工程量可根据设计要求另行计算。

（7）燃气加热设备、灶具等按不同用途规定型号，分别以"台"为计量单位。

（8）气嘴安装按规格型号连接方式，分别以"个"为计量单位。

四、给排水、采暖、燃气工程常用数据

1. 主要材料损耗率

全统定额给排水、采暖、燃气工程主要材料损耗率见表 5-4。

表 5-4　主要材料损耗率表

序号	名　　称	损耗率/%	序号	名　　称	损耗率/%
1	室外钢管(丝接、焊接)	1.5	26	大便器	1.0
2	室内钢管(丝接)	2.0	27	瓷高低水箱	1.0
3	室外钢管(焊接)	2.0	28	存水弯	0.5
4	室内煤气用钢管(丝接)	2.0	29	小便器	1.0
5	室外排水铸铁管	3.0	30	小便槽冲洗管	2.0
6	室内排水铸铁管	7.0	31	喷水鸭嘴	1.0
7	室内塑料管	2.0	32	立式小便器配件	1.0
8	铸铁散热器	1.0	33	水箱进水嘴	1.0
9	光排管散热器制作用钢管	3.0	34	高低水箱配件	1.0
10	散热器对丝及托钩	5.0	35	冲洗管配件	1.0
11	散热器补芯	4.0	36	钢管接头零件	1.0
12	散热器丝堵	4.0	37	型钢	5.0
13	散热器胶垫	10.0	38	单管卡子	5.0
14	净身盆	1.0	39	带帽螺栓	3.0
15	洗脸盆	1.0	40	木螺钉	4.0
16	洗手盆	1.0	41	锯条	5.0
17	洗涤盆	1.0	42	氧气	17.0
18	立式洗脸盆铜活	1.0	43	乙炔气	17.0
19	理发用洗脸盆铜活	1.0	44	铅油	2.5
20	脸盆架	1.0	45	清油	2.0
21	浴盆排水配件	1.0	46	机油	3.0
22	浴盆水嘴	1.0	47	沥青油	2.0
23	普通水嘴	1.0	48	橡胶石棉板	15.0
24	丝扣阀门	1.0	49	橡胶板	15.0
25	化验盆	1.0	50	石棉绳	4.0

序号	名　　称	损耗率/%	序号	名　　称	损耗率/%
51	石棉	10.0	59	水泥	10.0
52	青铅	8.0	60	沙子	10.0
53	铜丝	1.0	61	胶皮碗	10.0
54	锁紧螺母	6.0	62	油麻	5.0
55	压盖	6.0	63	线麻	5.0
56	焦炭	5.0	64	漂白粉	5.0
57	木柴	5.0	65	油灰	4.0
58	红砖	4.0			

2. 管道接头零件含量及价格取定

(1) 室外镀锌钢管接头零件的含量及价格取定　见表 5-5。

表 5-5　室外镀锌钢管接头零件　　　　　　　　　　单位：10m

材料名称	DN 15mm			DN 20mm			DN 25mm		
	用量	单价/元	金额/元	用量	单价/元	金额/元	用量	单价/元	金额/元
三通	—	—	—	—	—	—	—	—	—
弯头	0.75	0.76	0.57	0.75	1.11	0.83	0.75	1.70	1.28
管箍	1.15	0.64	0.74	1.15	0.82	0.94	1.15	1.30	1.50
补芯	—	—	—	0.02	0.68	0.01	0.02	1.10	0.02
合计	1.9	—	1.31	1.92	—	1.78	1.92	—	2.80
综合单价/元	—	0.69	—	—	0.93	—	—	1.46	—
三通				0.20	5.36	1.07	0.18	7.89	1.42
弯头	0.75	2.75	2.06	0.81	3.64	2.95	0.75	5.71	4.28
管箍	1.15	1.88	2.16	0.83	2.84	2.36	0.90	4.08	3.67
补芯	0.02	1.79	0.04	0.02	2.30	0.05	0.02	3.33	0.07
合计	1.92	—	4.29	1.86	—	6.43	1.85	—	9.44
综合单价/元	—	2.22	—	—	3.46	—	—	5.10	—

材料名称	DN 65mm			DN 80mm			DN 100mm		
	用量	单价/元	金额/元	用量	单价/元	金额/元	用量	单价/元	金额/元
三通	0.14	14.16	1.98	0.14	20.87	2.92	0.14	35.16	4.92
弯头	0.70	10.06	7.04	0.65	14.66	9.53	0.51	26.71	13.62
管箍	0.90	7.39	6.65	0.90	10.31	9.28	0.95	18.80	17.86
补芯	0.02	6.40	0.13	0.03	9.63	0.29	0.03	16.90	0.51
合计	1.76	—	15.80	1.72	—	22.02	1.63	—	36.91
综合单价/元	—	8.98	—	—	12.80	—	—	22.64	—

材料名称	DN 125mm			DN 150mm		
	用量	单价/元	金额/元	用量	单价/元	金额/元
三通	0.14	62.43	8.74	0.14	80.28	11.24
弯头	0.45	50.06	22.53	0.31	78.22	24.25
管箍	0.95	28.82	27.38	1.00	46.05	46.05
补芯	0.05	26.12	1.31	0.06	41.73	2.50
合计	1.59	—	59.96	1.51	—	84.04
综合单价/元	—	37.71	—	—	55.66	—

（2）室外焊接钢管接头零件的含量及价格取定　见表5-6。

表5-6　室外焊接钢管接头零件

单位：10m

材料名称	DN 15mm			DN 20mm			DN 25mm		
	用量	单价/元	金额/元	用量	单价/元	金额/元	用量	单价/元	金额/元
三通	—	—	—	—	—	—	—	—	—
弯头	0.75	0.50	0.38	0.75	0.69	0.52	0.75	1.17	0.88
补芯	—	—	—	0.02	0.51	0.01	0.02	0.81	0.02
管箍	1.15	0.46	0.53	1.15	0.62	0.71	1.15	0.93	1.07
合计	1.90	—	0.91	1.92	—	1.24	1.92	—	1.97
综合单价/元	—	0.48	—	—	0.65	—	—	1.03	—

材料名称	DN 32mm			DN 40mm			DN 50mm		
	用量	单价/元	金额/元	用量	单价/元	金额/元	用量	单价/元	金额/元
四通	0.02	5.34	0.11	0.01	6.58	0.07	0.01	9.88	0.10
合计	8.03	—	21.98	7.16	—	25.28	6.51	—	38.21
综合单价/元	—	2.74	—	—	3.53	—	—	5.87	—

材料名称	DN 65mm			DN 80mm			DN 100mm		
	用量	单价/元	金额/元	用量	单价/元	金额/元	用量	单价/元	金额/元
三通	1.62	14.16	22.94	0.71	20.87	14.82	1.00	35.16	35.16
弯头	1.67	10.06	16.80	1.50	14.66	21.99	0.66	26.71	17.63
补芯	0.37	6.40	2.37	0.16	9.63	1.54	0.20	16.90	3.38
管箍	0.59	7.39	4.36	1.54	10.31	15.88	0.81	18.80	15.23
四通	—	—	—	—	—	—	0.01	41.24	0.41
合计	4.25	—	46.47	3.91	—	54.23	2.68	—	71.81
综合单价/元	—	10.93	—	—	13.87	—	—	26.79	—

材料名称	DN 125mm			DN 150mm		
	用量	单价/元	金额/元	用量	单价/元	金额/元
三通	0.40	62.43	24.97	0.40	80.28	32.11
弯头	0.51	50.06	25.53	0.51	78.22	39.89
补芯	0.25	26.12	6.53	0.25	41.73	10.43
管箍	1.14	28.82	32.86	1.14	46.05	52.50
四通	—	—	—	—	—	—
合计	2.30	—	89.89	2.30	—	134.93
综合单价/元	—	39.08	—	—	58.67	—

（3）室内镀锌钢管接头零件的含量及价格取定　见表5-7。

表5-7　室内镀锌钢管接头零件

单位：10m

材料名称	DN 15mm			DN 20mm			DN 25mm		
	用量	单价/元	金额/元	用量	单价/元	金额/元	用量	单价/元	金额/元
三通	3.17	1.05	3.33	3.82	1.61	6.15	3.00	2.66	7.98
弯头	11.00	0.76	8.36	3.46	1.11	3.84	3.82	1.70	6.49
补芯	—	—	—	2.77	0.68	1.88	1.51	1.10	1.66
管箍	2.20	0.64	1.41	1.42	0.82	1.16	1.41	1.30	1.83
四通	—	—	—	0.05	2.46	0.12	0.04	3.40	0.14

材料名称	DN 15mm			DN 20mm			DN 25mm		
	用量	单价/元	金额/元	用量	单价/元	金额/元	用量	单价/元	金额/元
合计	16.37	—	13.10	11.52	—	13.15	9.78	—	18.10
综合单价/元	—	0.80			1.14			1.85	—

材料名称	DN 32mm			DN 40mm			DN 50mm		
	用量	单价/元	金额/元	用量	单价/元	金额/元	用量	单价/元	金额/元
三通	2.19	3.85	8.43	1.37	5.36	7.34	1.85	7.89	14.60
弯头	3.00	2.75	8.25	2.77	3.64	10.08	3.06	5.71	17.47
补芯	1.28	1.79	2.29	1.40	2.30	3.22	0.59	3.33	1.96
管箍	1.54	1.88	2.90	1.61	2.84	4.57	1.00	4.08	4.08

材料名称	DN 32mm			DN 40mm			DN 50mm		
	用量	单价/元	金额/元	用量	单价/元	金额/元	用量	单价/元	金额/元
三通	—	—	—	0.20	3.49	0.70	0.18	5.71	1.03
弯头	0.75	1.80	1.35	0.81	2.67	2.16	0.75	4.04	3.03
补芯	0.02	1.24	0.02	0.02	1.61	0.03	0.02	2.34	0.05
管箍	1.15	1.37	1.58	0.83	2.01	1.67	0.90	2.69	2.42
合计	1.92	—	2.95	1.86	—	4.56	1.85	—	6.53
综合单价/元	—	1.54			2.45			3.53	

材料名称	DN 65mm			DN 80mm			DN 100mm		
	用量	单价/元	金额/元	用量	单价/元	金额/元	用量	单价/元	金额/元
三通	0.14	11.06	1.55	0.14	16.15	2.26	0.14	28.20	3.95
弯头	0.70	7.70	5.39	0.65	10.93	7.10	0.51	20.44	10.42
补芯	0.02	4.60	0.09	0.03	6.96	0.21	0.03	12.05	0.36
管箍	0.90	5.47	4.92	0.90	8.01	7.21	0.95	14.41	13.69
合计	1.76	—	11.95	1.72	—	16.78	1.63	—	28.42
综合单价/元	—	6.79			9.76			17.44	

材料名称	DN 125mm			DN 150mm		
	用量	单价/元	金额/元	用量	单价/元	金额/元
三通	0.14	49.86	6.98	0.14	60.13	8.42
弯头	0.45	37.55	16.90	0.31	54.08	16.76
补芯	0.05	18.84	0.94	0.06	28.26	1.70
管箍	0.95	22.88	21.74	1.00	34.32	34.32
合计	1.59	—	46.56	1.51	—	61.20
综合单价/元	—	29.28		—	40.53	

（4）室内焊接钢管接头零件的含量及价格取定　见表 5-8。

表 5-8　室内焊接钢管接头零件　　　　　　单位：10m

材料名称	DN 15mm			DN 20mm			DN 25mm		
	用量	单价/元	金额/元	用量	单价/元	金额/元	用量	单价/元	金额/元
三通	0.83	0.68	0.56	2.50	1.00	2.50	3.29	1.61	5.30
弯头	3.20	0.50	1.60	3.00	0.69	2.07	2.64	1.17	3.09
补芯	—	—	—	0.83	0.51	0.42	2.46	0.81	1.99

材料名称	DN 15mm			DN 20mm			DN 25mm		
	用量	单价/元	金额/元	用量	单价/元	金额/元	用量	单价/元	金额/元
四通	—	—	—	0.14	1.68	0.24	0.34	2.40	0.82
管箍	6.40	0.46	2.94	4.90	0.62	3.04	3.39	0.93	3.15
根母	6.26	0.23	1.44	4.76	0.30	1.43	2.95	0.45	1.33

材料名称	DN 15mm			DN 20mm			DN 25mm		
	用量	单价/元	金额/元	用量	单价/元	金额/元	用量	单价/元	金额/元
丝堵	0.27	0.31	0.08	0.06	0.41	0.02	0.07	0.60	0.04
合计	16.96	—	6.62	16.19	—	9.72	15.14	—	15.72
综合单价/元	—	0.39		—	0.60		—	1.04	

材料名称	DN 32mm			DN 40mm			DN 50mm		
	用量	单价/元	金额/元	用量	单价/元	金额/元	用量	单价/元	金额/元
三通	3.14	2.54	7.98	2.14	3.49	7.47	1.58	5.71	9.02
弯头	2.41	1.80	4.34	2.64	2.67	7.05	2.85	4.04	11.51
补芯	2.02	1.24	2.50	0.96	1.61	1.55	0.59	2.34	1.38
四通	0.63	3.65	2.30	0.43	4.84	2.08	0.16	7.21	1.15
管箍	1.91	1.37	2.62	1.67	2.01	3.36	1.03	2.69	2.77
根母	0.77	0.68	0.52						
丝堵									
合计	10.88	—	20.26	7.84	—	21.51	6.21	—	25.83
综合单价/元	—	1.86		—	2.74		—	4.16	

材料名称	DN 65mm			DN 80mm			DN 100mm		
	用量	单价/元	金额/元	用量	单价/元	金额/元	用量	单价/元	金额/元
三通	1.63	11.06	18.03	1.08	16.15	17.44	1.02	28.20	28.76
弯头	1.26	7.70	9.70	0.98	10.93	10.71	1.20	20.44	24.53
补芯	0.58	4.60	2.67	0.45	6.96	3.13	0.33	12.05	3.98
管箍	0.88	5.47	4.81	1.03	8.01	8.25	0.95	14.41	13.69
合计	4.35	—	35.21	3.54	—	39.53	3.50	—	70.96
综合单价/元	—	8.09		—	11.17		—	20.27	

材料名称	DN 125mm			DN 150mm		
	用量	单价/元	金额/元	用量	单价/元	金额/元
三通	0.70	49.86	34.90	0.70	60.13	42.09
弯头	0.80	37.55	30.04	0.80	54.08	43.26
补芯	0.20	18.84	3.77	0.20	28.26	5.65
管箍	0.90	22.88	20.59	0.90	34.32	30.89
合计	2.60	—	89.30	2.60	—	121.89
综合单价/元	—	34.35		—	46.88	—

（5）燃气室外镀锌钢管接头零件的含量及价格取定　见表 5-9。

表 5-9　燃气室外镀锌钢管接头零件　　　　　　　　　　　　　单位：10m

材料名称	DN 25mm			DN 32mm		
	用量	单价/元	金额/元	用量	单价/元	金额/元
三通	2.24	2.66	5.96	2.24	3.85	8.62
弯头	1.12	1.70	1.90	1.12	2.75	3.08
管箍	1.12	1.30	1.46	1.12	1.88	2.11
活接	1.12	3.79	4.24	1.12	5.47	6.13

材料名称	DN 25mm			DN 32mm		
	用量	单价/元	金额/元	用量	单价/元	金额/元
六角外丝	2.24	1.26	2.82	2.24	1.87	4.19
丝堵	2.24	0.93	2.08	2.24	1.23	2.76
合计	10.08	—	18.46	10.08	—	26.89
综合单价/元	—	1.83	—	—	2.67	—

材料名称	DN 40mm			DN 50mm		
	用量	单价/元	金额/元	用量	单价/元	金额/元
三通	1.61	5.36	8.63	1.61	7.89	12.70
弯头	0.84	3.64	3.06	0.84	5.71	4.80
管箍	0.89	2.84	2.53	0.89	4.08	3.63
活接	0.59	8.26	4.87	0.59	10.68	6.30
六角外丝	1.99	2.82	5.61	1.99	3.98	7.92
丝堵	1.86	1.80	3.35	1.86	3.10	5.77
合计	7.78	—	28.05	7.78	—	41.12
综合单价/元	—	3.61	—	—	5.29	—

(6) 燃气室内镀锌钢管接头零件的含量及价格取定　见表 5-10。

表 5-10　燃气室内镀锌钢管接头零件　　　　　　　　　　　　单位：10m

材料名称	DN 15mm			DN 20mm			DN 25mm		
	用量	单价/元	金额/元	用量	单价/元	金额/元	用量	单价/元	金额/元
四通	—	—	—	0.01	2.46	0.02	—	—	—
三通	0.74	1.05	0.78	1.79	1.61	2.88	2.84	2.66	7.55
弯头	5.65	0.76	4.29	4.61	1.11	5.12	3.58	1.70	6.09
六角外丝	1.97	0.62	1.22	1.29	0.85	1.10	0.64	1.26	0.81
丝堵	—	—	—	1.34	0.54	0.72	0.60	0.93	0.56
管箍	—	—	—	0.05	0.82	0.04	0.29	1.30	0.37
活接	1.49	2.24	3.34	0.07	2.73	0.19	0.76	3.79	2.88
补芯	—	—	—	—	—	—	0.27	1.10	0.30
合计	9.85	—	9.63	9.16	—	10.07	8.98	—	18.57
综合单价/元	—	0.98	—	—	1.10	—	—	2.07	—

材料名称	DN 32mm			DN 40mm			DN 50mm		
	用量	单价/元	金额/元	用量	单价/元	金额/元	用量	单价/元	金额/元
四通	—	—	—	0.01	6.58	0.07	0.27	9.88	2.67
三通	3.89	3.85	14.98	3.48	5.36	18.65	3.03	7.89	23.91
弯头	1.03	2.75	2.83	1.68	3.64	6.12	3.07	5.71	17.53
六角外丝	0.97	1.87	1.81	0.59	2.82	1.66	0.39	3.98	1.55
丝堵	0.82	1.23	1.01	0.41	1.80	0.74	0.10	3.10	0.31
管箍	0.33	1.88	0.62	0.33	2.84	0.94	0.44	4.08	1.80
活接	0.40	5.47	2.19	0.56	8.26	4.63	0.48	10.68	5.13
补芯	1.30	1.79	2.33	1.57	2.30	3.61	0.74	3.33	2.46
合计	8.74	—	25.77	8.63	—	36.41	8.52	—	55.36
综合单价/元	—	2.95	—	—	4.22	—	—	6.50	—

材料名称	DN 65mm			DN 80mm			DN 100mm		
	用量	单价/元	金额/元	用量	单价/元	金额/元	用量	单价/元	金额/元
四通	0.43	18.63	8.01	0.43	23.73	10.20	0.43	41.24	17.73
三通	3.12	14.16	44.18	2.26	20.87	47.17	1.40	35.16	49.22
弯头	2.07	10.06	20.82	2.07	14.66	30.35	2.07	26.71	55.29
六角外丝	0.30	7.02	2.11	0.30	10.50	3.15	0.30	19.26	5.78
丝堵	0.79	5.40	4.27	0.79	8.57	6.77	0.79	14.78	11.68
管箍	0.09	7.39	0.67	0.09	10.31	0.93	0.09	18.80	1.69
活接	0.01	20.50	0.21	0.01	27.33	0.27	0.01	48.45	0.48
补芯	0.02	6.40	0.13	0.02	9.63	0.19	0.02	16.90	0.34
合计	6.83	—	80.40	5.97	—	99.03	5.11	—	142.21
综合单价/元	—	11.77	—	—	16.58	—	—	—	27.83

（7）室内排水铸铁管接头零件的含量及价格取定 见表 5-11。

表 5-11 室内排水铸铁管接头零件　　　　　　　　单位：10m

材料名称	DN 50mm			DN 75mm			DN 100mm		
	用量	单价/元	金额/元	用量	单价/元	金额/元	用量	单价/元	金额/元
三通	1.09	12.61	13.74	1.85	17.97	33.24	4.27	26.58	113.50
四通	—	—	—	0.13	15.76	2.05	0.24	21.33	5.12
弯头	5.28	6.93	36.59	1.52	10.19	15.49	3.93	13.66	53.68
扫除口	0.20	14.50	2.90	2.66	25.32	67.35	0.77	37.09	28.56
接轮	—	—	—	2.72	9.25	25.16	1.04	12.29	12.78
异径管	—	—	—	0.16	7.98	1.28	0.30	11.14	3.34
合计	6.57	—	53.23	9.04	—	144.57	10.55	—	216.98
综合单价/元	—	8.10	—	—	15.99	—	—	20.57	—

材料名称	DN 150mm			DN 200mm		
	用量	单价/元	金额/元	用量	单价/元	金额/元
三通	2.36	55.47	130.91	2.04	90.04	183.68
四通	0.17	36.98	6.29	—	—	—
弯头	1.27	26.06	33.10	1.71	47.70	81.57
扫除口	0.01	75.64	0.76	—	—	—
接轮	0.92	21.43	19.72	—	—	—
异径管	0.34	18.70	6.36	—	—	—
合计	5.07	—	197.14	3.75	—	265.25
综合单价/元	—	38.88	—	—	70.73	—

（8）柔性抗震铸铁排水管接头零件的含量及价格取定 见表 5-12。

表 5-12 柔性抗震铸铁排水管接头零件　　　　　　　　单位：mm

材料名称	DN 50mm			DN 75mm			DN 100mm		
	用量	单价/元	金额/元	用量	单价/元	金额/元	用量	单价/元	金额/元
柔性下水铸铁弯头	5.28	9.04	47.73	1.52	12.29	18.68	3.93	17.76	69.80
柔性下水铸铁三通	1.09	19.65	21.42	1.85	31.94	59.09	4.27	48.01	205.00
柔性下水铸铁四通	—	—	—	0.13	46.44	6.04	0.24	83.94	20.15
柔性下水铸铁接轮	—	—	—	2.72	12.40	33.73	1.04	15.86	16.49
柔性下水铸铁异径管	—	—	—	0.16	12.61	2.02	0.30	14.81	4.44

材料名称	DN 50mm			DN 75mm			DN 100mm		
	用量	单价/元	金额/元	用量	单价/元	金额/元	用量	单价/元	金额/元
柔性下水铸铁检查口	0.20	14.50	2.90	2.66	25.32	67.35	0.77	37.90	29.18
合计	6.57	—	72.05	9.04	—	186.91	10.55	—	345.06
综合单价/元	—	10.97	—	—	20.68	—	—	32.71	—

材料名称	DN 150mm			DN 100mm		
	用量	单价/元	金额/元	用量	单价/元	金额/元
柔性下水铸铁弯头	1.27	35.62	45.24	1.71	56.31	96.29
柔性下水铸铁三通	2.36	100.00	236.00	2.04	142.00	289.68
柔性下水铸铁四通	0.17	148.00	25.16	—	—	—
柔性下水铸铁接轮	0.92	30.95	28.47	—	—	—
柔性下水铸铁异径管	0.34	23.64	8.04	—	—	—
柔性下水铸铁检查口	0.01	75.64	0.76	—	—	—
合计	5.07	—	343.67	3.75	—	385.97
综合单价/元	—	67.78	—	—	102.93	—

3. 刷油、防腐、绝热工程量计算

(1) 除锈、刷油工程

① 设备筒体、管道表面积计算公式：

$$S = \pi D L \tag{5-1}$$

式中，π 为圆周率；D 为设备或管道直径；L 为设备筒体高或管道延长米。

② 计算设备筒体、管道表面积时已包括各种管件、阀门、人孔、管口凹凸部分，不再另外计算。

(2) 防腐蚀工程

① 设备筒体、管道表面积计算公式同式（5-1）。

② 阀门、弯头、法兰表面积计算式如下。

a. 阀门表面积：

$$S = \pi D \times 2.5 D K N \tag{5-2}$$

式中，D 为直径；K 为 1.05；N 为阀门个数。

b. 弯头表面积：

$$S = \pi D \times 1.5 D \times 2 \pi N / B \tag{5-3}$$

式中，D 为直径；N 为弯头个数；B 值取定为：90°弯头 $B=4$；45°弯头 $B=8$。

c. 法兰表面积：

$$S = \pi D \times 1.5 D K N \tag{5-4}$$

式中，D 为直径；K 为 1.05；N 为法兰个数。

③ 设备和管道法兰翻边防腐蚀工程量计算式如下。

$$S = \pi (D + A) \times A \tag{5-5}$$

式中，D 为直径；A 为法兰翻边宽。

(3) 绝热工程量

① 设备筒体或管道绝热、防潮和保护层计算公式如下：

$$V = \pi (D + 1.033\delta) \times 1.033\delta \times L \tag{5-6}$$

$$S = \pi (D + 2.1\delta + 0.0082) \times L \tag{5-7}$$

式中，D 为直径；1.033、2.1 为调整系数；δ 为绝热层厚度；L 为设备筒体或管道长；0.0082 为捆扎线直径或钢带厚。

② 伴热管道绝热工程量计算式如下。

a. 单管伴热或双管伴热（管径相同，夹角小于90°时）：
$$D' = D_1 + D_2 + (10 \sim 20\text{mm}) \tag{5-8}$$

式中，D' 为伴热管道综合值；D_1 为主管道直径；D_2 为伴热管道直径；10～20mm 为主管道与伴热管道之间的间隙。

b. 双管伴热（管径相同，夹角大于90°时）：
$$D' = D_1 + 1.5D_2 + (10 \sim 20\text{mm}) \tag{5-9}$$

c. 双管伴热（管径不同，夹角小于90°时）：
$$D' = D_1 + D_{伴大} + (10 \sim 20\text{mm}) \tag{5-10}$$

式中，D' 为伴热管道综合道；D_1 为主管道直径。

将上述 D' 计算结果分别代入公式（5-6）和公式（5-7）计算出伴热管道的绝热层、防潮层和保护层工程量。

③ 设备封头绝热、防潮和保护层工程量计算式如下：
$$V = [(D + 1.033\delta)/2]^2 \times \pi \times 1.033\delta \times 1.5N \tag{5-11}$$
$$S = [(D + 2.1\delta)/2]^2 \times \pi \times 1.5N \tag{5-12}$$

④ 阀门绝热、防潮和保护层计算公式如下：
$$V = \pi(D + 1.033\delta) \times 2.5D \times 1.033\delta \times 1.05N \tag{5-13}$$
$$S = \pi(D + 2.1\delta) \times 2.5D \times 1.05N \tag{5-14}$$

⑤ 法兰绝热、防潮和保护层计算公式如下：
$$V = \pi(D + 1.033\delta) \times 1.5D \times 1.033\delta \times 1.05N \tag{5-15}$$
$$S = \pi(D + 2.1\delta) \times 1.5D \times 1.05N \tag{5-16}$$

⑥ 弯头绝热、防潮和保护层计算公式如下：
$$V = \pi(D + 1.033\delta) \times 1.5D \times 2\pi \times 1.033\delta N/B \tag{5-17}$$
$$S = \pi(D + 2.1\delta) \times 1.5D \times 2\pi N/B \tag{5-18}$$

⑦ 拱顶罐封头绝热、防潮和保护层计算公式如下：
$$V = 2\pi r \times (h + 1.033\delta) \times 1.033\delta \tag{5-19}$$
$$S = 2\pi r \times (h + 2.1\delta) \tag{5-20}$$

4. 常用材料规格

(1) 给排水、采暖、燃气管道　给排水、采暖、燃气工程常用管道规格技术见表5-13～表5-27。

表 5-13　钢管的公称口径、公称外径、公称壁厚及理论质量

公称口径 /mm	公称外径 /mm	普通钢管		加厚钢管	
		公称壁厚/mm	理论质量/(kg/m)	公称壁厚/mm	理论质量/(kg/m)
6	10.2	2.0	0.40	2.5	0.47
8	13.5	2.5	0.68	2.8	0.74
10	17.2	2.5	0.91	2.8	0.99
15	21.3	2.8	1.28	3.5	1.54
20	26.9	2.8	1.66	3.5	2.02
25	33.7	3.2	2.41	4.0	2.93
32	42.4	3.5	3.36	4.0	3.79
40	48.3	3.5	3.87	4.5	4.86
50	60.3	3.8	5.29	4.5	6.19
65	76.1	4.0	7.11	4.5	7.95
80	88.9	4.0	8.38	5.0	13.48
100	114.3	4.0	10.88	5.0	13.48
125	139.7	4.0	13.39	5.5	18.20
150	168.3	4.5	18.18	6.0	24.02

表 5-14　直缝电焊钢管常用规格

外径/mm	壁厚/mm 钢管的理论质量/(kg/m)															
	0.5	0.6	0.8	1.0	1.2	1.4	1.5	1.6	1.8	2.0	2.2	2.5	2.8	3.0	3.2	3.5
5	0.055	0.065	0.083	0.099												
8	0.092	0.109	0.142	0.173	0.201											
10	0.117	0.139	0.181	0.222	0.260											
12	0.142	0.169	0.221	0.271	0.320	0.366	0.388	0.410								
13		0.183	0.241	0.296	0.349	0.400	0.425	0.450								
14		0.198	0.260	0.321	0.379	0.435	0.462	0.489								
15		0.213	0.280	0.345	0.408	0.470	0.499	0.529								
16		0.228	0.300	0.370	0.438	0.504	0.536	0.568								
17		0.243	0.320	0.395	0.468	0.539	0.573	0.608								
18		0.257	0.339	0.419	0.497	0.573	0.610	0.647								
19		0.272	0.359	0.444	0.527	0.608	0.647	0.687								
20		0.287	0.379	0.469	0.556	0.642	0.684	0.726	0.808	0.888						
21			0.399	0.493	0.586	0.677	0.721	0.765	0.852	0.937						
22			0.418	0.518	0.616	0.711	0.758	0.805	0.897	0.986	1.074					
25			0.477	0.592	0.704	0.815	0.869	0.923	1.030	1.134	1.237	1.387				
28			0.537	0.666	0.793	0.918	0.980	1.042	1.163	1.282	1.400	1.572	1.740			
30			0.576	0.715	0.852	0.987	1.054	1.121	1.252	1.381	1.508	1.695	1.878	1.997		
32				0.764	0.911	1.056	1.128	1.199	1.341	1.480	1.617	1.819	2.016	2.145		
34				0.814	0.971	1.125	1.202	1.278	1.429	1.578	1.725	1.942	2.154	2.293		
37				0.888	1.059	1.229	1.313	1.397	1.562	1.726	1.888	2.127	2.361	2.515		
38				0.912	1.089	1.264	1.350	1.436	1.607	1.776	1.942	2.189	2.430	2.589	2.746	2.978
40				0.962	1.148	1.333	1.424	1.515	1.696	1.874	2.051	2.312	2.569	2.737	2.904	3.150
45				1.09	1.30	1.51	1.61	1.71	1.92	2.12	2.32	2.62	2.91	3.11	3.30	3.58
46					1.33	1.54	1.65	1.75	1.96	2.17	2.38	2.68	2.98	3.18	3.38	3.668
48					1.38	1.61	1.72	1.83	2.05	2.27	2.48	2.81	3.12	3.33	3.54	3.84
50					1.44	1.68	1.79	1.91	2.14	2.37	2.59	2.93	3.26	3.48	3.69	4.01
51					1.47	1.71	1.83	1.95	2.18	2.42	2.65	2.99	3.33	3.55	3.77	4.10
53					1.53	1.78	1.90	2.03	2.27	2.52	2.76	3.11	3.47	3.70	3.93	4.27
54					1.56	1.82	1.94	2.07	2.32	2.56	2.81	3.17	3.54	3.77	4.01	4.36
60					1.74	2.02	2.16	2.30	2.58	2.86	3.14	3.54	3.95	4.22	4.48	4.88
63.5					1.84	2.14	2.29	2.44	2.74	3.03	3.33	3.76	4.19	4.48	4.76	5.18
65							2.35	2.50	2.81	3.11	3.41	3.85	4.29	4.59	4.88	5.31
70							2.37	2.70	3.03	3.35	3.68	4.16	4.64	4.96	5.27	5.74
76							2.76	2.94	3.29	3.65	4.00	4.53	5.05	5.40	5.74	6.26
80							2.90	3.09	3.47	3.85	4.22	4.78	5.33	5.70	6.06	6.60
83							3.01	3.21	3.60	3.99	4.38	4.96	5.54	5.92	6.30	6.86
89							3.24	3.45	3.87	4.29	4.71	5.33	5.95	6.36	6.77	7.38
95							3.46	3.96	4.14	4.59	5.03	5.70	6.37	6.81	7.24	7.90
101.6							3.70	3.95	4.43	4.91	5.39	6.11	6.82	7.29	7.76	8.47
102							3.72	3.96	4.45	4.93	5.41	6.13	6.85	7.32	7.80	8.50

表 5-15　钢板卷制电焊钢管的规格

外径/mm	公称直径/mm	壁厚/mm 理论质量/(kg/m)											
		2.0	2.5	3.0	3.5	4.0	6.0	7.0	8.0	10.0	11.0	12.0	14.0
325	300	15.98	19.88	23.82	27.75	31.67	47.20	54.89	62.54				
351	325	17.21	21.49	25.75	29.99	34.23	51.05	59.38	67.67				
377	350	18.50	20.09	27.67	32.24	36.80	54.90	63.87	72.80	91.73			
426	400	20.91	26.11	31.29	36.47	41.63	62.15	72.33	82.47	102.60	112.60	122.50	142.30
478	450		29.32	35.14	40.96	46.80	69.84	81.31	92.72	115.40	126.10	135.00	160.20
529	500			38.91	45.36	51.79	77.39	90.11	102.79	128.00	140.50	153.00	177.80
630	600			46.38	54.08	61.75	92.34	107.55	122.72	152.90	167.90	182.90	212.70

外径/mm	公称直径/mm	壁厚/mm											
		2.0	2.5	3.0	3.5	4.0	6.0	7.0	8.0	10.0	11.0	12.0	14.0
		理论质量/(kg/m)											
720	700			53.04	61.85	70.63	105.65	123.09	140.47	175.10	192.30	209.50	243.80
820	800			60.44	70.48	80.50	120.45	140.35	160.20	199.80	219.50	239.10	278.20
920	900			67.84	79.11	90.36	135.24	157.61	180.39	224.40	246.60	268.70	312.80
1020	1000			75.24	87.74	100.22	150.04	174.88	199.66	249.10	273.70	298.30	347.30
1220	1200			90.04	105.00	120.00	179.64	209.40	239.12	298.40	328.00	357.50	416.40
1420	1400			104.84	122.27	139.68	209.23	243.93	278.58	347.72	382.20	416.70	485.40
1620	1600				139.53	159.41	238.80	278.45	318.04	397.05			
1820	1800					179.14	268.42	312.98	357.49	446.37			
2020	2000					198.87	398.01	347.50	396.35	495.70			
2220	2200					219.60	327.60	382.03	436.41	545.02			
2420	2400					238.33	357.20	416.56	475.87	594.34			

表 5-16 螺旋缝自动埋弧焊接钢管的规格

外径/mm	壁厚/mm				
	6	7	8	9	10
219	32.02	37.10	42.13	47.11	
245	35.86	41.59	47.26	52.88	
273	40.01	46.42	52.78	59.10	
325	47.70	55.40	63.04	70.64	
337	55.40	64.37	73.30	82.18	91.01

注：1. 钢管通常长度 8～12.5m。
2. 均为内外双面焊缝。

表 5-17 螺旋缝高频焊接钢管的规格

外径/mm	壁厚/mm					
	3	4	5	6	7	8
	理论质量/(kg/m)					
168		16.18	20.10	23.97		
178		17.16	21.58	25.45		
194		18.74	23.31	27.82	29.52	
219			26.39	31.52	36.60	
245			29.59	35.36	41.09	
273			33.05	39.51	45.92	
299				43.35	50.41	
324				47.05	54.72	
356				51.79	60.25	68.66
(377)				54.90	63.87	74.38
159	11.54	15.29	18.99			
168	12.21	16.18	20.10	23.97	27.79	
194	14.13	18.74	23.31	27.82	32.28	
219	15.98	21.21	26.39	31.52	36.60	
245	14.80	19.63	29.41	35.36	41.09	
273		26.54	33.05	39.51	45.92	
325			39.45	47.20	54.90	
351			42.66	51.06	59.38	
377			45.87	54.89	63.87	

表 5-18　硬聚氯乙烯管的规格

公称直径/mm	外径/mm	轻 型 管		重 型 管	
		壁厚/mm	质量/(kg/m)	壁厚/mm	质量/(kg/m)
8	12.5±0.4			2.25±0.3	0.1
10	15±0.5			2.5±0.4	0.14
15	20±0.7	2±0.3	0.16	2.5±0.4	0.19
20	25±1.0	2±0.3	0.20	3±0.4	0.29
25	32±1.0	3±0.45	0.38	4±0.6	0.49
32	40±1.2	3.5±0.5	0.56	5±0.7	0.77
40	51±1.7	4±0.6	0.88	6±0.9	1.49
50	65±2.0	4.5±0.7	1.17	7±1.0	1.74
65	76±2.3	5±0.7	1.56	8±1.2	2.34
80	90±3.0	6±1.0	2.20		
100	114±3.2	7±1.0	3.30		
125	140±3.5	8±1.2	4.54		
150	166±4.0	8±1.2	5.60		
200	218±5.4	10±1.4	7.50		

表 5-19　交联聚乙烯管的规格

公称直径/mm	壁厚/mm	长 度		主要技术指标	质量/(kg/m)
		盘管/m	直管/m		
16	2	150~300	5.8~6	交联度：65%~75%	0.836
20	2	150~200	5.8~6	输水压力：<4MPa	0.10735
25	2.3	150~200	5.8~6	摩擦系数：0.08~0.1	0.1588
32	3.0		5.8~6	内部(95°,24h)：6~4.7MPa	0.25175
40	3.7		5.8~6	抗压性(95°,1000h)：<4.4MPa	0.4009
50	4.6		5.8~6	软化温度：≤133℃	0.6233
63	5.8		5.8~6	使用温度范围：-100~+100℃	1.0055
75	6.9		5.8~6	抗拉强度(100℃)：9~13MPa	1.456

表 5-20　给水用聚乙烯管的规格

公称直径/mm	工作压力/MPa	壁厚/mm	参考质量/(kg/100m)
32	0.8、1.0	2.0	24
	1.25、1.6	3.0	28
40	0.8、1.0	2.4	32
	1.25、1.6	3.7	46
50	0.8、1.0	3.0	49
	1.25、1.6	4.6	71

公称直径/mm	工作压力/MPa	壁厚/mm	参考质量/(kg/100m)
63	0.8、1.0	3.8	77
	1.25、1.6	5.8	111
90	0.8、1.0	5.4	154
	1.25、1.6	8.2	223
110	0.8、1.0	6.6	229
	1.25、1.6	10.0	331
125	0.8、1.0	7.4	291
	1.25、1.6	11.4	427
160	0.8、1.0	9.5	476
	1.25、1.6	14.6	699

表 5-21　改性聚丙烯（PPC-C）管的规格

公称直径/mm	壁厚/mm	耐压范围/MPa	质量/(kg/m)	公称直径/mm	壁厚/mm	耐压范围/MPa	质量/(kg/m)
16	1.8	1.2	0.082	50	4.6	1.2	0.652
20	1.9	1.2	0.110	63	5.8	1.2	1.030
25	2.3	1.2	0.167	75	6.9	1.2	1.450
32	3.0	1.2	0.273	90	8.2	1.2	2.080
40	3.7	1.2	0.421	110	10.0	1.2	3.080

表 5-22　软聚氯乙烯管的规格

电器套管				流体输送管				使用说明
内径/mm	壁厚/mm	长度/mm	近似质量/(kg/根)		内径/mm	壁厚/mm	长度/mm	近似质量/(kg/根)	

内径/mm	壁厚/mm	长度/mm	近似质量/(kg/根)		内径/mm	壁厚/mm	长度/mm	近似质量/(kg/根)		使用说明
1.0	0.4		0.0023	0.023						
1.5	0.4		0.0031	0.031						
2.0	0.4		0.0039	0.039						
2.5	0.4		0.0048	0.048						
3.0	0.4	≥10	0.0056	0.056	3.0	1.0	≥10	0.016	0.164	
3.5	0.4		0.0064	0.064						
4.0	0.6		0.011	0.113	4.0	1.0	≥10	0.021	0.205	
4.5	0.6		0.013	0.125						
5.0	0.6		0.014	0.138	5.0	1.0		0.025	0.246	
6.0	0.6		0.016	0.162	6.0	1.0		0.029	0.287	
7.0	0.6		0.019	0.187	7.0	1.0		0.033	0.328	
8.0	0.6		0.021	0.212	8.0	1.5		0.058	0.584	(1)使用温度：常温
9.0	0.6		0.024	0.236	9.0	1.5	≥10	0.065	0.646	(2)外观颜色：流体输送管
10.0	0.7		0.031	0.307	10.0	1.5		0.071	0.707	为本色、透明或半透明
12.0	0.7		0.036	0.364	12.0	1.5		0.083	0.830	(3)电气套管可为本色、白
14.0	0.7		0.042	0.422	14.0	2.0		0.13	1.31	色、黄色、红色、蓝色、黑色等
16.0	0.9		0.062	0.624	16.0	2.0		0.15	1.48	
18.0	1.2		0.094	0.935						
20.0	1.2	≥10	0.10	1.04	20.0	2.5	≥10	0.23	2.31	
22.0	12.0		0.11	1.14						
25.0	1.2		0.13	1.29	25.0	3.0	≥10	0.34	3.44	
28.0	1.4		0.17	1.69						
30.0	1.4		0.18	1.80	32.0	3.5	≥10	0.51	5.09	
34.0	1.4		0.20	2.03						
36.0	1.4		0.21	2.15						
40.0	1.8		0.31	3.08	40.0	4.0		0.72	7.22	
					50.0	5.0	≥1.0	1.13	11.28	

表 5-23 硬聚氯乙烯管的规格

外径/mm	轻型管 壁厚/mm	轻型管 质量/(kg/m)	重型管 壁厚/mm	重型管 质量/(kg/m)	外径/mm	轻型管 壁厚/mm	轻型管 质量/(kg/m)	重型管 壁厚/mm	重型管 质量/(kg/m)
10			1.5	0.06	125	4.0	2.29	6.0	3.35
12			1.5	0.07	140	4.5	2.88	7.0	4.38
16			2.0	0.13	160	5.0	3.65	8.0	5.72
20			2.0	0.17	180	5.5	4.52	9.0	7.26
25	1.5	0.17	2.5	0.27	200	6.0	5.48	10.0	8.95
32	1.5	0.22	2.5	0.35	225	7.0	7.20		
40	2.0	0.36	3.0	0.52	250	7.5	8.56		
50	2.0	0.45	3.5	0.77	280	8.5	10.88		
63	2.5	0.71	4.0	1.11	315	9.5	13.68		
75	2.5	0.85	4.0	1.34	355	10.5	17.05		
90	3.0	1.23	4.5	1.81	400	12.0	21.94		
110	3.5	1.75	5.5	2.71					

注：每根管长度为 4m。

表 5-24 硬聚氯乙烯排水管的规格

公称直径 DN/mm	尺寸/mm 外径及公差	尺寸/mm 近似内径	尺寸/mm 壁厚及公差	尺寸/mm 管长	接口 接口形式	接口 黏合剂或填材	近似质量 /(kg/m)
50	58.6±0.4		3.5				0.90
75	83.8±0.5		4.5	4000±100	承插接口	过氯乙烯胶水	1.60
100	114.2±0.6		5.6				2.85
40	48±0.3	44	$2^{+0.4}_{-0}$				0.43
50	60±0.3	56	$2^{+0.4}_{-0}$		承插接口	816# 硬 PVC 管瞬干	0.56
75	89±0.5	83	$3^{+0.5}_{-0}$			黏结剂	1.22
100	114±0.5	107	$3.5^{+0.6}_{-0}$				1.82
50	60		2.0				0.63
75	89		3.0	400	承插接口	901# 胶水	1.32
100	114		3.5			903# 胶水	1.94
40	48			3000~4000			0.83
50	59		4	3700~5500	管螺纹接口		0.92
75	84		4	5500			1.33
100	109		5	3700			1.98
40	48		2.5				
50	60		3		管螺纹接口		
75	84.5		3.5				
100	110		4				
50	58±0.3	50.5	3±0.2				0.9
75	85±0.3	75.5	4±0.3	4000	承插接口		1.7
100	111±0.3	100.5	4.5±0.35				2.5
50	63±0.5		3.5±0.3				
90	90±0.7		4±0.3	4000±100	承插接口		
110	110±0.8		4.5±0.3				
40	48		2.5	3000~6000			
50	58		2.5	2700~6000	管螺纹接口		
75	83		3	2700~6000			
100	110		3.3	2700~6000			

表 5-25　耐酸酚醛塑料管的规格

公称直径 /mm	壁厚 /mm	长度/mm				公称直径 /mm	壁厚 /mm	长度/mm			
		500	1000	1500	2000			500	1000	1500	2000
		质量/kg						质量/kg			
33	9	1.39	2.66	3.93	5.20	250	16	13.30	24.60	35.90	47.21
54	11	2.10	3.97	5.85	7.73	300	16	16.20	28.70	43.10	56.70
78	12	3.34	6.36	9.38	12.40	350	18	21.20	37.70	54.00	70.30
100	12	4.10	7.83	11.60	15.30	400	18	26.50	47.80	68.80	90.50
150	14	7.50	14.00	20.50	27.00	450	20	33.40	59.60	85.90	112.40
200	14	10.10	18.90	27.80	36.70	500	20	37.60	67.10	97.90	124.80

表 5-26　聚乙烯（PE）管的规格

外径/mm	壁厚/mm	长度/m	近似质量/(kg/m)		外径/mm	壁厚/mm	长度/m	近似质量/(kg/根)	
5	0.5		0.007	0.028	40	3.0		0.321	1.28
6	0.5		0.008	0.032	50	4.0		0.532	2.13
8	1.0		0.020	0.080	63	5.0		0.838	3.35
10	1.0		0.026	0.104	75	6.0		1.20	4.80
12	1.5	≥4	0.046	0.184	90	7.0	≥4	1.68	6.72
16	2.0		0.081	0.324	110	8.5		2.49	9.96
20	2.0		0.104	0.416	125	10.0		3.32	13.3
25	2.0		0.133	0.532	140	11.0		4.10	10.4
32	2.5		0.213	0.852	160	12.0		5.12	20.5

注 1. 外径25mm以下规格，内径与之相应的软聚氯乙烯管材规格相符，可以互换使用。

2. 外径75mm以上规格产品为建议数据。

3. 每根质量按管长 4m 计；近似质量按密度 0.92g/cm³ 计算。

4. 包装：卷盘，盘径≥24 倍管外径。

表 5-27　聚丙烯（PP）管的规格

管型	尺寸/mm		壁厚/mm	推荐使用压力/MPa				
	公称直径	外径		20℃	40℃	60℃	80℃	100℃
轻型管	15	20	2	≤1.0	≤0.6	≤0.4	≤0.25	≤0.15
	20	25	2					
	25	32	3					
	32	40	3.5					
	40	51	4					
	50	65	4.5					
	65	76	5					
	80	90	6					
	100	114	7	≤0.6	≤0.4	≤0.25	≤0.25	≤0.1
	125	140	8					
	150	166	8					
	200	218	10					
重型管	8	12.5	2.25	≤1.6	≤1.0	≤0.6	≤0.4	≤0.25
	10	15	2.5					
	15	20	2.5					
	25	25	3					
	32	40	5					
	40	51	6					
	50	65	7					
	65	76	8					

（2）伸缩器　常用伸缩器规格尺寸见表5-28。

单位：mm

表5-28 伸缩器规格尺寸

管径		DN 25 (R=134)							DN 32 (R=169)						
Δx	型号	a	b	c	h	l	展开长度	质量/kg	a	b	c	h	l	展开长度	质量/kg
25	I	780	520	252	1248	2058	4.98	830	580	492	242	1368	2238	7.00	6.89
	II	600	600	332	332	1068	2038	4.93	650	650	312	312	1186	2198	6.95
	III	470	660	202	392	938	2028	4.91	530	720	192	382	1068	2218	6.97
	IV	—	800	—	532	736	2106	5.10	—	820	—	482	876	2226	—
50	I	1200	720	932	452	1668	2878	6.97	1300	800	962	462	1838	3148	9.86
	II	840	840	572	572	1308	2758	6.68	920	920	582	582	1458	3008	9.42
	III	650	980	382	712	1118	2848	6.90	700	1000	362	662	1238	2948	9.20
	IV	—	1250	—	982	736	3006	7.28	—	1250	—	912	876	3086	9.66
75	I	1500	880	1232	612	1968	3498	8.47	1600	950	1262	612	2138	3748	11.73
	II	1050	1050	782	782	1518	3388	8.20	1150	1150	812	812	1688	3698	11.58
	III	750	1250	482	982	1218	3488	8.44	830	1320	492	982	1368	3718	11.5
	IV	—	1550	—	1282	736	3606	8.73	—	1650	—	1312	876	3886	12.16
100	I	1750	1000	1482	732	2218	3988	9.65	1900	1100	1562	762	2438	4348	13.61
	II	1200	1200	932	932	1668	3838	9.29	1320	1320	982	982	1858	4208	13.18
	III	860	1400	592	1132	1328	3898	9.40	950	1550	612	1212	1488	4298	13.46
	IV	—	—	—	—	736	—	—	—	1950	—	1612	876	4486	14.04
150	I	2150	1200	1882	932	2618	4788	11.59	2320	1320	1982	982	2858	5208	16.31
	II	1500	1500	1232	1232	1968	4738	11.47	1640	1640	1302	1302	2178	5168	16.18
	III	—	—	—	—	—	—	—	1150	1920	812	1582	1688	5238	16.40
	IV	—	—	—	—	—	—	—	—	—	—	—	—	—	—
200	I	—	—	—	—	—	—	—	2370	1530	2392	1192	3268	6038	18.90
	II	—	—	—	—	—	—	—	1900	1900	1562	1562	2438	5948	18.53
	III	—	—	—	—	—	—	—	—	—	—	—	—	—	—
	IV	—	—	—	—	—	—	—	—	—	—	—	—	—	—

续表

| 管径 | | DN48×3.5 | | | | | | | DN60×3.5 | | | | | | | DN76×3.5 | | | | | | | DN89×3.5 | | | | | | |
| 半径 | | R=192 | | | | | | | R=240 | | | | | | | R=304 | | | | | | | R=356 | | | | | | |
Δx	型号	a	b	c	h	l	展开长度	质量/kg	a	b	c	h	l	展开长度	质量/kg	a	b	c	h	l	展开长度	质量/kg	a	b	c	h	l	展开长度	质量/kg
25	I	860	620	476	236	1444	2354	9.04	820	650	340	170	1500	2388	11.65	—	—	—	—	—	—	—	—	—	—	—	—	—	—
	II	680	680	296	296	1264	2294	8.81	700	700	220	220	1380	2368	11.56	—	—	—	—	—	—	—	—	—	—	—	—	—	—
	III	570	740	186	356	1154	2304	8.85	620	750	140	270	1300	2388	11.65	—	—	—	—	—	—	—	—	—	—	—	—	—	—
	IV	—	830	—	446	968	2298	8.82	—	840	—	360	1160	2428	11.85	—	—	—	—	—	—	—	—	—	—	—	—	—	—
50	I	1280	830	896	446	1864	3194	12.27	1280	880	800	400	1960	3308	16.14	1250	930	642	322	2058	3396	21.26	1290	1000	578	288	2202	3591	26.50
	II	970	970	586	586	1554	3164	12.15	980	980	500	500	1660	3208	15.66	1000	1000	392	392	1808	3286	20.57	1050	1050	338	338	1962	3451	25.47
	III	720	1050	336	666	1304	3074	11.80	780	1080	300	600	1460	3208	15.66	860	1100	252	492	1668	3346	20.95	930	1150	218	438	1842	3531	26.06
	IV	—	1280	—	896	968	3198	12.28	—	1300	—	820	1160	3348	16.34	—	1120	—	512	1416	3134	19.62	—	1200	—	488	1624	3413	25.19
75	I	1660	1020	1276	636	2244	3954	15.18	1720	1100	1240	620	2400	4188	20.44	1700	1150	1092	542	2508	4286	26.83	1730	1220	1018	508	2642	4471	33.00
	II	1200	1200	816	816	1784	3854	14.80	1300	1300	820	820	1980	4168	20.34	1300	1300	692	692	2108	4186	26.20	1350	1350	638	638	2262	4351	32.11
	III	890	1380	506	996	1474	3904	14.99	970	1450	490	970	1650	4138	20.19	1030	1450	422	842	1838	4216	26.39	1110	1500	398	788	2022	4411	32.55
	IV	—	1700	—	1316	968	4038	15.51	—	1750	—	1270	1160	4248	20.37	—	1500	—	892	1416	3894	24.38	—	1600	—	888	1624	4213	31.09
100	I	1920	1150	1536	766	2504	4474	17.18	2020	1250	1540	770	2700	4788	23.37	2000	1300	1392	692	2808	4886	30.59	2130	1420	1418	708	3042	5271	38.90
	II	1400	1400	1016	1016	1984	4454	17.10	1500	1500	1020	1020	2180	4768	23.27	1500	1500	892	892	2308	4786	29.96	1600	1600	888	888	2512	5101	37.65
	III	1010	1630	626	1246	1594	4524	17.37	1070	1650	590	1170	1750	4638	22.63	1180	1700	572	1092	1988	4866	30.46	1280	1850	568	1138	2192	5281	38.97
	IV	—	2000	—	1616	968	4638	17.81	—	2050	—	1570	1160	4848	23.66	—	1850	—	1242	1416	4594	28.76	—	1950	—	1238	1624	4913	36.26
150	I	2420	1620	2036	1236	3004	5474	21.02	2520	1750	2040	1270	3200	5788	28.25	2600	1600	1992	992	3408	6086	38.10	2790	2050	2078	1338	3702	6591	48.64
	II	2000	2000	1616	1616	2284	5444	20.91	1800	1800	1320	1320	2480	5668	27.66	1850	1850	1242	1242	2608	5886	36.50	2350	2350	1638	1638	2912	6301	46.50
	III	1730	2300	1346	1916	1764	5524	21.21	1290	2100	810	1620	1970	5758	28.10	1500	2300	892	1692	2268	6346	39.73	1860	2700	1148	1988	2522	6781	50.04
	IV	—	—	—	—	—	—	—	—	2650	—	2170	1160	6048	29.51	—	2400	—	1792	1416	5694	35.64	—	2550	—	1838	1624	6113	45.11
200	I	2860	1900	2476	1516	3444	6354	24.40	3020	1750	2540	1270	3700	6788	33.13	3100	1850	2492	1242	3908	7086	44.36	3390	2300	2678	1588	4302	7791	57.50
	II	2300	2300	1916	1916	2584	6254	24.02	2100	2100	1620	1620	2780	6568	32.05	2200	2200	1592	1592	3008	6886	43.11	2700	2700	1988	1988	3262	7351	54.24
	III	1350	2700	966	2316	1934	6214	23.86	1480	2400	1000	1920	2160	6708	32.74	1680	2750	1072	2142	2488	7466	46.74	1990	3100	1278	2388	2772	8161	60.23
	IV	—	—	—	—	—	—	—	—	—	—	—	—	—	—	—	2950	—	2342	1416	6794	42.53	—	3250	—	2538	1624	7213	53.23
250	I	—	—	—	—	—	—	—	—	—	—	—	—	—	—	3500	2050	2892	1442	4308	7886	49.37	3900	2550	3188	1838	4812	8801	64.95
	II	—	—	—	—	—	—	—	—	—	—	—	—	—	—	2450	2450	1842	1842	3258	7636	47.80	3050	3050	2338	2338	3612	8401	62.00
	III	—	—	—	—	—	—	—	—	—	—	—	—	—	—	1900	3150	1292	2542	2708	8486	53.12	2110	3500	1398	2788	3022	9411	69.45

Δx	型号	DN 48×3.5 (R=192) a	b	c	h	l	展开长度	质量/kg	DN 60×3.5 (R=240) a	b	c	h	l	展开长度	质量/kg	DN 76×3.5 (R=304) a	b	c	h	l	展开长度	质量/kg	DN 89×3.5 (R=356) a	b	c	h	l	展开长度	质量/kg
50	Ⅰ	1400	1130	536	266	2464	3982	40.86	1550	1300	486	236	2814	4501	57.30	—	1400	278	128	3022	4730	81.12	—	—	—	—	—	7098	223.73
	Ⅱ	1200	1200	336	336	2264	3922	40.24	1300	1300	236	236	2564	4250	54.12	—	1400	128	128	2872	4580	78.55	—	—	—	—	—	6748	212.70
	Ⅲ	1060	1250	196	386	2124	3882	39.83	1200	1300	136	236	2454	4151	52.84	—	1400	78	128	2822	4530	77.69	—	—	—	—	—	6598	207.97
	Ⅳ	—	1300	—	436	1928	3786	38.84	—	1300	—	236	2328	4015	5115	—	1400	—	128	2744	4452	76.35	—	—	—	—	—	6400	201.73
75	Ⅰ	1800	1350	936	486	2864	4822	49.47	2050	1550	986	486	3314	5501	70.03	2450	2100	808	408	3552	5820	99.81	2450	2100	698	348	4402	7898	248.94
	Ⅱ	1450	1450	586	586	2514	4672	41.93	1600	1600	536	536	2864	5151	65.57	2100	2100	478	478	3222	5630	96.55	2100	2100	348	348	4052	7588	23.917
	Ⅲ	1260	1650	396	786	2324	4882	50.09	1410	1750	346	686	2674	5261	6697	1950	2100	278	528	3022	5530	94.84	1950	2100	198	348	3902	7588	23.917
	Ⅳ	—	1700	—	836	1928	4586	47.05	—	1800	—	736	2328	5015	63.84	—	2100	—	628	2744	5452	93.50	—	2100	—	348	3704	—	—
100	Ⅰ	2350	1600	1486	736	3414	5872	60.25	2450	1750	1386	686	3714	6301	8021	2850	2300	1378	678	4122	6930	118.50	2850	2300	1098	548	4802	9698	305.68
	Ⅱ	1700	1700	836	836	2764	5422	55.63	1900	1900	836	836	3164	6051	77.03	2380	2380	778	778	3522	6530	11.99	2380	2300	628	628	4332	9298	293.07
	Ⅲ	1460	2050	596	1186	2524	5882	6035	1600	2100	536	1036	2864	6151	78.30	2380	2380	478	928	3222	6530	11.99	2380	2380	628	628	4332	9328	294.02
	Ⅳ	—	2100	—	1236	1928	5386	55.26	—	2100	—	1236	2328	5715	72.75	—	2380	—	978	2744	6252	107.22	—	—	—	—	3704	8700	274.22
150	Ⅰ	2950	1900	2086	1036	4014	7072	7256	3250	2150	2186	1086	4514	7901	100.58	3750	2750	2278	1128	5022	8730	149.72	3750	2750	1998	998	5702	11298	356.11
	Ⅱ	2150	2150	1286	1286	3214	6772	69.48	2450	2450	1386	1386	3714	7701	98.03	2950	2950	1328	1328	4072	8180	140.29	2950	2950	1198	1198	4902	10948	345.08
	Ⅲ	1760	2650	896	1786	2824	7382	75.74	1950	2800	886	1736	3214	7901	100.58	2480	3200	808	1608	3552	8220	140.97	2480	3200	728	1448	4432	11098	349.80
	Ⅳ	—	2150	—	1886	1928	6686	68.60	—	2850	—	1786	2328	7115	90.57	—	3250	—	1728	2744	7652	131.23	—	3250	—	1498	3704	10200	321.50
200	Ⅰ	3550	2200	2686	1336	4614	8272	84.87	3950	2500	2886	1436	5214	9301	118.40	4550	3150	3078	1528	5822	10330	177.16	4550	3150	2798	1398	6502	12698	400.24
	Ⅱ	2550	2550	1686	1686	3614	7972	81.79	2800	2800	1736	1736	4064	8751	111.40	3500	3500	1778	1778	4552	9530	163.44	3500	3500	1748	1748	5452	12448	392.36
	Ⅲ	2060	3250	1196	2386	3124	8882	91.13	2200	3300	1136	2236	3464	9151	116.49	2850	3900	1128	2222.8	3872	9780	167.73	2850	3900	1098	2148	4802	12828	404.34
	Ⅳ	—	3300	—	2436	1928	7786	7788	—	3450	—	2386	2328	8315	105.85	—	4000	—	2328	2744	8852	151.81	—	4000	—	2248	3704	11600	365.63
250	Ⅰ	4050	2450	3186	1586	5114	9272	95.13	4550	2800	3486	1736	5814	10500	133.67	5250	3500	3678	1828	6422	11530	197.74	5250	3500	3498	1748	7202	12698	400.24
	Ⅱ	2850	2850	1986	1986	3914	8872	91.03	3200	3200	2136	2136	4644	9951	126.68	4000	4000	2228	2228	4972	10880	186.59	4000	4000	2248	2248	5952	12448	392.36
	Ⅲ	2350	3800	1468	2936	3414	10272	105.39	2450	3900	1386	2836	3714	10601	134.95	3180	4600	1478	2928	4222	11530	197.74	3180	4600	1428	2848	5132	12828	404.34
	Ⅳ	—	3850	—	2986	1928	8886	91.17	—	4050	—	2986	2328	9515	121.13	—	4700	—	2978	2744	10152	174.11	—	4700	—	2948	3704	11600	365.63

五、给排水、采暖、燃气工程量清单项目的设置及计算规则

给排水、采暖、燃气管道工程量清单项目设置及工程量计算规则应按表5-29的规定执行。

表 5-29　给排水、采暖、燃气管道（编码：030801）

项目编码	项目名称	项目特征	计量单位	工程量计算规则	工程内容
030801001	镀锌钢管	(1)安装部位(室内、外) (2)输送介质(给水、排水、热煤体、燃气、雨水) (3)材质 (4)型号、规格 (5)连接方式 (6)套管形式、材质、规格 (7)接口材料 (8)除锈、刷油、防腐、绝热及保护层设计要求	m	按设计图示管道中心线长度以"延长米"计算,不扣除阀门、管件(包括减压器、疏水器、水表、伸缩器等组成安装)及各种井类所占的长度;方形补偿器以其所占长度按管道安装工程量计算	(1)管道、管件及弯管的制作、安装 (2)管件安装(指铜管管件、不锈钢管管件) (3)套管(包括防水套管)制作、安装 (4)管道除锈、刷油防腐 (5)管道绝热及保护层安装、除锈、刷油 (6)给水管道消毒、冲洗 (7)水压及泄漏试验
030801002	钢管				
030801003	承插铸铁管				
030801004	柔性抗震铸铁管				
030801005	塑料管(UPVC、PVC、PP-C、PP-R、EP 管等)				
030801006	橡胶连接管				
030801007	塑料复合管				
030801008	钢骨架塑料复合管				
030801009	不锈钢管				
030801010	铜管				
030801011	承插罐瓦管				
030801012	承插水泥管				
030801013	承插陶土管				

（1）**管道支架制作安装**　工程量清单项目设置及工程量计算规则应按表5-30的规定执行。

表 5-30　管道支架制作安装（编码：030802）

项目编码	项目名称	项目特征	计量单位	工程量计算规则	工程内容
030802001	管道支架制作安装	(1)形式 (2)除锈、刷油设计要求	kg	按设计图示质量计算	(1)制作、安装 (2)除锈、刷油

（2）**管道附件安装**　工程量清单项目设置及工程量计算规则应按表5-31的规定执行。

表 5-31　管道附件安装（编码：030803）

项目编码	项目名称	项目特征	计量单位	工程量计算规则	工程内容
030803001	螺纹阀门	(1)类型 (2)材质 (3)型号、规格	个	按设计图示数量计算(包括浮球阀、手动排气阀、液压式水位控制阀、不锈钢阀门、煤气减压阀、液相自动转换阀、过滤阀等)	安装
030803002	螺纹法兰阀门				
030803003	焊接法兰阀门				
030803004	带短管甲乙的法兰阀				
030803005	自动排气阀				
030803006	安全阀				
030803007	减压器	(1)材质 (2)型号、规格 (3)连接方式	组	按设计图示数量计算	
030803008	疏水器		组		
030803009	法兰		副		
030803010	水表		组		
030803011	燃气表	(1)公用、民用、工业用 (2)型号、规格	块		(1)安装 (2)托架及表底基础制作、安装
030803012	塑料排水管消声器	型号、规格	个		安装

项目编码	项目名称	项目特征	计量单位	工程量计算规则	工程内容
030803013	伸缩器	(1)类型 (2)材质 (3)型号、规格 (4)连接方式		按设计图示 数量计算	
030803014	浮标液面计	型号、规格	组		
030803015	浮漂水位标尺	(1)用途 (2)型号、规格	套		
030803016	抽水缸	(1)材质 (2)型号、规格	个		
030803017	燃气管道调长器	型号、规格			
030803018	调长器与阀门连接				

① 方形伸缩器的两臂，按臂长的 2 倍合并在管道安装长度内计算。

（3）卫生器具制作安装　工程量清单项目设置及工程量计算规则应按表 5-32 的规定执行。

表 5-32　卫生器具制作安装（编码：030804）

项目编码	项目名称	项目特征	计量单位	工程量计算规则	工程内容
030804001	浴盆	(1)材质 (2)组装形式 (3)型号 (4)开关	组	按设计图示 数量计算	器具、附件安装
030804002	净身盆				
030804003	洗脸盆				
030804004	洗手盆				
030804005	洗涤盆（洗菜盆）				
030804006	化验盆				
030804007	淋浴器	(1)材质 (2)组装方式 (3)型号、规格	套		
030804008	淋浴间				
030804009	桑拿浴房				
030804010	按摩浴缸				
030804011	烘手机				
030804012	大便器				
030804013	小便器				
030804014	水箱制作安装	(1)材质 (2)类型 (3)型号、规格			(1)制作 (2)安装 (3)支架制作及除锈、刷油 (4)除锈、刷油
030804015	排水栓	(1)带存水弯、不带存水弯 (2)材质 (3)型号、规格	组		安装
030804016	水龙头	(1)材质 (2)型号、规格	个		
030804017	地漏				
030804018	地面扫除口				
030804019	小便槽冲洗管制作安装		m		制作、安装
030804020	热水器	(1)电能源 (2)太阳能源	台		(1)安装 (2)管道、管件、附件安装 (3)保温

项目编码	项目名称	项目特征	计量单位	工程量计算规则	工程内容
030804021	开水炉		台		安装
030804022	容积式热交换器	(1)类型 (2)型号、规格 (3)安装方式	台	按设计图示数量计算	(1)安装 (2)保温 (3)基础砌筑
030804023	蒸汽-水加热器		套		(1)安装 (2)支架制作、安装 (3)支架除锈、刷油
030804024	冷热水混合器	(1)类型 (2)型号、规格			
030804025	电消毒器		台		安装
030804026	消毒锅				
030804027	饮水器		套		

（4）供暖器具　工程量清单项目设置及工程量计算规则应按表 5-33 的规定执行。

表 5-33　供暖器具（编码：030805）

项目编码	项目名称	项目特征	计量单位	工程量计算规则	工程内容
030805001	铸铁散热器	(1)型号、规格 (2)除锈、刷油设计要求	片		(1)安装 (2)除锈、刷油
030805002	钢制闭式散热器				
030805003	钢制板式散热器		组		安装
030805004	光排管散热器制作安装	(1)型号、规格 (2)管径 (3)除锈、刷油设计要求	m	按设计图示数量计算	(1)安装、制作 (2)除锈、刷油
030805005	钢制壁板式散热器	(1)质量 (2)型号、规格	组		
030805006	钢制柱式散热器	(1)片数 (2)型号、规格			安装
030805007	暖风机	(1)质量 (2)型号、规格	台		
030805008	空气幕				

（5）燃气器具　工程量清单项目设置及工程量计算规则应按表 5-34 的规定执行。

表 5-34　燃气器具（编码：030806）

项目编码	项目名称	项目特征	计量单位	工程量计算规则	工程内容
030806001	燃气开水炉	型号、规格			
030806002	燃气采暖炉				
030806003	沸水器	(1)容积式沸水器、自动沸水器、煤气消毒器 (2)型号、规格	台	按设计图示数量计算	安装
030806004	燃气快速热水器	型号、规格			
030806005	气灶具	(1)民用、公用 (2)人工煤气灶具、液化石油气灶具、天然气燃气灶具 (3)型号、规格			
030806006	气嘴	(1)单嘴、双嘴 (2)材质 (3)型号、规格 (4)连接方式	个		

（6）采暖工程系统调整　工程量清单项目设置及工程量计算规则应按表 5-35 的规定执行。

（7）其他相关问题　应按下列规定处理。

① 管道界限的划分。

a. 给水管道室内外界限划分：以建筑物外墙皮 1.5m 为界，入口处设阀门者以阀门为界。与市

表 5-35　采暖工程系统调整（编码：030807）

项目编码	项目名称	项目特征	计量单位	工程量计算规则	工程内容
030807001	采暖工程系统调整	系统	系统	按由采暖管道、管件、阀门、法兰、供暖器具组成采暖工程系统计算	系统调整

政给水管道的界限应以水表井为界；无水表井的，应以与市政给水管道碰头点为界。

b. 排水管道室内外界限划分：应以出户第一个排水检查井为界。室外排水管道与市政排水界限应以与市政管道碰头井为界。

c. 采暖热源管道室内外界限划分：应以建筑物外墙皮 1.5m 为界，入口处设阀门者应以阀门为界；与工业管道界限的应以锅炉房或泵站外墙皮 1.5m 为界。

d. 燃气管道室内外界限划分：地下引入室内的管道应以室内第一个阀门为界，地上引入室内的管道应以墙外三通为界；室外燃气管道与市政燃气管道应以两者的碰头点为界。

② 凡涉及管沟及井类的土石方开挖、垫层、基础、砌筑、抹灰、地井盖板预制安装、回填、运输、路面开挖及修复、管道支墩等，应按附录 A、附录 D 相关项目编码列项。如涉及管道油漆、除锈，支架的除锈、油漆，管道的绝热、防腐等工程量清单项目，可参照《全国统一安装工程预算定额》刷油、防腐蚀、绝热工程册的工料机耗用量计价。

③ 以下费用可根据需要情况由投标人选择计入综合单价。

a. 高层建筑施工增加费。

b. 安装与生产同时进行增加费。

c. 在有害身体健康环境中施工增加费。

d. 安装物安装高度超高施工增加费。

e. 设置在管道间、管廊内管道施工增加费。

f. 现场浇筑的主体结构配合施工增加费。

④ 关于措施项目清单　措施项目清单为工程量清单的组成部分，措施项目可按表 2-1 所列项目，根据工程需要情况选择列项。在本附录工程中可能发生的措施项目有：临时设施、文明施工、安全施工、二次搬运、已完工程及设备保护费、脚手架搭拆费。措施项目清单应单独编制，并应按措施项目清单编制要求计价。

第二节　给排水、采暖工程量清单计价实例

定额采用 2008 年辽宁省建设工程计价依据——给排水、采暖、燃气安装工程计价定额（安装工程第八分册）的数据。

本工程的管理费和利润的取费分别为人工费＋机械费的 7.40％和 16.65％。

（1）分部分项工程量清单计价表的填写　把上述计算的综合单价填写到相应的分部分项工程量清单计价表综合单价一栏内，并与工程数量相乘，即得到每一项工程量的价格，把所有的工程量价格相加，即得到分部分项工程量的总价即分部分项工程费，如 2271932.02 元。同时把人工费和机械费分别累计求和，列到单位工程费汇总表中，如人工费和机械费合计为 412397.91 元。依据上述标准，按机电设备安装工程二类标准，安全文明施工措施费为人工费和机械费合计的 7.40％，即 30517.45 元。冬雨施工措施费为人工费和机械费合计的 7％，即 28867.85 元。措施项目费合计为 59385.30 元。

（2）规费的确定　依据辽宁省建设工程取费标准的规定，规费按核定的施工企业计取标准执行，所以，不同企业的规费标准是不同的，该实例的规费见单位工程费汇总表。

（3）税金的计算　税金含有营业税、城市建设维护税、教育费附加等，合计为税费前工程造价合计 2331317.32 元，加上规费 141741.16 元的 3.445％，即 85196.86 元。

（4）工程总价　工程总价为税费前工程造价＋税金，即 2558255.34 元。

<u>　　　　某医院电气工程　　　　</u>**工程**

工 程 量 清 单

工 程 造 价

招 标 人：<u>　　　×××　　　</u>　　咨 询 人：<u>　　　×××　　　</u>
　　　　　　　（单位盖章）　　　　　　　　　　　　（单位资质专用章）

法定代表人　　　　　　　　　　法定代表人
或其授权人：<u>　　　×××　　　</u>　或其授权人：<u>　　　×××　　　</u>
　　　　　　　（签字或盖章）　　　　　　　　　　（签字或盖章）

编 制 人：<u>　　　×××　　　</u>　　复 核 人：<u>　　　×××　　　</u>
　　　　（造价人员签字盖专用章）　　　　　　　（造价工程师签字盖专用章）

编制时间：×年×月×日　　　　复核时间：×年×月×日

投 标 总 价

招 标 人：_____×××_____

工 程 名 称：_____某医院电气工程_____

投 标 总 价(小写)：_____2558255.34 元_____

　　　　　(大写)：_____贰佰伍拾伍万捌仟贰佰伍拾伍元叁角肆分_____

投 标 人：_____×××_____

　　　　　　　　　　　　　(单位盖章)

法定代表人
或其授权人：_____×××_____

　　　　　　　　　　　　　(签字或盖章)

编 制 人：_____×××_____

　　　　　　　　　　　　　(造价人员签字盖专用章)

编 制 时 间：×年×月×日

总　说　明

工程名称：某医院给排水、暖通工程

一、工程概况
1. 工程名称；
2. 建设地点；
3. 建设规模；
4. 工程特点；
二、编制依据
1.《建设工程工程量清单计价规范》(GB 50500—2008)；
2. 2008 年辽宁省建设工程计价依据——给排水、暖通、燃气安装工程计价定额；
3. 辽宁省建设工程取费标准；
4. 招标文件工程量清单及设计施工图；
5. 经审批的施工组织设计；
6. 现行的工程质量标准。
三、其他

单位工程费汇总表

工程名称：某医院水暖

序　号	项目名称	金额(元)
一	分部分项工程量清单计价合计	2271932.02
1.1	其中:人工费＋机械费	412397.91
二	措施项目费	59385.3
三	其他项目费	
四	税费前工程造价合计	2331317.32
五	规费	141741.16
5.1	工程排污费	
5.2	社会保障费	108007.01
5.2.1	养老保险	67468.3
5.2.2	失业保险	6763.33
5.2.3	医疗保险	27012.06
5.2.4	生育保险	3381.66
5.2.5	工伤保险	3381.66
5.3	住房公积金	33734.15
5.4	危险作业意外伤害保险	
六	工程定额测定费	
七	税金	85196.86
	合　计	2558255.34

分部分项工程量清单计价表

工程名称：某医院水暖

序号	项目编码	项 目 名 称	计量单位	工程数量	综合单价	合价
		给水系统				458108.35
1	030801008026	室内钢塑复合给水管(螺纹连接)DN 25mm	10m	26.1	506.02	13207.12
2	030801008027	室内钢塑复合给水管(螺纹连接)DN 32mm	10m	52.2	634.65	33128.73
3	030801008028	室内钢塑复合给水管(螺纹连接)DN 40mm	10m	52.2	725.61	37876.84
4	030801008029	室内钢塑复合给水管(螺纹连接)DN 50mm	10m	78.3	1027.38	80443.85
5	030801008030	室内钢塑复合给水管(螺纹连接)DN 70mm	10m	9	1273.08	11457.72
6	030801008031	室内钢塑复合给水管(螺纹连接)DN 80mm	10m	9	1684.81	15163.29
7	030801008032	室内钢塑复合给水管(螺纹连接)DN 100mm	10m	12	2419.7	29036.4
8	030803001009	螺纹铜球阀安装 DN 50mm	个	90	128.43	11558.7
9	030803001010	螺纹铜球阀安装 DN 25mm	个	1600	61.98	99168
10	030803003042	焊接法兰铜闸阀安装 DN 100mm	个	10	1985.93	19859.3
11	030803003043	焊接法兰铜闸阀安装 DN 65mm	个	10	526.38	5263.8
12	030801015050	钢套管制作与安装 DN 40mm	10个	9	103.13	928.17
13	030801015051	钢套管制作与安装 DN 50mm	10个	18	113.13	2036.34
14	030801015052	钢套管制作与安装 DN 65mm	10个	18	164.53	2961.54
15	030801015053	钢套管制作与安装 DN 80mm	10个	36	176.59	6357.24
16	030801015054	钢套管制作与安装 DN 100mm	10个	1	225.46	225.46
17	030801015055	钢套管制作与安装 DN 150mm	10个	1	350.07	350.07
18	030802001004	一般管道支架制作安装	100kg	5	1541.75	7708.75
19	031401001010	手工除锈 一般钢结构 轻锈	100kg	5	32.71	163.55
20	031402003016	一般钢结构 防锈漆 第一遍	100kg	5	37.58	187.9
21	031402003017	一般钢结构 防锈漆 第二遍	100kg	5	35.19	175.95
22	031402003018	一般钢结构 银粉 第一遍	100kg	5	30.91	154.55
23	031402003019	一般钢结构 银粉 第二遍	100kg	5	30.18	150.9
24	031409013005	绝热工程 橡塑管壳(管道)安装 管道 $\phi 57$mm 以下	m^3	34.16	1807.05	61728.83
25	031409013006	绝热工程 橡塑管壳(管道)安装 管道 $\phi 133$mm 以下	m^3	7.13	1580.87	11271.6
26	031409015007	绝热工程 防潮层、保护层 安装 塑料布 管道	$10m^2$	126.213	59.77	7543.75
		热水系统				472893.81
27	030801008019	室内钢塑复合给水管(螺纹连接)DN 25mm	10m	26.1	538.87	14064.51
28	030801008020	室内钢塑复合给水管(螺纹连接)DN 32mm	10m	52.2	677.32	35356.1
29	030801008021	室内钢塑复合给水管(螺纹连接)DN 40mm	10m	52.2	775.72	40492.58
30	030801008022	室内钢塑复合给水管(螺纹连接)DN 50mm	10m	78.3	1091.97	85501.25
31	030801008023	室内钢塑复合给水管(螺纹连接)DN 70mm	10m	9	1360.45	12244.05
32	030801008024	室内钢塑复合给水管(螺纹连接)DN 80mm	10m	9	1797.32	16175.88
33	030801008025	室内钢塑复合给水管(螺纹连接)DN 100mm	10m	12	2605.42	31265.04
34	030803001007	螺纹铜球阀安装 DN 50mm	个	90	128.43	11558.7

序号	项目编码	项目名称	计量单位	工程数量	金额(元)	
					综合单价	合价
35	030803001008	螺纹铜球阀安装 DN 25mm	个	1600	61.98	99168
36	030803003007	焊接法兰铜闸阀安装 DN 100mm	个	10	1985.93	19859.3
37	030803003008	焊接法兰铜闸阀安装 DN 65mm	个	10	526.38	5263.8
38	030801015018	钢套管制作与安装 DN 40mm	10个	9	103.13	928.17
39	030801015019	钢套管制作与安装 DN 50mm	10个	18	113.13	2036.34
40	030801015020	钢套管制作与安装 DN 65mm	10个	18	164.53	2961.54
41	030801015021	钢套管制作与安装 DN 80mm	10个	36	176.59	6357.24
42	030801015022	钢套管制作与安装 DN 100mm	10个	1	225.46	225.46
43	030801015023	钢套管制作与安装 DN 150mm	10个	1	350.07	350.07
44	030802001002	一般管道支架制作安装	100kg	5	1541.75	7708.75
45	031401001008	手工除锈 一般钢结构 轻锈	100kg	5	32.71	163.55
46	031402003008	一般钢结构 防锈漆 第一遍	100kg	5	37.58	187.9
47	031402003009	一般钢结构 防锈漆 第二遍	100kg	5	35.19	175.95
48	031402003010	一般钢结构 银粉 第一遍	100kg	5	30.91	154.55
49	031402003011	一般钢结构 银粉 第二遍	100kg.	5	30.18	150.9
50	031409013001	绝热工程 橡塑管壳(管道)安装 管道 φ57mm 以下	m³	34.16	1807.05	61728.83
51	031409013004	绝热工程 橡塑管壳(管道)安装 管道 φ133mm 以下	m³	7.13	1580.87	11271.6
52	031409015006	绝热工程 防潮层、保护层 安装 塑料布 管道	10m²	126.213	59.77	7543.75
		污水排水系统				925549.99
53	030801005077	室内承插塑料排水管(零件粘接)DN 50mm	10m	469.8	221.6	104107.68
54	030801005078	室内承插塑料排水管(零件粘接)DN 80mm	10m	313.2	337.64	105748.85
55	030801005079	室内承插塑料排水管(零件粘接)DN 100mm	10m	234.9	505.1	118647.99
56	030801005080	室内承插塑料排水管(零件粘接)DN 150mm 消音	10m	252.3	1096.17	276563.69
57	030801005081	室内承插塑料排水管(零件粘接)DN 200mm	10m	87	1731.63	150651.81
58	030801015045	塑料排水管伸缩节安装(粘接)DN 100mm	10节	1	198.91	198.91
59	030801015046	塑料排水管伸缩节安装(粘接)DN 150mm	10节	78.3	318.43	24933.07
60	030801015047	塑料排水管阻火圈安装 DN 100mm	10个	1	624.04	624.04
61	030801015048	塑料排水管阻火圈安装 DN 150mm	10个	78.3	816.12	63902.2
62	030804018006	地面扫除口安装 DN 100mm	10个	156	200.44	31268.64
63	030804018007	地面扫除口安装 DN 150mm	10个	8.7	374.68	3259.72
64	010101003006	人工挖沟槽三类土深度 2m 以内	100m³	9.135	3063.87	27988.45
65	010106001004	回填土夯填	100m³	9.135	1932.67	17654.94
		雨水排水系统				125601.25
66	030801005074	室内承插塑料排水管(零件粘接)DN 100mm	10m	8	505.1	4040.8
67	030801005075	室内承插塑料排水管(零件粘接)DN 150mm	10m	58	935.18	54240.44
68	030801005076	室内承插塑料排水管(零件粘接)DN 200mm	10m	20	1731.63	34632.6
69	030801015043	塑料排水管伸缩节安装(粘接)DN 100mm	10节	1	198.91	198.91
70	030801015044	塑料排水管伸缩节安装(粘接)DN 150mm	10节	18	318.43	5731.74
71	030801015039	塑料排水管阻火圈安装 DN 100mm	10个	1	624.04	624.04

序号	项目编码	项目名称	计量单位	工程数量	综合单价	合价
72	030801015040	塑料排水管阻火圈安装 DN 150mm	10个	18	816.12	14690.16
73	030804018003	地面扫除口安装 DN 100mm	10个	1	200.44	200.44
74	030804018005	地面扫除口安装 DN 150mm	10个	2	374.68	749.36
75	010101003007	人工挖沟槽三类土深度 2m 以内	100m³	2.1	3063.87	6434.13
76	010106001005	回填土夯填	100m³	2.1	1932.68	4058.63
		消火栓系统				238592.73
77	030801002055	室内钢管焊接 DN 65mm	10m	18	483.18	8697.24
78	030801002057	室内钢管焊接 DN 100mm	10m	58	759.98	44078.84
79	030801002059	室内钢管焊接 DN 150mm	10m	60	1.98	118.8
80	030803003040	焊接法兰蝶阀安装 DN 100mm	个	40	300.93	12037.2
81	030803003041	焊接法兰蝶阀安装 DN 150mm	个	20	504.94	10098.8
82	030701018001	室内消火栓安装 DN 65mm 以内 单栓	套	180	663.11	119359.8
83	030701019002	消防水泵接合器安装 地下式 150	套	2	2021.22	4042.44
84	030801015049	钢套管制作与安装 DN 150mm	10个	18	350.07	6301.26
85	030802001003	一般管道支架制作安装	100kg	4	1541.75	6167
86	031401001009	手工除锈 一般钢结构 轻锈	100kg	4	32.71	130.84
87	031402003012	一般钢结构 防锈漆 第一遍	100kg	4	37.58	150.32
88	031402003013	一般钢结构 防锈漆 第二遍	100kg	4	35.19	140.76
89	031402003014	一般钢结构 银粉 第一遍	100kg	4	30.91	123.64
90	031402003015	一般钢结构 银粉 第二遍	100kg	4	30.18	120.72
91	031401001003	手工除锈 管道 重锈	10m²	56.591	185.82	10515.74
92	031402001001	管道刷油 红丹防锈漆 第一遍	10m²	40.591	33.22	1348.43
93	031402001002	管道刷油 红丹防锈漆 第二遍	10m²	40.591	31.28	1269.69
94	031402001007	管道刷油 银粉 第二遍	10m²	40.591	24.6	998.54
95	031402001008	管道刷油 厚漆 第一遍	10m²	40.591	30.4	1233.97
96	031402001016	埋地管道刷油 沥青漆 第一遍	10m²	16	39.87	637.92
97	031409015001	埋地管道 玻璃丝布 二层	10m²	32	54.17	1733.44
98	031402006019	埋地管道 玻璃布 刷沥青漆 第一遍	10m²	32	93.49	2991.68
99	010101003004	人工挖沟槽三类土深度 2m 以内	100m³	1.26	3063.87	3860.48
100	010106001002	回填土夯填	100m³	1.26	1932.68	2435.18
		安装费用				51185.89
101	030707001005	脚手架搭拆费	项	1	417.65	417.65
102	030808001007	脚手架搭拆费	项	1	14765.94	14765.94
103	031412001006	脚手架搭拆费	项	1	5173.32	5173.32
104	030707001001	高层增加费	项	1	99.79	99.79
105	030808001001	高层增加费	项	1	6987.5	6987.5
106	031412001001	高层增加费	项	1	23741.69	23741.69

分部分项工程量清单综合单价分析表

工程名称：某医院水暖

序号	项目编码	项目名称	工程内容	综合单价组成					综合单价
				人工费	材料费	机械使用费	管理费	利润	
1	030801008026	室内钢塑复合给水管（螺纹连接）DN 25mm	室内钢塑复合给水管（螺纹连接）DN 25mm	65.43	419.92	1.01	8.6	11.06	506.02
			合　计	65.43	419.92	1.01	8.6	11.06	
2	030801008027	室内钢塑复合给水管（螺纹连接）DN 32mm	室内钢塑复合给水管（螺纹连接）DN 32mm	68.26	544.67	1.17	8.99	11.56	634.65
			合　计	68.26	544.67	1.17	8.99	11.56	
3	030801008028	室内钢塑复合给水管（螺纹连接）DN 40mm	室内钢塑复合给水管（螺纹连接）DN 40mm	71.03	631.64	1.48	9.39	12.07	725.61
			合　计	71.03	631.64	1.48	9.39	12.07	
4	030801008029	室内钢塑复合给水管（螺纹连接）DN 50mm	室内钢塑复合给水管（螺纹连接）DN 50mm	138.36	842.18	4.54	18.51	23.79	1027.38
			合　计	138.36	842.18	4.54	18.51	23.79	
5	030801008030	室内钢塑复合给水管（螺纹连接）DN 70mm	室内钢塑复合给水管（螺纹连接）DN 70mm	146.26	1075.96	5.84	19.7	25.32	1273.08
			合　计	146.26	1075.96	5.84	19.7	25.32	
6	030801008031	室内钢塑复合给水管（螺纹连接）DN 80mm	室内钢塑复合给水管（螺纹连接）DN 80mm	161.66	1466.04	7.14	21.86	28.11	1684.81
			合　计	161.66	1466.04	7.14	21.86	28.11	
7	030801008032	室内钢塑复合给水管（螺纹连接）DN 100mm	室内钢塑复合给水管（螺纹连接）DN 100mm	180.36	2172.61	10.3	24.69	31.74	2419.7
			合　计	180.36	2172.61	10.3	24.69	31.74	
8	030803001009	螺纹铜球阀安装 DN 50mm	螺纹阀门安装 DN 50mm	11.69	113.28		1.51	1.95	128.43
			合　计	11.69	113.28		1.51	1.95	
9	030803001010	螺纹铜球阀安装 DN 25mm	螺纹阀门安装 DN 25mm	5.61	54.71		0.73	0.93	61.98
			合　计	5.61	54.71		0.73	0.93	
10	030803003042	焊接法兰铜闸阀安装 DN 100mm	焊接法兰阀门安装 DN 100mm	43.48	1906.09	18.12	7.98	10.26	1985.93
			合　计	43.48	1906.09	18.12	7.98	10.26	
11	030803003043	焊接法兰铜闸阀安装 DN 65mm	焊接法兰阀门安装 DN 65mm	30.86	466.39	15.43	5.99	7.71	526.38
			合　计	30.86	466.39	15.43	5.99	7.71	
12	030801015050	钢套管制作与安装 DN 40mm	钢套管制作与安装 DN 40mm	25.67	65.26	3.55	3.78	4.87	103.13
			合　计	25.67	65.26	3.55	3.78	4.87	

序号	项目编码	项目名称	工程内容	综合单价组成					综合单价
				人工费	材料费	机械使用费	管理费	利润	
13	030801015051	钢套管制作与安装 DN 50mm	钢套管制作与安装 DN 50mm	28.98	70.27	4.09	4.28	5.51	113.13
			合　计	28.98	70.27	4.09	4.28	5.51	
14	030801015052	钢套管制作与安装 DN 65mm	钢套管制作与安装 DN 65mm	38.76	106.87	5.73	5.76	7.41	164.53
			合　计	38.76	106.87	5.73	5.76	7.41	
15	030801015053	钢套管制作与安装 DN 80mm	钢套管制作与安装 DN 80mm	42.48	113.76	6	6.28	8.07	176.59
			合　计	42.48	113.76	6	6.28	8.07	
16	030801015054	钢套管制作与安装 DN 100mm	钢套管制作与安装 DN 100mm	54.69	145.77	6.8	7.96	10.24	225.46
			合　计	54.69	145.77	6.8	7.96	10.24	
17	030801015055	钢套管制作与安装 DN 150mm	钢套管制作与安装 DN 150mm	80.83	228.97	12.61	12.1	15.56	350.07
			合　计	80.83	228.97	12.61	12.1	15.56	
18	030802001004	一般管道支架制作安装	一般管道支架制作安装	473.84	575.32	271.86	96.57	124.16	1541.75
			合　计	473.84	575.32	271.86	96.57	124.16	
19	031401001010	手工除锈　一般钢结构　轻锈	手工除锈　一般钢结构　轻锈	15.05	2.22	8.47	3.05	3.92	32.71
			合　计	15.05	2.22	8.47	3.05	3.92	
20	031402003016	一般钢结构　防锈漆第一遍	一般钢结构　防锈漆第一遍	10.74	12.68	8.47	2.49	3.2	37.58
			合　计	10.74	12.68	8.47	2.49	3.2	
21	031402003017	一般钢结构　防锈漆第二遍	一般钢结构　防锈漆第二遍	10.33	10.83	8.47	2.43	3.13	35.19
			合　计	10.33	10.83	8.47	2.43	3.13	
22	031402003018	一般钢结构　银粉第一遍	一般钢结构　银粉第一遍	10.33	6.55	8.47	2.43	3.13	30.91
			合　计	10.33	6.55	8.47	2.43	3.13	
23	031402003019	一般钢结构　银粉第二遍	一般钢结构　银粉第二遍	10.33	5.82	8.47	2.43	3.13	30.18
			合　计	10.33	5.82	8.47	2.43	3.13	
24	031409013005	绝热工程　橡塑管壳(管道)安装　管道 φ57mm 以下	绝热工程　橡塑管壳(管道)安装　管道 φ57mm 以下	348.29	1355.67		45.1	57.99	1807.05
			合　计	348.29	1355.67		45.1	57.99	
25	031409013006	绝热工程　橡塑管壳(管道)安装　管道 φ133mm 以下	绝热工程　橡塑管壳(管道)安装　管道 φ133mm 以下	220.06	1295.67		28.5	36.64	1580.87
			合　计	220.06	1295.67		28.5	36.64	
26	031409015007	绝热工程　防潮层、保护层安装塑料布管道	绝热工程　防潮层、保护层安装　塑料布管道	22.23	30.96		2.88	3.7	59.77
			合　计	22.23	30.96		2.88	3.7	

序号	项目编码	项目名称	工程内容	综合单价组成					综合单价
				人工费	材料费	机械使用费	管理费	利润	
27	030801008019	室内钢塑复合给水管（螺纹连接）DN 25mm	室内钢塑复合给水管（螺纹连接）DN 25mm	65.43	452.77	1.01	8.6	11.06	538.87
			合　计	65.43	452.77	1.01	8.6	11.06	
28	030801008020	室内钢塑复合给水管（螺纹连接）DN 32mm	室内钢塑复合给水管（螺纹连接）DN 32mm	68.26	587.34	1.17	8.99	11.56	677.32
			合　计	68.26	587.34	1.17	8.99	11.56	
29	030801008021	室内钢塑复合给水管（螺纹连接）DN 40mm	室内钢塑复合给水管（螺纹连接）DN 40mm	71.03	681.75	1.48	9.39	12.07	775.72
			合　计	71.03	681.75	1.48	9.39	12.07	
30	030801008022	室内钢塑复合给水管（螺纹连接）DN 50mm	室内钢塑复合给水管（螺纹连接）DN 50mm	138.36	906.77	4.54	18.51	23.79	1091.97
			合　计	138.36	906.77	4.54	18.51	23.79	
31	030801008023	室内钢塑复合给水管（螺纹连接）DN 70mm	室内钢塑复合给水管（螺纹连接）DN 70mm	146.26	1163.33	5.84	19.7	25.32	1360.45
			合　计	146.26	1163.33	5.84	19.7	25.32	
32	030801008024	室内钢塑复合给水管（螺纹连接）DN 80mm	室内钢塑复合给水管（螺纹连接）DN 80mm	161.66	1578.55	7.14	21.86	28.11	1797.32
			合　计	161.66	1578.55	7.14	21.86	28.11	
33	030801008025	室内钢塑复合给水管（螺纹连接）DN 100mm	室内钢塑复合给水管（螺纹连接）DN 100mm	180.36	2358.33	10.3	24.69	31.74	2605.42
			合　计	180.36	2358.33	10.3	24.69	31.74	
34	030803001007	螺纹铜球阀安装 DN 50mm	螺纹阀门安装 DN 50mm	11.69	113.28		1.51	1.95	128.43
			合　计	11.69	113.28		1.51	1.95	
35	030803001008	螺纹铜球阀安装 DN 25mm	螺纹阀门安装 DN 25mm	5.61	54.71		0.73	0.93	61.98
			合　计	5.61	54.71		0.73	0.93	
36	030803003007	焊接法兰铜闸阀安装 DN 100mm	焊接法兰阀门安装 DN 100mm	43.48	1906.09	18.12	7.98	10.26	1985.93
			合　计	43.48	1906.09	18.12	7.98	10.26	
37	030803003008	焊接法兰铜闸阀安装 DN 65mm	焊接法兰阀门安装 DN 65mm	30.86	466.39	15.43	5.99	7.71	526.38
			合　计	30.86	466.39	15.43	5.99	7.71	
38	030801015018	钢套管制作与安装 DN 40mm	钢套管制作与安装 DN 40mm	25.67	65.26	3.55	3.78	4.87	103.13
			合　计	25.67	65.26	3.55	3.78	4.87	
39	030801015019	钢套管制作与安装 DN 50mm	钢套管制作与安装 DN 50mm	28.98	70.27	4.09	4.28	5.51	113.13
			合　计	28.98	70.27	4.09	4.28	5.51	
40	030801015020	钢套管制作与安装 DN 65mm	钢套管制作与安装 DN 65mm	38.76	106.87	5.73	5.76	7.41	164.53
			合　计	38.76	106.87	5.73	5.76	7.41	

序号	项目编码	项目名称	工程内容	综合单价组成					综合单价
				人工费	材料费	机械使用费	管理费	利润	
41	030801015021	钢套管制作与安装 DN 80mm	钢套管制作与安装 DN 80mm	42.48	113.76	6	6.28	8.07	176.59
			合　计	42.48	113.76	6	6.28	8.07	
42	030801015022	钢套管制作与安装 DN 100mm	钢套管制作与安装 DN 100mm	54.69	145.77	6.8	7.96	10.24	225.46
			合　计	54.69	145.77	6.8	7.96	10.24	
43	030801015023	钢套管制作与安装 DN 150mm	钢套管制作与安装 DN 150mm	80.83	228.97	12.61	12.1	15.56	350.07
			合　计	80.83	228.97	12.61	12.1	15.56	
44	030802001002	一般管道支架制作安装	一般管道支架制作安装	473.84	575.32	271.86	96.57	124.16	1541.75
			合　计	473.84	575.32	271.86	96.57	124.16	
45	031401001008	手工除锈 一般钢结构 轻锈	手工除锈 一般钢结构 轻锈	15.05	2.22	8.47	3.05	3.92	32.71
			合　计	15.05	2.22	8.47	3.05	3.92	
46	031402003008	一般钢结构 防锈漆 第一遍	一般钢结构 防锈漆 第一遍	10.74	12.68	8.47	2.49	3.2	37.58
			合　计	10.74	12.68	8.47	2.49	3.2	
47	031402003009	一般钢结构 防锈漆 第二遍	一般钢结构 防锈漆 第二遍	10.33	10.83	8.47	2.43	3.13	35.19
			合　计	10.33	10.83	8.47	2.43	3.13	
48	031402003010	一般钢结构 银粉 第一遍	一般钢结构 银粉 第一遍	10.33	6.55	8.47	2.43	3.13	30.91
			合　计	10.33	6.55	8.47	2.43	3.13	
49	031402003011	一般钢结构 银粉 第二遍	一般钢结构 银粉 第二遍	10.33	5.82	8.47	2.43	3.13	30.18
			合　计	10.33	5.82	8.47	2.43	3.13	
50	031409013001	绝热工程 橡塑管壳(管道)安装 管道 ϕ57mm 以下	绝热工程 橡塑管壳(管道)安装 管道 ϕ57mm 以下	348.29	1355.67		45.1	57.99	1807.05
			合　计	348.29	1355.67		45.1	57.99	
51	031409013004	绝热工程 橡塑管壳(管道)安装 管道 ϕ133mm 以下	绝热工程 橡塑管壳(管道)安装 管道 ϕ133mm 以下	220.06	1295.67		28.5	36.64	1580.87
			合　计	220.06	1295.67		28.5	36.64	
52	031409015006	绝热工程 防潮层、保护层安装 塑料布 管道	绝热工程 防潮层、保护层安装 塑料布 管道	22.23	30.96		2.88	3.7	59.77
			合　计	22.23	30.96		2.88	3.7	
53	030801005077	室内承插塑料排水管(零件粘接)DN 50mm	室内承插塑料排水管(零件粘接)DN 50mm	71.51	128.8	0.1	9.27	11.92	221.6
			合　计	71.51	128.8	0.1	9.27	11.92	

序号	项目编码	项目名称	工程内容	综合单价组成					综合单价
				人工费	材料费	机械使用费	管理费	利润	
54	030801005078	室内承插塑料排水管(零件粘接)DN 80mm	室内承插塑料排水管(零件粘接)DN 80mm	97.17	211.57	0.1	12.6	16.2	337.64
			合　计	97.17	211.57	0.1	12.6	16.2	
55	030801005079	室内承插塑料排水管(零件粘接)DN 100mm	室内承插塑料排水管(零件粘接)DN 100mm	108.38	364.51	0.1	14.05	18.06	505.1
			合　计	108.38	364.51	0.1	14.05	18.06	
56	030801005080	室内承插塑料排水管(零件粘接)DN 150mm消音	室内承插塑料排水管(零件粘接)DN 150mm	152.81	898	0.1	19.8	25.46	1096.17
			合　计	152.81	898	0.1	19.8	25.46	
57	030801005081	室内承插塑料排水管(零件粘接)DN 200mm	室内承插塑料排水管(零件粘接)DN 200mm	170.99	1510.03		22.14	28.47	1731.63
			合　计	170.99	1510.03		22.14	28.47	
58	030801015045	塑料排水管伸缩节安装(粘接)DN 100mm	塑料排水管伸缩节安装(粘接)DN 100mm	42.96	143.24		5.56	7.15	198.91
			合　计	42.96	143.24		5.56	7.15	
59	030801015046	塑料排水管伸缩节安装(粘接)DN 150mm	塑料排水管伸缩节安装(粘接)DN 150mm	14.46	299.69		1.87	2.41	318.43
			合　计	14.46	299.69		1.87	2.41	
60	030801015047	塑料排水管阻火圈安装 DN 100mm	塑料排水管阻火圈安装 DN 100mm	46.73	563.48		6.05	7.78	624.04
			合　计	46.73	563.48		6.05	7.78	
61	030801015048	塑料排水管阻火圈安装 DN 150mm	塑料排水管阻火圈安装 DN 150mm	56.05	743.48		7.26	9.33	816.12
			合　计	56.05	743.48		7.26	9.33	
62	030804018006	地面扫除口安装 DN 100mm	地面扫除口安装 DN 100mm	45.32	141.7		5.87	7.55	200.44
			合　计	45.32	141.7		5.87	7.55	
63	030804018007	地面扫除口安装 DN 150mm	地面扫除口安装 DN 150mm	56.05	302.04		7.26	9.33	374.68
			合　计	56.05	302.04		7.26	9.33	
64	010101003006	人工挖沟槽三类土深度2m以内	土方工程　人工挖沟槽 基坑 挖沟槽 三类土深度2m以内	2364.1			306.15	393.62	3063.87
			合　计	2364.1			306.15	393.62	
65	010106001004	回填土夯填	土石方回填　回填土夯填	1293.6		197.66	193.12	248.29	1932.67
			合　计	1293.6		197.66	193.12	248.29	
66	030801005074	室内承插塑料排水管(零件粘接)DN 100mm	室内承插塑料排水管(零件粘接)DN 100mm	108.38	364.51	0.1	14.05	18.06	505.1
			合　计	108.38	364.51	0.1	14.05	18.06	
67	030801005075	室内承插塑料排水管(零件粘接)DN 150mm	室内承插塑料排水管(零件粘接)DN 150mm	152.81	737.01	0.1	19.8	25.46	935.18
			合　计	152.81	737.01	0.1	19.8	25.46	

序号	项目编码	项目名称	工程内容	综合单价组成					综合单价
				人工费	材料费	机械使用费	管理费	利润	
68	030801005076	室内承插塑料排水管(零件粘接)DN 200mm	室内承插塑料排水管(零件粘接)DN 200mm	170.99	1510.03		22.14	28.47	1731.63
			合　计	170.99	1510.03		22.14	28.47	
69	030801015043	塑料排水管伸缩节安装(粘接)DN 100mm	塑料排水管伸缩节安装(粘接)DN 100mm	42.96	143.24		5.56	7.15	198.91
			合　计	42.96	143.24		5.56	7.15	
70	030801015044	塑料排水管伸缩节安装(粘接)DN 150mm	塑料排水管伸缩节安装(粘接)DN 150mm	14.46	299.69		1.87	2.41	318.43
			合　计	14.46	299.69		1.87	2.41	
71	030801015039	塑料排水管阻火圈安装DN 100mm	塑料排水管阻火圈安装DN 100mm	46.73	563.48		6.05	7.78	624.04
			合　计	46.73	563.48		6.05	7.78	
72	030801015040	塑料排水管阻火圈安装DN 150mm	塑料排水管阻火圈安装DN 150mm	56.05	743.48		7.26	9.33	816.12
			合　计	56.05	743.48		7.26	9.33	
73	030804018003	地面扫除口安装DN 100mm	地面扫除口安装DN 100mm	45.32	141.7		5.87	7.55	200.44
			合　计	45.32	141.7		5.87	7.55	
74	030804018005	地面扫除口安装DN 150mm	地面扫除口安装DN 150mm	56.05	302.04		7.26	9.33	374.68
			合　计	56.05	302.04		7.26	9.33	
75	010101003007	人工挖沟槽三类土深度2m以内	土方工程　人工挖沟槽 基坑 挖沟槽 三类土深度2m以内	2364.1			306.15	393.62	3063.87
			合　计	2364.1			306.15	393.62	
76	010106001005	回填土夯填	土石方回填　回填土夯填	1293.6		197.66	193.12	248.29	1932.68
			合　计	1293.6		197.66	193.12	248.29	
77	030801002055	室内钢管焊接DN 65mm	室内钢管焊接DN 65mm	104.66	299.35	37.18	18.37	23.62	483.18
			合　计	104.66	299.35	37.18	18.37	23.62	
78	030801002057	室内钢管焊接DN 100mm	室内钢管焊接DN 100mm	146.73	493	59.27	26.68	34.3	759.98
			合　计	146.73	493	59.27	26.68	34.3	
79	030801002059	室内钢管焊接DN 150mm	室内钢管焊接DN 150mm	0.31	1.44	0.11	0.05	0.07	1.98
			合　计	0.31	1.44	0.11	0.05	0.07	
80	030803003040	焊接法兰蝶阀安装DN 100mm	焊接法兰阀门安装DN 100mm	43.48	221.09	18.12	7.98	10.26	300.93
			合　计	43.48	221.09	18.12	7.98	10.26	
81	030803003041	焊接法兰蝶阀安装DN 150mm	焊接法兰阀门安装DN 150mm	65.9	393.45	20.13	11.14	14.32	504.94
			合　计	65.9	393.45	20.13	11.14	14.32	

序号	项目编码	项目名称	工程内容	综合单价组成					综合单价
				人工费	材料费	机械使用费	管理费	利润	
82	030701018001	室内消火栓安装 DN 65mm 以内 单栓	室内消火栓安装 DN 65mm 以内 单栓	41.72	608.24	0.62	5.48	7.05	663.11
			合 计	41.72	608.24	0.62	5.48	7.05	
83	030701019002	消防水泵接合器安装 地下式 150	消防水泵接合器安装 地下式 150	95.37	1883.62	10.8	13.75	17.68	2021.22
			合 计	95.37	1883.62	10.8	13.75	17.68	
84	030801015049	钢套管制作与安装 DN 150mm	钢套管制作与安装 DN 150mm	80.83	228.97	12.61	12.1	15.56	350.07
			合 计	80.83	228.97	12.61	12.1	15.56	
85	030802001003	一般管道支架制作安装	一般管道支架制作安装	473.84	575.32	271.86	96.57	124.16	1541.75
			合 计	473.84	575.32	271.86	96.57	124.16	
86	031401001009	手工除锈 一般钢结构 轻锈	手工除锈 一般钢结构 轻锈	15.05	2.22	8.47	3.05	3.92	32.71
			合 计	15.05	2.22	8.47	3.05	3.92	
87	031402003012	一般钢结构 防锈漆 第一遍	一般钢结构 防锈漆 第一遍	10.74	12.68	8.47	2.49	3.2	37.58
			合 计	10.74	12.68	8.47	2.49	3.2	
88	031402003013	一般钢结构 防锈漆 第二遍	一般钢结构 防锈漆 第二遍	10.33	10.83	8.47	2.43	3.13	35.19
			合 计	10.33	10.83	8.47	2.43	3.13	
89	031402003014	一般钢结构 银粉 第一遍	一般钢结构 银粉 第一遍	10.33	6.55	8.47	2.43	3.13	30.91
			合 计	10.33	6.55	8.47	2.43	3.13	
90	031402003015	一般钢结构 银粉 第二遍	一般钢结构 银粉 第二遍	10.33	5.82	8.47	2.43	3.13	30.18
			合 计	10.33	5.82	8.47	2.43	3.13	
91	031401001003	手工除锈 管道 重锈	手工除锈 管道 重锈	134.12	12		17.37	22.33	185.82
			合 计	134.12	12		17.37	22.33	
92	031402001001	管道刷油 红丹防锈漆 第一遍	管道刷油 红丹防锈漆 第一遍	12.62	16.87		1.63	2.1	33.22
			合 计	12.62	16.87		1.63	2.1	
93	031402001002	管道刷油 红丹防锈漆 第二遍	管道刷油 红丹防锈漆 第二遍	12.62	14.93		1.63	2.1	31.28
			合 计	12.62	14.93		1.63	2.1	
94	031402001007	管道刷油 银粉 第二遍	管道刷油 银粉 第二遍	12.62	8.25		1.63	2.1	24.6
			合 计	12.62	8.25		1.63	2.1	

| 序号 | 项目编码 | 项目名称 | 工程内容 | 综合单价组成 | | | | | 综合单价 |
				人工费	材料费	机械使用费	管理费	利润	
95	031402001008	管道刷油 厚漆 第一遍	管道刷油 厚漆 第一遍	13.1	13.42		1.7	2.18	30.4
			合 计	13.1	13.42		1.7	2.18	
96	031402001016	埋地管道刷油 沥青漆 第一遍	管道刷油 沥青漆 第一遍	13.1	22.89		1.7	2.18	39.87
			合 计	13.1	22.89		1.7	2.18	
97	031409015001	埋地管道 玻璃丝布二层	绝热工程 防潮层、保护层安装 玻璃丝布	22.23	25.36		2.88	3.7	54.17
			合 计	22.23	25.36		2.88	3.7	
98	031402006019	埋地管道 玻璃布刷沥青漆 第一遍	玻璃布、白布面刷油 管道 沥青漆 第一遍	40.19	41.41		5.2	6.69	93.49
			合 计	40.19	41.41		5.2	6.69	
99	010101003004	人工挖沟槽三类土深度 2m 以内	土方工程 人工挖沟槽 基坑 挖沟槽 三类土深度 2m 以内	2364.1			306.15	393.62	3063.87
			合 计	2364.1			306.15	393.62	
100	010106001002	回填土夯填	土石方回填 回填土夯填	1293.6		197.66	193.12	248.29	1932.68
			合 计	1293.6		197.66	193.12	248.29	
101	030707001005	脚手架搭拆费	脚手架搭拆——脚手架搭拆(消防工程)	97.22	291.65		12.59	16.19	417.65
			合 计	97.22	291.65		12.59	16.19	
102	030808001007	脚手架搭拆费	脚手架搭拆——脚手架搭拆(给排水工程)	3437.14	10311.41		445.11	572.28	14765.94
			合 计	3437.14	10311.41		445.11	572.28	
103	031412001006	脚手架搭拆费	脚手架搭拆——脚手架搭拆(绝热工程)	993.69	2981.07		128.68	165.45	5173.32
			脚手架搭拆——脚手架搭拆(刷油工程)	210.53	631.58		27.26	35.05	
			合 计	1204.22	3612.65		155.94	200.5	
104	030707001001	高层增加费	高层建筑增加费——9 层以下(消防工程)	77			9.97	12.82	99.79
			合 计	77			9.97	12.82	
105	030808001001	高层增加费	高层建筑增加费——9 层以下(给排水工程)	5391.59			698.21	897.7	6987.5
			合 计	5391.59			698.21	897.7	
106	031412001001	高层增加费	高层建筑增加费——高层建筑增加费(安装高度 30m 以内,刷油、防腐、绝热工程)	9159.6		9159.6	2372.34	3050.15	23741.69
			合 计	9159.6		9159.6	2372.34	3050.15	

措施项目清单计价表

工程名称：某医院水暖

序　号	项目名称	金额（元）
一	措施项目	59385.3
1	安全文明施工措施费	30517.45
2	夜间施工增加费	
3	二次搬运费	
4	已完工程及设备保护费	
5	冬雨季施工费	28867.85
6	市政工程干预费	
7	焦炉施工大棚（C.4 炉窑砌筑工程）	
8	组装平台（C.5 静置设备与工艺金属结构制作安装工程）	
9	格架式抱杆（C.5 静置设备与工艺金属结构制作安装工程）	
10	其他措施项目费	
	合计	59385.3

措施项目费分析表

工程名称：某医院水暖

序号	措施项目名称	单位	数量	金额（元）					
				人工费	材料费	机械使用费	管理费	利润	小计
一	措施项目				59385.3				59385.3
1	安全文明施工措施费	项	1		30517.45				30517.45
2	夜间施工增加费	项	1						
3	二次搬运费	项	1						
4	已完工程及设备保护费	项	1						
5	冬雨季施工费	项	1		28867.85				28867.85
6	市政工程干预费	项	1						
7	焦炉施工大棚（C.4 炉窑砌筑工程）	项	1						
8	组装平台（C.5 静置设备与工艺金属结构制作安装工程）	项	1						
9	格架式抱杆（C.5 静置设备与工艺金属结构制作安装工程）	项	1						
10	其他措施项目费	项	1						
	合计				59385.3				59385.3

主要材料价格表

工程名称：某医院水暖

序号	材料编码	材料名称	规格、型号等特殊要求	单位	单价
1	Z00933	玻璃丝布 0.5		m²	1.8
2	Z01145	橡塑管壳		m³	1200
3	Z01180@1	承插塑料排水管	DN 100mm	m	25.2
4	Z01181@1	承插塑料排水管	DN 150mm	m	53.2
5	Z01181@2	承插塑料排水管	DN 150mm 消音	m	70.2
6	Z01182@1	承插塑料排水管	DN 200mm	m	121.8
7	Z01185@1	承插塑料排水管	DN 50mm	m	9.52
8	Z01186@1	承插塑料排水管	DN 80mm	m	14.7
9	Z01241@1	钢管（按实际规格）	DN 40mm	m	15.36
10	Z01241@2	钢管（按实际规格）	DN 50mm	m	19.52
11	Z01241@3	钢管（按实际规格）	DN 65mm	m	26.56
12	Z01241@4	钢管（按实际规格）	DN 80mm	m	33.36
13	Z01241@5	钢管（按实际规格）	DN 100mm	m	43.4
14	Z01241@6	钢管（按实际规格）	DN 150mm	m	73.02
15	Z01273@1	钢塑复合给水管	DN 25mm	m	32.11
16	Z01273@10	钢塑复合给水管	DN 40mm 热水	m	54
17	Z01273@11	钢塑复合给水管	DN 50mm 热水	m	69.59
18	Z01273@12	钢塑复合给水管	DN 70mm 热水	m	94.21
19	Z01273@13	钢塑复合给水管	DN 80mm 热水	m	121.27
20	Z01273@14	钢塑复合给水管	DN 100mm 热水	m	200.286
21	Z01273@2	钢塑复合给水管	DN 32mm	m	41.756
22	Z01273@3	钢塑复合给水管	DN 40mm	m	49.088
23	Z01273@4	钢塑复合给水管	DN 50mm	m	63.258
24	Z01273@5	钢塑复合给水管	DN 70mm	m	85.644
25	Z01273@6	钢塑复合给水管	DN 80mm	m	110.24
26	Z01273@7	钢塑复合给水管	DN 100mm	m	182.078
27	Z01273@8	钢塑复合给水管	DN 25mm 热水	m	35.33
28	Z01273@9	钢塑复合给水管	DN 32mm 热水	m	45.94
29	Z01290@1	焊接钢管	DN 100mm	m	43.4
30	Z01293@1	焊接钢管	DN 150mm	m	73.02
31	Z01304@1	焊接钢管	DN 65mm	m	26.56
32	Z01780@1	承插塑料排水管件	DN 100mm	个	10.58
33	Z01781@1	承插塑料排水管件	DN 150mm	个	29.58
34	Z01781@2	承插塑料排水管件	DN 150mm 消音	个	29.58
35	Z01782@1	承插塑料排水管件	DN 200mm	个	58.32
36	Z01785@1	承插塑料排水管件	DN 50mm	个	2.52
37	Z01786@1	承插塑料排水管件	DN 80mm	个	4.68
38	Z01857@1	地面扫除口	DN 100mm	个	14
39	Z01859@1	地面扫除口	DN 150mm	个	30
40	Z02028@1	法兰铜闸阀	DN 100mm	个	1800
41	Z02028@2	法兰蝶阀	DN 100mm	个	115
42	Z02031@1	法兰蝶阀	DN 150mm	个	175
43	Z02044@1	法兰铜闸阀	DN 65mm	个	400
44	Z02151@1	钢塑复合给水管零件	DN 25mm	个	8.632
45	Z02151@2	钢塑复合给水管零件	DN 32mm	个	13.728
46	Z02151@3	钢塑复合给水管零件	DN 40mm	个	17.16

序号	材料编码	材料名称	规格、型号等特殊要求	单位	单价
47	Z02151@4	钢塑复合给水管零件	DN 50mm	个	28.704
48	Z02151@5	钢塑复合给水管零件	DN 70mm	个	45.24
49	Z02151@6	钢塑复合给水管零件	DN 80mm	个	84.5
50	Z02151@7	钢塑复合给水管零件	DN 100mm	个	112.84
51	Z02492@1	螺纹铜球阀	DN 25mm	个	50
52	Z02495@1	螺纹铜球阀	DN 50mm	个	102
53	Z02752@1	塑料排水管阻火圈	DN 100mm	个	54
54	Z02752@2	塑料排水管阻火圈	DN 150mm	个	72
55	Z03046@1	塑料排水管伸缩节	DN 100mm	节	13.9
56	Z03046@2	塑料排水管伸缩节	DN 150mm	节	29.5
57	Z03598@1	室内消火栓	DN 65mm 单栓	套	600
58	Z03616@2	消防水泵接合器	地下式 DN 150mm	套	1700

第三节　供暖工程量清单的计价

一、供暖工程系统及相关名称概念

（1）采暖　室内获得热量并保持一定温度，以达到适宜的生活条件或工作条件的技术，也称供暖。

（2）集中采暖　热源和散热设备分别设置，由热源通过管道向各个房间或各个建筑物供给热量的采暖方式。

（3）连续采暖　对于全天使用的建筑物，使其室内平均温度全天均能达到设计温度的采暖方式。

（4）采暖系统　为使建筑物达到采暖目的，由热源或供热装置、散热设备和管道等组成的网络。

（5）热水采暖系统　它是以热水作热介质的采暖系统。一般分为自然循环和机械循环热水采暖系统两种，见图5-8。

（6）蒸汽采暖系统　以蒸汽作热介质的采暖系统。

（7）真空采暖系统　在回水总管上装设真空回水泵的蒸汽采暖系统，也称真空回水采暖系统。

（8）蒸汽喷射热水采暖系统　以高压蒸汽为热源和动力源，以蒸汽喷射器加热并驱动热水循环的采暖。

（9）散热器采暖系统　以各种对流散热器或辐射对流散热器作为室内散热设备的热水或蒸汽采暖系统。

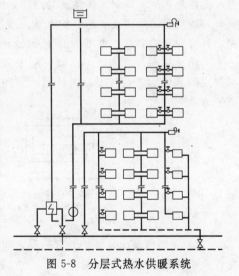

图5-8　分层式热水供暖系统

（10）热风采暖系统　以热空气作为传热介质的采暖系统。一般指用暖风机、空气加热器将室内循环空气或从室外吸入的空气加热的采暖系统。

（11）低温热水地板辐射采暖系统　低温热水地板辐射采暖系统由热源、热介质集配装置和辐射地板组成，各户系统相互并联，为双管系统。供回水立管及每户计量表均设在公共楼梯间内，每户为一个回路，分别设置阀门或温控阀，以实现调节功能。加热管常采用交联铝塑复合管（XPAP）、交联聚乙烯管（PE-X）、聚丁烯管（PB）、无规共聚聚丙烯管（PP-R）。

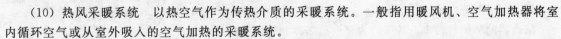

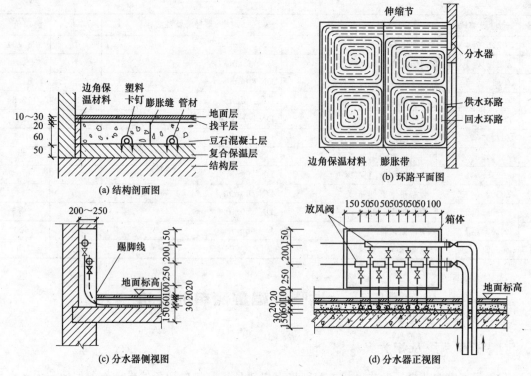

图 5-9 热水地板辐射采暖系统的结构

低温热水地板辐射采暖系统的结构如图 5-9 所示，通常包括发热体、保温、防潮层及填料层等部分。填料层的作用主要是保护水管，也可以有传热和蓄热的作用，使地面形成温度均匀的辐射面，具有一定的刚度、强度及良好的传热、蓄热性能，目前常用的材料是水泥砂浆或碎石混凝土。为防止填料层开裂，可在填料层中加一层 $\phi 3 \sim 4$mm 的钢丝网；为防止由于热胀冷缩而造成填料层和地面起鼓或开裂，应每隔一定距离设置膨胀缝。图 5-10 所示为辐射采暖地板加热管的布置方式。

(a) 旋转形(回字形)　　(b) 往复形(S形)　　(c) 直列形

图 5-10 辐射采暖地板加热管的布置方式

(12) 采暖管道　从锅炉到散热器之间输送热介质的管道，即采暖系统中的总管、干管、立管、支管及连接配件的统称。

(13) 暗装管道　隐蔽安装在半通行沟、通行沟、管井中、地板下、顶棚内及墙内的管道。

(14) 散热器　散热器是安装在采暖房间内的放热设备，它把热介质的部分热量通过器壁以传导、对流、辐射等方式传给室内空气，以补偿建筑物的热量损失，从而维持室内正常的温度。

散热器的种类有很多，常用的为铸铁散热器和钢制散热器。

① 铸铁散热器　铸铁散热器是目前使用最多的散热器，它具有耐腐蚀、使用寿命长、热稳定性好、结构简单等特点。工程中常用的铸铁散热器有翼型和柱型两种。

a. 翼型散热器　翼型散热器有圆翼型和长翼型两种。图 5-11 和图 5-12 所示为翼型散热器。

b. 柱型散热器　柱型散热器呈柱状，主要有二柱、四柱、五柱三种类型，如图 5-13 所示。

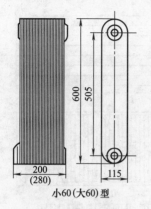

图 5-11　长翼型散热器

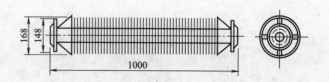

图 5-12　圆翼型散热器

② 钢制散热器　钢制散热器主要有闭式钢串片、柱型、扁管型及板式四大类。

a. 钢串片散热器　钢串片散热器是用联箱连接的两根钢管上串上多片长方形薄钢片制成，常在其外面加罩，以遮挡辐射散热，提高罩内空气温度，增强对流散热，因此又称为钢串片对流散热器（见图 5-14）。

b. 钢制柱型散热器　钢制柱型散热器外形与铸铁制的基本相同，且同时具有钢串片散热器和铸铁柱型散热器的优点，如图 5-15 所示。

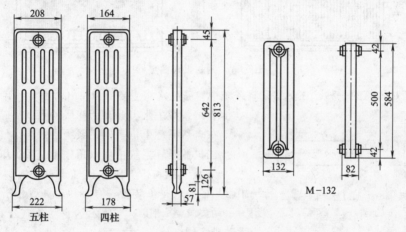

图 5-13　铸铁柱型散热器

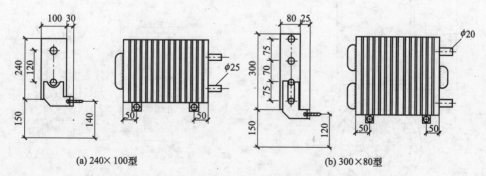

(a) 240×100型　　　　　　　(b) 300×80型

图 5-14　闭式钢串片对流散热器

c. 扁管式散热器　扁管式散热器是用薄钢板制的长方形钢管叠加在一起焊成。它可使用各种热介质，且具有一定的装饰作用，如图 5-16 所示。

d. 板式散热器　板式散热器承压能力较低，如图 5-17 所示。

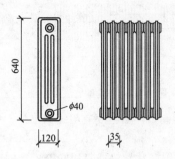

图 5-15　钢制柱式散热器

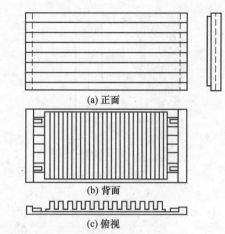

(a) 正面

(b) 背面

(c) 俯视

图 5-16　扁管式散热器

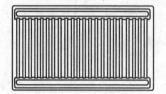

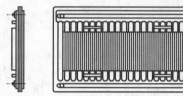

图 5-17　钢制板式散热器

膨胀水箱是水箱的一种。在热水采暖系统中，膨胀水箱主要有以下几方面的作用：

① 容纳系统中水温升高后膨胀的水量；

② 在自然循环上供下回式系统中作为排气装置；

③ 在机械循环系统中可以用作控制系统压力的定压点。

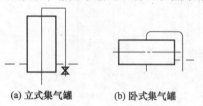

(a) 立式集气罐　　(b) 卧式集气罐

图 5-18　手动集气罐

（15）集气罐和排气阀　集气罐和排气阀是热水采暖系统中常用的空气排出装置，有手动和自动之分。如图 5-18 所示为手动集气罐，图 5-19 所示为自动集气罐，图 5-20 所示为手动排气阀。

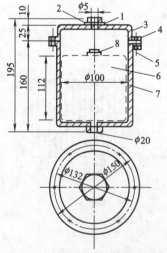

图 5-19　自动排气罐（阀）

1—排气口；2,5—橡胶石棉垫；3—罐盖；4—螺栓；
6—浮体；7—罐体；8—耐热橡皮

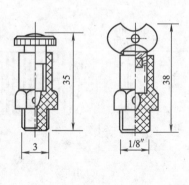

图 5-20　手动排气阀

（16）疏水器 疏水器用于蒸汽采暖系统中，使散热设备及管网中的凝结水和空气能自动而迅速地排出，并阻止蒸汽逸漏。疏水器种类繁多，按其工作原理可分为机械型、热力型、恒温型三种。图5-21～图5-26所示为各种疏水器。其中机械式疏水器主要有浮桶式、钟形浮子式、倒吊桶式等。

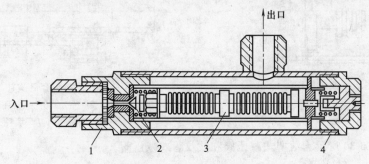

图5-21 恒温型疏水器

1—过滤网；2—锥形阀；3—波纹管；4—校正螺丝

（17）补偿器 补偿器是指热介质在管道中输送会产生热伸长，为了消除因热伸长而使管道产生的热应力的影响而设置的抵消热应力的装置。

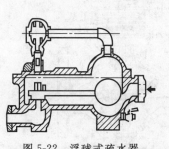

图 5-22 浮球式疏水器

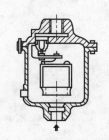

图 5-23 钟形浮子式疏水器

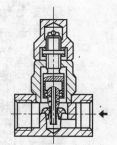

图 5-24 脉冲式疏水器

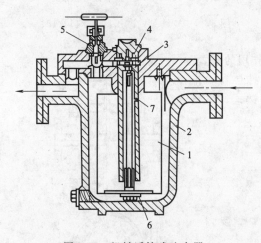

图 5-25 机械浮筒式疏水器

1—浮筒；2—外壳；3—顶针；4—阀孔；5—放气阀；
6—可换重块；7—水封套筒上的排气孔

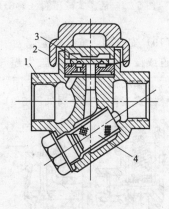

图 5-26 热动力式疏水器

1—阀体；2—阀片；3—阀盖；
4—过滤器

图 5-27 和图 5-28 所示为两种补偿器示意。

（18）减压阀 减压阀主要是为了满足生活采暖和生产工艺用汽所需的压力装置。减压阀应垂直地安装在水平管道上，安装时有方向性，不能接反。

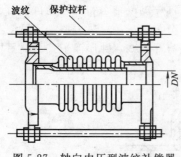

图 5-27　轴向内压型波纹补偿器

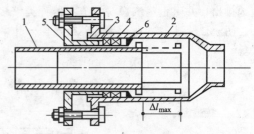

图 5-28　套筒式补偿器

1—内套筒；2—外壳；3—压紧环；4—密封填料；

5—填料压盖；6—填料支承环

图 5-29 和图 5-30 所示为活塞式减压阀和波纹管式减压阀。

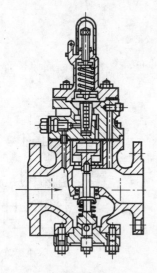

图 5-29　活塞式减压阀（Y43H-10）

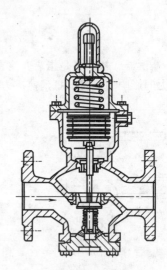

图 5-30　波纹管式减压阀（Y44T-10）

（19）安全阀　安全阀是指对管道和设备起保护作用的装置。当管道或设备内外的介质压力超过规定值时，启闭件会自动排放；低于规定值时，则自动关闭。按构造有杠杆重锤式、弹簧式、脉冲式三种。安全阀如图 5-31 所示。

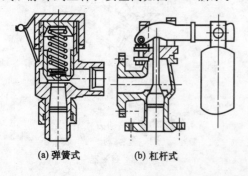

(a) 弹簧式　　(b) 杠杆式

图 5-31　安全阀

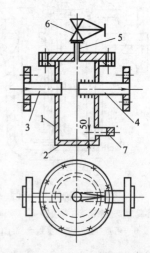

图 5-32　立式直通除污器

1—筒体；2—底板；3—进水管；4—出水管；

5—排气管；6—截止阀；7—排污丝堵

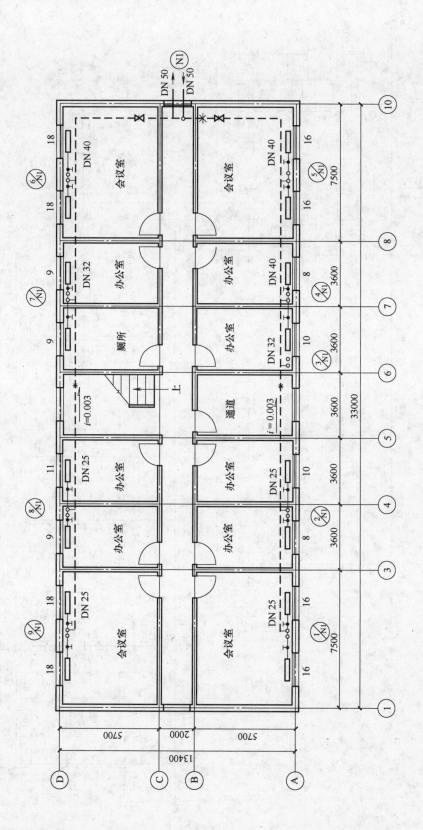

图 5-33　一层供暖平面图

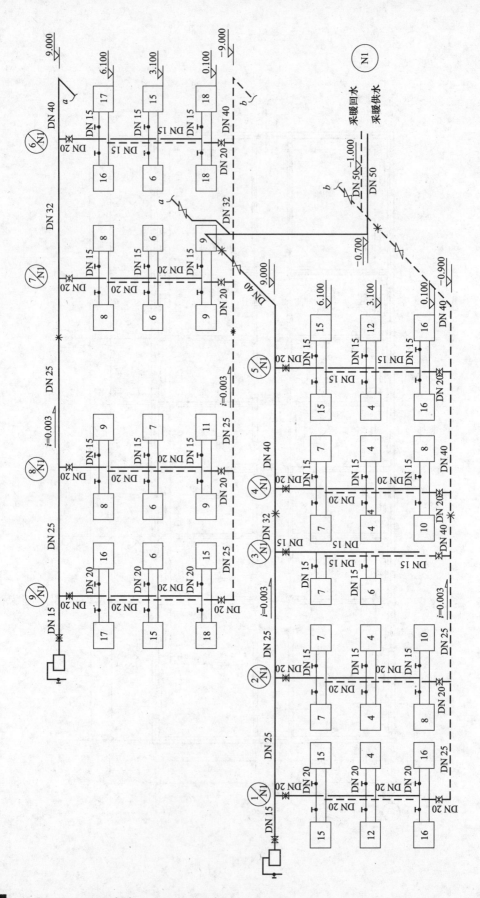

图 5-34 供暖系统轴侧图

（20）除污器　除污器用来截留、过滤管道中的杂质和污物，保证系统内水洁净，防止管道阻塞。

除污器的形式有立式直通、卧式直通和卧式角通三种，图 5-32 所示为立式直通除污器。除污器一般安装在热水供暖系统循环水泵的入口和换热设备入口及室内供暖系统入口处。安装时不得装反，进出水口处应设阀门。

二、供暖工程施工图的组成与识读

1. 供暖工程施工图组成

供暖工程施工图包括热源（锅炉房）、热网、建筑供暖三部分。

锅炉房施工图包括锅炉房底层设备基础图、底层设备平面布置图、楼层设备平面布置图、锅炉房剖面图、锅炉房热力系统图、详图、设备和材料表等。

热网施工图表明一个街坊或小区热介质输送干管管网平面布置图、管道纵剖面图、管道横剖面图、详图。供热热网区域较大，热网中设热交换站（热力站）时，由热交换站设备基础图、热交换站设备平面布置图、热交换站剖面图、热交换站热力系统图、详图和设备材料表等组成。

建筑供暖工程施工图包括供暖平面图、系统图、详图、设备材料表和设计说明等。

2. 供暖工程施工图识读

（1）供暖平面布置图　供暖底层平面布置图主要表明热介质管道入口、回水出口、供暖干管、立管、回水干管、立管、附件等的位置，干管布置方式、立管编号、管道敷设坡向及坡度，管道管径、附件规格、散热器位置、每组片数、类型、安装方式等内容。

供暖标准层平面布置图表明散热器位置、各标准层散热器每组片数、立管位置等内容。供暖顶层平面布置图表明供暖干管位置、管径、坡度及坡向；立管位置、编号；散热器位置、每组片数、类型；附件如阀门位置、类型、数量，排气阀位置、类型、数量等，见图 5-33。

（2）供暖系统图　供暖系统图表明供暖系统形式、供暖入户管和回水出户管管径、阀门规格、数量，供暖干管和回水干管管径、坡向和坡度，标高，立管管径、编号、阀门类型、数量、设置位置、规格，附件（如排气阀）规格、数量等，见图 5-34。

（3）供暖详图　供暖详图主要表明供暖设备、器具和附件等的构造、安装与连接情况的详细图样。例如散热器安装图、管沟断面布置图、伸缩器安装图等。供暖热水系统入口、减压阀安装、疏水器安装分别见图 5-35～图 5-37。

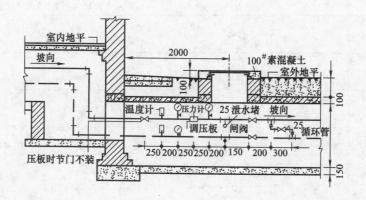

图 5-35　热水系统入口

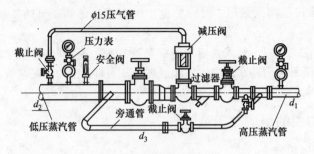

图 5-36 减压阀安装图

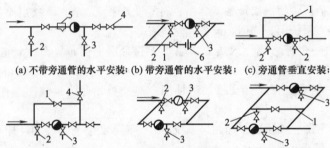

(a) 不带旁通管的水平安装; (b) 带旁通管的水平安装; (c) 旁通管垂直安装;

(d) 旁通管垂直安装(上返); (e) 不带旁通管并联安装; (f) 带旁通管并联安装

图 5-37 供暖疏水器安装图

1—旁通管; 2—冲洗管; 3—检查管; 4—止回阀; 5—过滤器; 6—活接头

三、供暖工程施工图常用图例

建筑供暖工程施工图常用图例见表 5-36。

表 5-36 供暖工程常用图例

序号	名称	图　例	附　注
1	阀门(通用)、截止阀		(1)没有说明时,表示螺纹连接
2	闸阀		(2)轴侧图画法
3	手动调节阀		阀杆为垂直
4	球阀、转芯阀		阀杆为水平
5	蝶阀		
6	角阀	或	
7	平衡阀		
8	三通阀	或	

序号	名称	图 例	附 注
9	四通阀	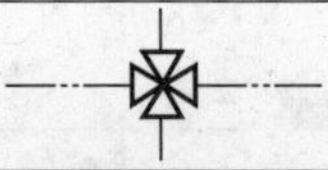	
10	节流阀		
11	膨胀阀	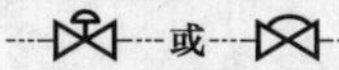 或	也称"隔膜阀"
12	旋塞		
13	快放阀		也称快速排污阀
14	止回阀	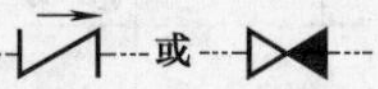 或	左图为通用,右图为升降式止回阀,流向同左。其余同阀门类推
15	减压阀	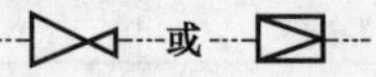 或	左图小三角为高压端,右图右侧为高压端。其余同阀门类推
16	安全阀		左图为通用,中图为弹簧安全阀,右图为重锤安全阀
17	疏水阀	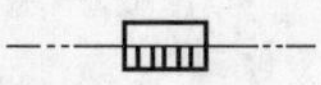	在不致引起误解时,也可用  ⊶ 表示,也称"疏水器"
18	浮球阀	 或	
19	集气罐、排气装置	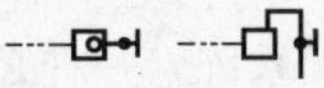	左图为平面图
20	自动排气阀		
21	除污器(过滤器)		左图为立式除污器,中图为卧式除污器,右图为Y形过滤器
22	节流孔板、减压孔板	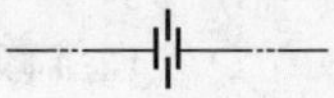	在不致引起误解时,也可用 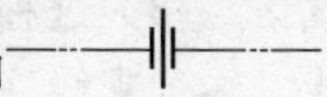 ─┤├─ 表示
23	补偿器		也称"伸缩器"
24	矩形补偿器	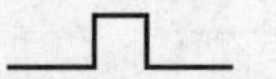	
25	套管补偿器		
26	波纹管补偿器		
27	弧形补偿器		
28	球形补偿器		
29	变径管(异径管)		左图为同心异径管,右图为偏心异径管
30	活接头		
31	法兰	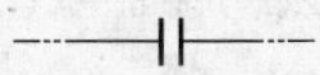	
32	法兰盖		
33	丝堵		也可表示为:─┤├─ 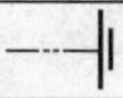
34	可屈挠橡胶软接头		
35	金属软管	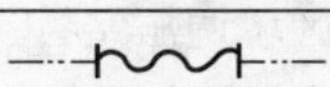	也可表示为:─〜〜〜─ 
36	绝热管	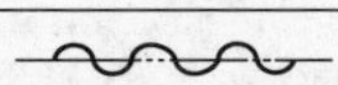	

序号	名称	图　　例	附　　注
37	保护套管		
38	伴热管		
39	固定支架		
40	介质流向	——→ 或 ⇨	在管道断开处时,流向符号宜标注在管道中心线上,其余可同管径标注位置
41	坡度及坡向	$i=0.003$ 或 ——→$i=0.003$	坡度数值不宜与管道起、止点标高同时标注。标注位置同管径标注位置

第四节　燃气工程量清单的计价

一、燃气工程系统及相关名称概念

1. 燃气输配系统的组成

燃气输配系统有两种基本形式:一种是管道输配系统,一种是液化石油气瓶装输配系统。用于管道输送的燃气主要是以上介绍的四种气源中的天然气、人工燃气及液化石油气,而沼气仅限于小区域的使用。液体石油气作为瓶装这种形式,目前仍广泛应用。

(1) 长距离管线输送系统　对于产量较大的天然气、人工燃气可通过长距离管线送至校远的用气区。作为这种长距离的输送系统(见图5-38)通常由集输管网、气体净化设备、起点站、输气干线、输气支线、中间调压计量站、压气站、燃气分配站、管理维修站、通信与遥控设备、阴极保护站等组成。当燃气经管线输送到城市后,再经由城市输配管网系统送至用户使用。

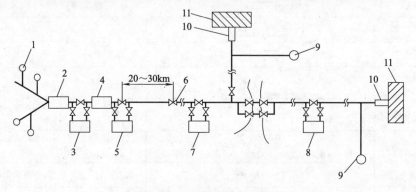

图 5-38　长距离输气系统

1—井场装置;2—集气站;3—矿场压气站;4—天然气处理厂;5—起点站(或起点压气站);6—阀门;
7—中间压气站;8—终点压气站;9—储气设施;10—燃气分配站;11—城镇或工业基地

(2) 城市燃气输配系统　现代化的城市燃气输配系统是复杂的综合设施,主要由下列几部分构成:

① 低压、中压以及高压等不同压力的燃气管网;

② 城市燃气分配站或压送机站、调压计量站或区域调压室;

③ 储气站;

④ 电信与自动化设备,电子计算机中心。

城市燃气管网通常包括街道燃气管网和庭院燃气管网两部分。在大城市中，街道燃气管网大都布置成环状，局部地区可采用枝状管网布置。燃气由城市高压管网，经过燃气调压站进入城市街道中压管网；然后经过区域燃气调压站进入街道低压管网，再经庭院管网进入用户。庭院燃气管网是指燃气总阀门井以后至各建筑物前的户外管网。

（3）室内燃气管道系统　燃气管道由引入管进入用户以后，到燃气用气设备燃烧器以前为室内燃气管道。燃气供应压力应根据用气设备燃烧器的额定压力及其允许的压力波动范围来确定，故引入管道有中压和低压。输送干燃气的管道可不设置坡度。输送湿燃气的管道，其敷设坡度不应小于0.003，且应坡向凝水缸或燃气分配管道。引入管穿过建筑物基础、墙或管沟时，均应设置较燃气管道大1～2号的套管，套管内用油麻填实，两端用沥青堵严。

燃气立管上接每层的横支管，横支管上接阀门，然后折向燃气表，表后接支管再接燃烧设备（见图5-39）。

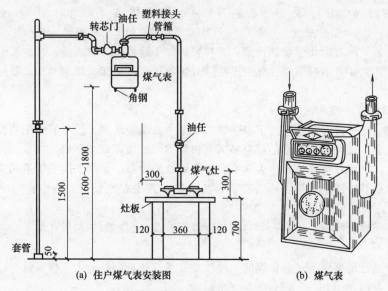

(a) 住户煤气表安装图　　　(b) 煤气表

图 5-39　煤气表及其安装图

燃烧设备与燃气管道的连接宜采用硬管连接。当采用软管连接时，应采用耐油橡胶管，且不得穿墙、窗和门。家用燃气灶和实验室燃烧设备的连接软管长度不应超过 2m，工业生产用的需要移动的燃烧设备的连接软管长度不应超过 30m。

2. 燃气工程有关材料

高压和中压 A 地下燃气管道应采用钢管；中压 B 和低压燃气管道，宜采用钢管或机械接口铸铁管；户内或车间内部燃气管道一般都采用钢管。中、低压地下燃气管道采用塑料管材时，应符合有关标准的规定。

（1）钢管

① 钢管的种类

a. 无缝钢管　无缝钢管一般采用优质碳素钢或低合金结构钢制造。通常选用 10 号或 20 号钢锭，经热轧或冷拔成型，质量比较可靠。无缝钢管可用于高压长输管线和小口径（DN 150mm 以下）的城市燃气管道。

b. 水、燃气输送钢管　水、燃气输送钢管有表面镀锌（俗称白铁管）钢管和不镀锌（黑铁管）钢管两种。按壁厚不同可分为普通铁管、加厚钢管和薄壁钢管，前两种可用于室内燃气管道。

c. 螺旋缝焊接钢管　螺旋缝焊接钢管直径（单位：mm）通常是 DN 200～DN 1400，可用于长输管线和城市燃气管道。

② 钢管的主要连接方式

a. 丝扣连接　一般适用于小管径钢管连接，其接口填料为铅油麻丝或聚四氟乙烯薄膜；

b. 法兰连接　一般用于阀门井、场站室内设备连接处，或者经常需要拆卸检修的管道处，法兰之间衬以软质垫圈，以保证连接的气密性；

c. 焊接连接　钢管连接的常用方法，钢管壁厚在 4mm 以下时，采用气焊，即可保证连接处焊缝质量，壁厚大于 4mm 时钢管的连接必须采用电焊。

（2）铸铁管　铸铁管按材质可分为普通铸铁管、高级铸铁管和球墨铸铁管。我国的铸铁管按承受的压力大小可分为三种级别，即高压管、普压管及低压管。高压管的工作压力不大于 1.0MPa，普压管的工作压力不大于 0.75MPa，低压管的工作压力不大于 0.45MPa。城市地下燃气管道可采用高压和普压两种。地下燃气铸铁管的连接方式主要有承插式、柔性机械接口和套式三种。

（3）塑料管　可用作燃气管道的塑料管有两大类：一类是热塑性塑料管；另一类是热固性环氧树脂管（即通称玻璃钢管）。热塑性塑料管材主要有丙烯腈-丁二烯（ABS）、醋酸-丁酸纤维（CAB）、聚酰胺（PA，俗称尼龙）、聚丁烯（PB）、聚乙烯（PE）和聚氯乙烯（PVC）等。塑料管具有抗腐蚀能力强，没有电化学腐蚀现象，管材轻、便于运输，可卷成盘，减少接头、便于安装的特点。其连接方式主要有溶剂粘接、热熔连接（分为承插式热熔接、热熔对接、鞍型热熔接、电阻丝热熔接）。

3. 燃气工程的有关器具

（1）抽水缸　亦称排水器，是为了排除燃气管道中的冷凝水和天然气管道中的轻质油而设置的燃气管道附属设备。以制造集水器的材料来区分铸铁抽水缸或碳钢抽水缸。

（2）调长器　亦称补偿器，是作为调节管段胀缩量的设备。常用于架空管道和需要进行蒸汽吹扫的管道上。在燃气管道中常用波形补偿器，为了防止其中存水锈蚀，由套管的注入孔灌入石油沥青。

（3）调长器与阀门联装　将调长器与阀门直接安装在一起，如果设置在地下时，一般都设置在阀门井中。

（4）燃气表　计量燃气流过的体积的一种计量装置。按每小时最大工作流量和适用范围划分为民间、工商和工业用。

（5）燃气嘴　在燃气管道中，用于连接金属管与胶管，并有旋塞阀作用的附件。在与金属管连接时，有内、外螺纹之分；在与胶管连接时，有单嘴、双嘴之分。

4. 燃气燃烧器具的种类

燃气燃烧器具主要有家庭用燃气灶、工业炊事器具、烘烤器具、烧水器具、冷藏器具以及空调采暖器具等。各种燃气燃烧器具适用的燃气种类、额定燃气用量等性能参数见表 5-37。

表 5-37　燃气燃烧器具性能参数表

序号	名称	型号	燃气种类	燃气压力 /mmH$_2$O	额定热负荷 /(kJ/h)	进气连接管 尺寸
1	双眼灶	JZ 2	人工燃气	100±20	10500×2	1/2″
2	双眼灶	JZT 2-1	天然气	200	10500×2	
3	双眼灶	JZY 2-W	液化石油气	280±50	9240×2	φ9mm 软管
4	公用炊事灶	YR-2	液化石油气	280±50	8400	1/2″
5	150L 开水炉	YL-150	液化石油气	280±50	133978	φ8mm 软管
6	快速热水器	TSZ 4	天然气	200±30	35700	
7	热风采暖器	YRQ	液化石油气	280±50	14280	

注：1mmH$_2$O=9.80665Pa。

5. 燃气计量设备

燃气计量设备主要是指燃气计量表。燃气计量表目前常用的主要有干式皮膜计量表、转子式计量表和速度式流量计。

（1）干式皮膜计量表　此种表民用型号有单表头和双表头两种，额定流量有 1.2m³/h、1.5m³/h、2m³/h、3m³/h；公共事业用户额定流量有 6m³/h、10m³/h、20m³/h 等。小流量的燃气计量表可直接安装在墙上，大流量的宜设在单独房间内。

（2）干式罗茨计量表　此种表主要为工业燃气使用，其额定流量为 100～1000m³/h。

（3）IC 卡智能燃气表　此种表采用最新单片机技术和 IC 卡技术，结合先进的生产工艺和质量管理制造而成，具有精确度高、自动计量、安全可靠、使用寿命长等优点。IC 卡智能表的出现实现了燃气计量的科学管理模式。目前民用型号主要是 DC2.5-IC 卡。

二、燃气工程施工图的组成与识读

燃气工程施工图的组成与识读详见相关的内容。

三、燃气工程施工图常用图例

燃气施工图常用符号见表 5-38。

表 5-38　燃气施工图常用图例

序号	名称	图例	序号	名称	图例
1	地上燃气管道		10	球阀	
2	地下燃气管道		11	调压器	
3	螺纹连接管道		12	开放式弹簧安全阀	
4	法兰连接管道		13	燃气灶具	
5	焊接连接管道		14	凝水器	
6	有导管燃气管道		15	燃气计量表	
7	管帽		16	罗茨计量表	
8	丝堵				
9	活接头		17	扁形过滤器	

第一节　通风空调系统及相关名称概念

一、通风空调的相关名称

（1）通风　为改善生产和生活条件，采用自然或机械方法对某一空间进行换气，以造成卫生、安全等适宜空气环境的技术。

（2）通风工程　送风、排风、除尘以及防排烟系统工程统称为通风工程。

（3）全面送排风系统　当室内既需要新鲜空气，又需要进行全面排风时，可以采用全面送排风系统，见图 6-1～图 6-3。

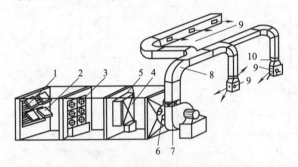

图 6-1　全面机械送风系统

1—百叶窗；2—保温阀；3—过滤器；4—空气加热器；
5—旁通阀；6—启动阀；7—风机；8—风道；
9—送风口；10—调节阀

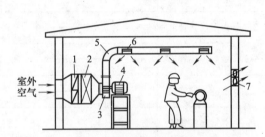

图 6-2　全面送排风系统

1—空气过滤器；2—空气加热器；3—风机；
4—电动机；5—风管；6—送风口；
7—轴流风机

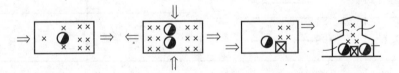

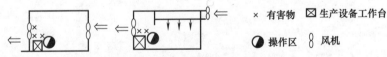

× 有害物　⊠ 生产设备工作台
◖ 操作区　⑧ 风机

图 6-3　全面通风气流组织示意

（4）空调工程　空气调节和空气净化系统工程统称为空调工程，见图 6-4。

（5）通风量　单位时间进入室内或从室内排出的空气量。

（6）通风设备　为达到通风目的所需的各种设备的统称，如通风机、除尘器、过滤器和空气加热器等。

（7）通风机　一种将机械能转变为气体的势能和动能，用于输送空气及其混合物的动力机械。

（8）离心式通风机　空气由轴向进入叶轮，沿径向离开的通风机，见图 6-5。

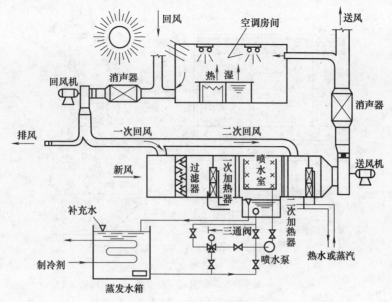

图 6-4 空调系统示意

（9）轴流式通风机 空气沿叶轮轴向进入并离开的通风机，见图 6-6。

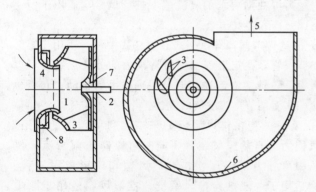

图 6-5 离心式通风机构造示意

1—叶轮；2—机轴；3—叶片；4—吸气口；
5—出口；6—机壳；7—轮毂；8—扩压环

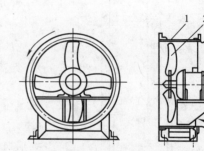

图 6-6 轴流式通风机构造示意

1—圆筒形机壳；2—叶轮；3—进口；4—电动机

（10）风机盘管机组 将通风机、换热器及过滤器等组成一体的空气调节设备，见图 6-7。

（11）诱导器 依靠经过处理的空气（一次风）形成的射流，诱导室内空气通过换热器的室内空气调节设备，见图 6-8。

（12）空气调节系统 以空气调节为目的而对空气进行处理、输送分配，并控制其参数的所有设备、管道、附件及仪器仪表的总合。

（13）通风系统 为满足卫生要求而向各空气调节房间供应经过集中处理的室外空气的系统。

（14）压缩冷凝机组 将制冷压缩机、冷凝器以及必要的附件等组装在一个基座上的机组。

（15）通风管件 指通风与空调系统中的弯头、三通、变径管、来回弯、导流板和法兰等。

（16）通风部件 指通风与空调系统中的各类风口、阀门、排风罩、风帽、检查孔、消声器等。

（17）风管 由薄钢板、铝板、硬聚氯乙烯板和玻璃钢等材料制成的通风管道，见图 6-9。

（18）风道 由混凝土、砖、炉渣石膏板和木材等建筑材料制成的通风管道。

（19）散流器 风口的一种，它可分为直片型散流器和流线型散流器。直片型散流器形状有圆

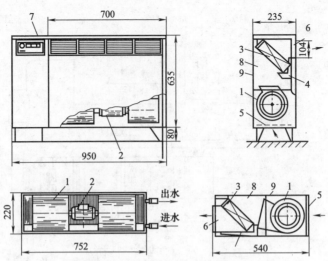

图 6-7　立式明装风机盘管构造
1—风机；2—电机；3—盘管；4—凝水盘；5—过滤器；
6—出风口；7—控制器；8—吸声材料；9—箱体

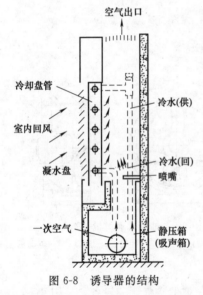

图 6-8　诱导器的结构

形和方形两种，内部装有调节环和扩散圈。流线型散流器叶片的竖向距离可根据要求的气流流型进行调整，适用于恒温恒湿的空调系统和空气洁净系统。

（20）三通调节阀　有手柄式和拉杆式两种。适用于矩形直三通和裤衩管。在矩形斜三通或裤衩内的分叉点装有可以转动的阀板，转轴的端部连接调节手柄。手柄转动，阀板也随之转动，从而调节支管空气的流量。

（21）风帽　装在排风系统的末端，利用风压的作用，加强排风能力的自然通风装置，同时可以防止雨雪流入风管内。风帽可分为伞形风帽、锥形风帽和筒形风帽三种。伞形风帽适用于一般机构排风系统；锥形风帽适用于除尘系统；筒形风帽比伞形风帽多了一个外圆筒，当在室外风力作用下，风帽短管处形成空气稀薄现象，促使空气从竖管排至大气，风力越大，效率就越高，因而适用于自然排风系统。

（22）消声器　利用声的吸收、反射、干涉等原理，降低通风与空气调节系统中气流噪声的装置。按消声原理分类，常用的有阻性消声器、抗性消声器、共振性消声器和宽频带复合式消声器等。

① 阻性消声器：是利用吸声材料消耗声能降低噪声的，它对中、高频噪声具有较好的消声效果。这种消声器是在管道内壁固定着多孔吸声材料，使入射在消声器上的声能部分被吸收掉，以达到降低噪声的效果。

② 抗性消声器：主要是利用截面的突变。当声波通过突然变化的截面时，由于截面膨胀或缩小，部分声波发生反射，以致衰减。

③ 共振性消声器：共振吸声结构形式有三种：a. 薄板吸声共振结构；b. 单个空腔共振吸声结构；c. 穿孔板共振吸声结构。

④ 宽频带复合式消声器：又称阻抗复合式消声器。它是综合了阻性消声部分和抗性消声部分而组成的，其阻性吸声片是用木筋制成木框，内填超细玻璃棉，外包玻璃布，见图 6-10。

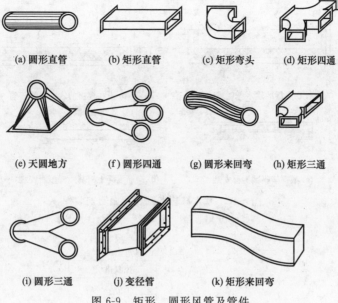

(a) 圆形直管	(b) 矩形直管	(c) 矩形弯头	(d) 矩形四通
(e) 天圆地方	(f) 圆形四通	(g) 圆形来回弯	(h) 矩形三通
(i) 圆形三通	(j) 变径管	(k) 矩形来回弯	

图 6-9 矩形、圆形风管及管件

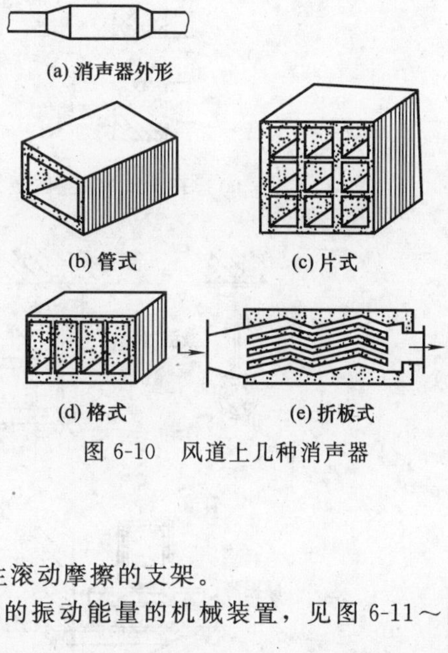

（23）塑料风管 指用硬聚氯乙烯塑料板加工制成的风道，具有良好的耐酸、耐碱性能，常用于输送含有腐蚀性气体的通风系统中。

（24）玻璃钢风管 指用合成树脂和玻璃布在定型的模具上采用手工涂敷法加工制作成的风道。常用于纺织、印染等行业中，是输送腐蚀性气体和含有大量水蒸气的排风系统。

（25）管道支吊架 支承管道并限制管道的变形和位移，承受从管道传来的内压力、外荷载及温度变形的弹性力，通过它将这些力传递到支承结构上或地上。

（26）固定支架 使管道在支承点上无位移和角位移的支架。

（27）滑动支架 管道可以在支承平面内自由滑动的支架。

（28）承向支架 限制管道径向位移的支架。

（29）滚动支架 装有滚筒或球盘使管道在位移时产生滚动摩擦的支架。

（30）减振器 为了消除或减弱空调机组向基础传递的振动能量的机械装置，见图 6-11～图 6-13。

(a) 消声器外形
(b) 管式
(c) 片式
(d) 格式
(e) 折板式

图 6-10 风道上几种消声器

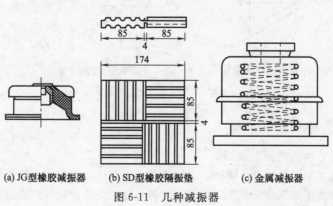

(a) JG型橡胶减振器　(b) SD型橡胶隔振垫　(c) 金属减振器

图 6-11 几种减振器

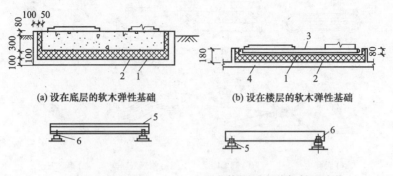

(a) 设在底层的软木弹性基础　　　(b) 设在楼层的软木弹性基础

(c) 型钢基座减振器安装　　　(d) 钢筋混凝土板基座减振器安装

图 6-12　软木减振基础及减振器安装

1—软木；2—油毡；3—钢筋；4—楼板；5—型钢；6—钢筋混凝土板

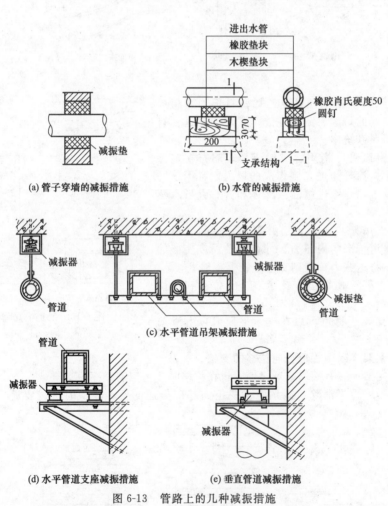

(a) 管子穿墙的减振措施　　　(b) 水管的减振措施

(c) 水平管道吊架减振措施

(d) 水平管道支座减振措施　　　(e) 垂直管道减振措施

图 6-13　管路上的几种减振措施

二、通风空调工程施工图的识读

(一) 通风空调工程施工图的组成

通风空调工程施工图由基本图、详图、文字说明及主要设备材料清单等组成。基本图包括系统原理图、平面图、剖面图及系统轴侧图。详图包括部件加工安装图和标准通用图集。

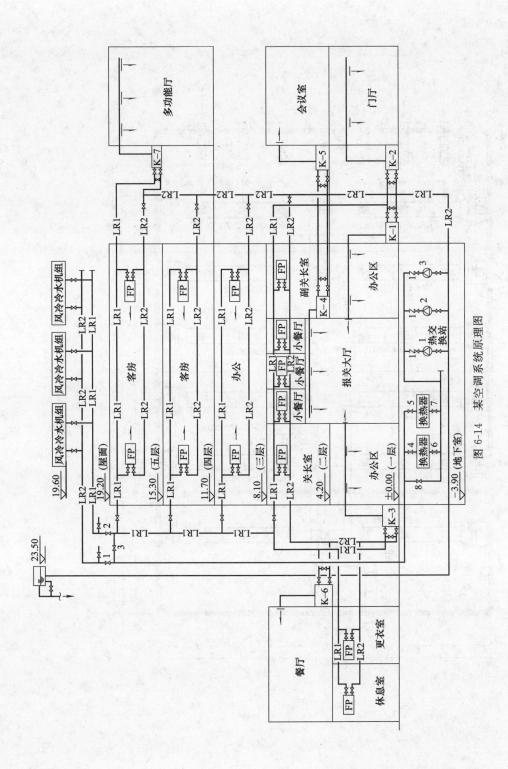

图 6-14 某空调系统原理图

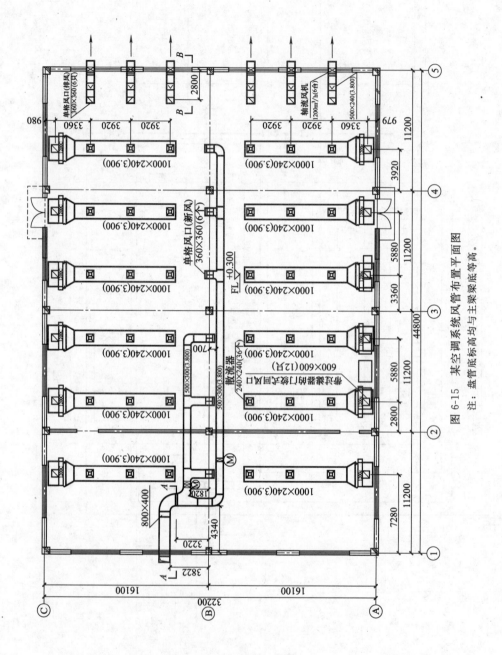

图 6-15 某空调系统风管布置平面图

注：盘管底标高均与主梁底等高。

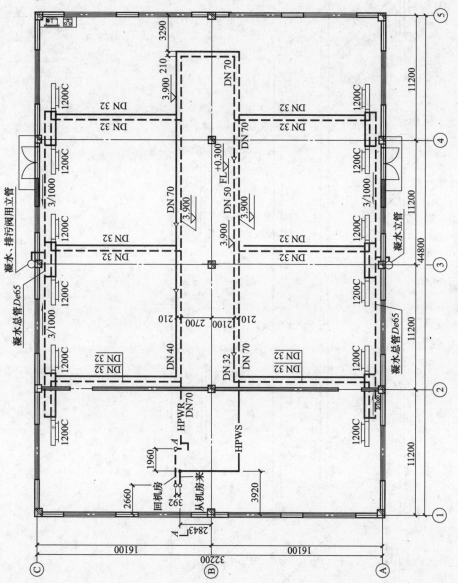

图 6-16 某空调系统风管布置平面图

注：1. 所有风机盘管的阀门及相关附件安装见风机盘管管路安装示意，盘管底标高均与主梁梁底等高。
2. 风机盘管供回水管接管均为 DN 32mm。
3. 与风机盘管相连的凝水管管径为 De25mm，坡度不小于 0.01，凝水总管管径为 De65mm，坡度不小于 0.003。

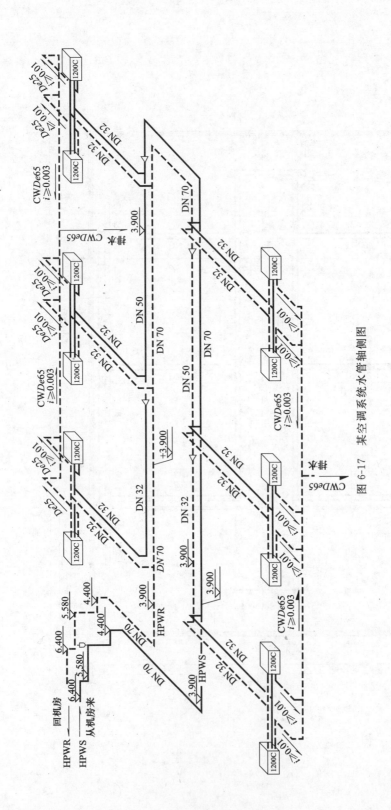

图 6-17 某空调系统水管轴侧图

（1）设计说明　设计说明中应包括以下内容：

① 工程性质、规模、服务对象及系统工作原理；

② 通风空调系统的工作方式、系统划分和组成以及系统总送、排风量和各风口的送、排风量；

③ 通风空调系统的设计参数，如室外气象参数、室内温湿度、室内含尘浓度、换气次数以及空气状态参数等；

④ 施工质量要求和特殊的施工方法；

⑤ 保温、油漆等的施工要求。

（2）系统原理图　系统原理方框图是综合性的示意图，它将空气处理设备、通风管路、冷热源管路、自动调节及检测系统联系成一个整体，构成一个整体的通风空调系统。它表达了系统的工作原理及各环节的有机联系。见图 6-14。

（3）系统平面图　在通风空调系统中，平面图上表明风管、部件及设备在建筑物内的平面坐标位置，其中包括以下几方面。

① 风管，送、回（排）风口，风量调节阀，测孔等部件和设备的平面位置、与建筑物墙面的距离及各部位尺寸。

② 送、回（排）风口的空气流动方向。

③ 通风空调设备的外形轮廓、规格型号及平面坐标位置（见图 6-15）。

④ 空调水系统平面图：空调工程中以水作为冷热媒介的系统中，必须画出系统给水平面布置图，见图 6-16。

（4）系统剖面图　剖面图上表明风管、剖件及设备的立面位置及标高尺寸。在剖面图上可以看出风机、风管、部件及风帽的安装高度。

（5）系统轴侧图　通风空调系统轴侧图又称透视图。采用轴侧投影原理绘制出的系统轴侧图，可以完整而形象地把风管、部件及设备之间的相对位置及空间关系表示出来。系统轴侧图上还注明风管、部件及设备的标高，各段风管的规格尺寸，送、排风口的形式和风量值。系统轴侧图一般用单线表示，见图 6-17。

识读系统图能帮助我们更好地了解和分析平面图和剖面图，更好地理解设计意图。

（6）详图　通风空调详图表明风管、部件及设备制作和安装的具体形式、方法和详细构造及加工尺寸。对于一般性的通风空调工程，通常都使用国家标准图册，只是对于一些有特殊要求的工程，则由设计部门根据工程的特殊情况设计施工详图。

（7）设备和材料清单　通风、空调施工图中的设备材料清单，是将工程中所选用的设备和材料列出规格、型号、数量，作为建设单位采购、订货的依据。

设备材料清单中所列设备、材料的规格、型号，往往满足不了编制预算的要求，如设备的规格、型号、重量等，需要查找有关产品样本或向订货单位了解情况。通风管道工程量必须按照图纸尺寸详细计算，材料清单上的数量只能作为参考。

（二）通风空调工程施工图的识读

1. 系统编号

① 一个工程设计中同时有供暖、通风、空调等两个及以上的不同系统时，应进行系统编号。

② 暖通空调系统编号、入口编号，应由系统代号和顺序号组成，如表 6-1 所示。

③ 系统编号宜标注在系统总管处。

④ 竖向布置的垂直管道系统应标注立管号。

2. 管道标高、管径（压力）、尺寸标注

① 在不宜标注垂直尺寸的图样中，应标注标高，标高以"m"为单位。

② 水、汽管道所注标高未予说明时，表示管中心标高。

③ 水、汽管道标注管外底或顶标高时，应在数字前加"底"或"顶"字样。

表 6-1　系统代号

序 号	字母代号	系 统 名 称	序 号	字 母 代 号	系 统 名 称
1	N	(室内)供暖系统	9	X	新风系统
2	L	制冷系统	10	H	回风系统
3	R	热力系统	11	P	排风系统
4	K	空调系统	12	JS	加压送风系统
5	T	通风系经	13	PY	排烟系统
6	J	净化系统	14	P(Y)	排风兼排烟系统
7	C	除尘系统	15	RS	人防送风系统
8	S	送风系统	16	RP	人防排风系统

④ 矩形风管所注标高未予说明时，表示管底标高；圆形风管所注标高未予说明时，表示管中心标高。

⑤ 低压流体输送用焊接管道规格应标注公称通径或压力。

公称通径的标记由字母"DN"后跟一个以"mm"表示的数值组成，如 DN 15；公称压力的代号为"PN"。

⑥ 输送流体用无缝钢管、螺旋缝或直缝焊接钢管、铜管、不锈钢管，当需要注明外径和壁厚时，用"D（或ϕ）外径×壁厚"表示，如"$D108×4$"、"$\phi108×4$"。在不致引起误解时，也可采用公称通径表示。

⑦ 金属或塑料管用"d"表示，如"$d10$"。

⑧ 圆形风管的截面定型尺寸应以直径符号"ϕ"后跟以"mm"为单位的数值表示。

⑨ 矩形风管（风道）的截面定型尺寸应以"$A×B$"表示。"A"为该视图投影面的边长尺寸，"B"为另一边长尺寸。A、B 单位均为"mm"。

⑩ 平面图中无坡度要求的管道标高可以标注在管道截面尺寸后的括号内，如"DN 32（2.50）"、"200×200（3.10）"。必要时，应在标高数字前加"底"或"顶"的字样。

⑪ 水平管道的规格宜标注在管道的上方；竖向管道的规格宜标在管道的左侧。双线表示的管道，其规格可标注在管道轮廓线内。

⑫ 风口、散流器的规格、数量及风量的表示方法如图 6-18 所示。

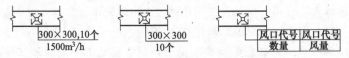

图 6-18　风口、散流器的表示方法

⑬ 设备加工（制造）图的尺寸标注、焊缝符号参看相关标准的规定。

3. 管道和设备布置平面图、剖面图及详图

① 管道和设备布置平面图、剖面图是以正投影法绘制。

② 管道和设备布置平面图是按假想除去上层板后俯视规则绘制。

③ 平面图上应注出设备、管道定位（中心、外轮廓、地脚螺栓孔中心）线与建筑定位（墙边、柱边、柱中）线间的关系；剖面图上应注出设备、管道（中、底或顶）标高。必要时，应注出距该层楼（地）板面的距离。

④ 剖面图是在平面图上尽可能选择反映系统全貌的部位垂直剖切后绘制。当剖切的投射方向为向下和向右，且不致引起误解时，可省略剖切方向线，见图 6-19。

⑤ 分区绘制的暖通空调专业平面图是按建筑平面图分区部位相一致时绘制，另外还有分区组合示意图。

⑥ 平面图、剖面图中的局部需另行绘详图时，在平、剖面图上有标注索引符号。

⑦ 内视符号是为了表示室内立面图在平面图上的位置方向，如图 6-20 所示。

4. 管道系统图、原理图

① 管道系统图可按系统编号分别绘制，注明管径、标高及末端设备。

② 管道系统图一般采用轴侧投影法绘制，宜采用与相应的平面图一致的比例，按正等轴侧或正面斜二轴侧的投影规则绘制。

③ 管道系统图的基本要素是与平、剖面图相对应。

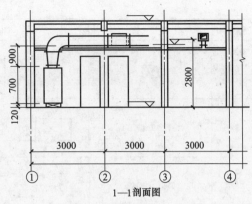

图 6-19　剖面图示例

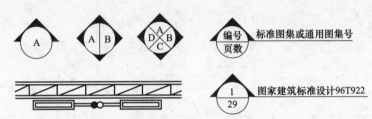

图 6-20　内视符号画法

④ 系统图中的管线重叠、密集处，是采用断开画法。断开处一般以相同的小写拉丁字母表示，也可用细虚线连接。

⑤ 原理图可不按比例和投影规则绘制。

⑥ 原理图基本要素是与平、剖面图及管道系统图相对应的。

（三）通风空调施工图常用图例

通风空调施工图上一般都编有图例表，把该工程所涉及的通风、空调部件、设备等用图形符号编表列出并加以注解，为识读施工图提供方便。

通风空调工程常用图例符号见表 6-2。

表 6-2　通风空调工程常用图例

序　号	名　　称	图　　例	附　　注
1	砌筑风、烟道		其余均为：
2	带导流片弯头		
3	消声器 消声弯管		也可表示为：
4	插板阀		
5	天圆地方		左接矩形风管，右接圆形风管

序 号	名 称	图 例	附 注
6	蝶阀		
7	对开多叶调节阀		左为手动,右为电动
8	风管止回阀		
9	三通调节阀		
10	防火阀	70℃	表示 70℃动作的常开阀。若图面小,可表示为: 70℃,常开
11	排烟阀	280℃ 280℃	左为 280℃动作的常闭阀,右为常开阀。若图面小,表示方法同上
12	软接头	~	也可表示为:
13	软管	或光滑曲线(中粗)	
14	风口 (通用)	□ 或 ○	
15	气流方向		左为通风表示法,中表示送风,右表示回风
16	百叶窗		
17	散流器		左为矩形散流器,右为圆形散流器。散流器为可见时,虚线改为实线

序号	名称	图例	附注
18	检查孔 测量孔		
19	轴流风机	或	
20	离心风机		左为左式风机,右为右式风机
21	水泵		左侧为进水,右侧为出水
22	空气加热、冷却器		左、中分别为单加热、单冷却,右为双功能换热装置
23	板式换热器		
24	空气过滤器		左为粗效,中为中效,右为高效
25	电加热器		
26	加湿器		
27	挡水板		
28	窗式空调器		
29	分体空调器		
30	风机盘管		可标注型号:如 FP-5
31	减振器		左为平面图画法,右为剖面图画法

第二节　通风空调工程预算定额工程量计算规则及说明

一、全国统一通风空调工程预算定额分册说明

(1) 第九册《通风空调工程》(以下简称本定额)适用于工业与民用建筑的新建、扩建项目中

的通风、空调工程。

（2）本定额主要依据的标准、规范

①《采暖通风和空气调节设计规范》（GB J19—87）。

②《通风与空调工程施工及验收规范》（GB 50243—97）。

③《暖通空调设计选用手册》。

④《全国统一施工机械台班费用定额》（1998 年）。

⑤《全国统一安装工程基础定额》。

⑥《全国统一建筑安装劳动定额》（1988 年）。

（3）通风、空调的刷油、绝热、防腐蚀，执行第十一册《刷油、防腐蚀、绝热工程》相应定额。

① 薄钢板风管刷油按其工程量执行相应项目，仅外（或内）面刷油者，定额乘以系数 1.2，内外均刷油者，定额乘以系数 1.1（其法兰加固框、吊托支架已包括在此系数内）。

② 薄钢板部件刷油按其工程量执行金属结构刷油项目，定额乘以系数 1.15。

③ 不包括在风管工程量内而单独列项的各种支架（不锈钢吊托支架除外）按其工程量执行相应项目。

④ 薄钢板风管、部件以及单独列项的支架，其除锈不分锈蚀程度，一律按其第一遍刷油的工程量执行轻锈相应项目。

⑤ 绝热保温材料不需粘接者，执行相应项目时需减去其中的粘接材料，人工乘以系数 0.5。

⑥ 风道及部件在加工厂预制的，其场外运费由各省、自治区、直辖市自行制定。

（4）各项费用的规定

① 脚手架搭拆费按人工费的 3% 计算，其中人工工资占 25%。

② 高层建筑增加费（指高度在 6 层或 20m 以上的工业与民用建筑）按表 6-3 计算（其中全部为人工工资）。

表 6-3　高层建筑增加费

层数	9 层以下 （30m）	12 层以下 （40m）	15 层以下 （50m）	18 层以下 （60m）	21 层以下 （70m）	24 层以下 （80m）	27 层以下 （90m）	30 层以下 （100m）	33 层以下 （110m）
按人工费的 百分数/%	1	2	3	4	5	6	8	10	13
层数	36 层以下 （120m）	39 层以下 （130m）	42 层以下 （140m）	45 层以下 （150m）	48 层以下 （160m）	51 层以下 （170m）	54 层以下 （180m）	57 层以下 （190m）	60 层以下 （200m）
按人工费的 百分数/%	16	19	22	25	28	31	34	37	40

③ 超高增加费（指操作物高度距离楼地面 6m 以上的工程）按人工费的 15% 计算。

④ 系统调整费按系统工程人工费的 13% 计算，其中人工工资占 25%。

⑤ 安装与生产同时进行增加的费用，按人工费的 10% 计算。

⑥ 在有害身体健康的环境中施工增加的费用，按人工费的 10% 计算。

（5）定额中人工、材料、机械未按制作和安装分别列出的，其制作费与安装费的比例可按表 6-4划分。

（一）薄钢板通风管道制造安装

1. 工作内容

（1）风管制作　放样、下料、卷圆、折方、轧口、咬口，制作直管、管件、法兰、吊托支架、钻孔、铆焊、上法兰、组对。

（2）风管安装　找标高、打支架墙洞、配合预留孔洞、埋设吊托支架，组装、风管就位、找平、找正、制垫、垫垫、上螺栓、紧固。

表 6-4　制作费和安装费的比例

章　号	项　目	制作占比例/%			安装占比例/%		
		人工	材料	机械	人工	材料	机械
第一章	薄钢板通风管道制作安装	60	95	95	40	5	5
第二章	调节阀制作安装	—	—	—	—	—	—
第三章	风口制作安装	—	—	—	—	—	—
第四章	风帽制作安装	75	80	99	25	20	1
第五章	罩类制作安装	78	98	95	22	2	5
第六章	消声器制作安装	91	98	99	9	2	1
第七章	空调部件及设备支架制作安装	86	98	95	14	2	5
第八章	通风空调设备安装	—	—	—	100	100	100
第九章	净化通风管道及部件制作安装	60	85	95	40	15	5
第十章	不锈钢板通风管道及部件制作安装	72	95	95	28	5	5
第十一章	铝板通风管道及部件制作安装	68	95	95	32	5	5
第十二章	塑料通风管道及部件制作安装	85	95	95	15	5	5
第十三章	玻璃钢通风管道及部件安装	—	—	—	100	100	100
第十四章	复合型风管制作安装	60		99	40	100	1

2. 整个通风系统设计采用渐缩管均匀送风者，圆形风管按平均直径，矩形风管按平均周长执行相应规格项目，其人工乘以系数 2.5。

3. 镀锌薄钢板风管项目中的板材是按镀锌薄钢板编制的，如设计要求不用镀锌薄钢板者，板材可以换算，其他不变。

4. 风管导流叶片不分单叶片和香蕉形双叶片均执行同一项目。

5. 如制作空气幕送风管时，按矩形风管平均周长执行相应风管规格项目，其人工乘以系数 3，其余不变。

6. 薄钢板通风管道制作安装项目中，包括弯头、三通、变径管、天圆地方等管件及法兰、加固框和吊托支架的制作用工，但不包括过跨风管落地支架，落地支架执行设备支架项目。

7. 薄钢板风管项目中的板材，如设计要求厚度不同者可以换算，但人工、机械不变。

8. 软管接头使用人造革而不使用帆布者可以换算。

9. 项目中的法兰垫料如设计要求使用材料品种不同者可以换算，但人工不变。使用泡沫塑料者 1kg 橡胶板换算为泡沫塑料 0.125kg；使用闭孔乳胶海绵者 1kg 橡胶板换算为闭孔乳胶海绵 0.5kg。

10. 柔性软风管适用于由金属、涂塑化纤织物、聚酯、聚乙烯、聚氯乙烯薄膜、铬箔等材料制成的软风管。

11. 柔性软风管安装按图示中心线长度以"m"为单位计算；柔性软风管阀门安装以"个"为单位计算。

（二）调节阀制作安装

工作内容如下。

（1）调节阀制作　放样、下料，制作短管、阀板、法兰、零件，钻孔、铆焊、组合成型。

（2）调节阀安装　号孔、钻孔、对口、校正，制垫、垫垫、上螺栓、紧固、试动。

（三）风口制作安装

工作内容如下。

（1）风口制作　放样、下料、开孔，制作零件、外框、叶片、网框、调节板、拉杆、导风板、弯管、天圆地方、扩散管、法兰，钻孔、铆焊、组合成型。

（2）风口安装　对口、上螺栓、制垫、垫垫、找正、找平，固定、试动、调整。

（四）风帽制作安装

工作内容如下。

（1）风帽制作　放样、下料、咬口，制作法兰、零件，钻孔、铆焊、组装。

（2）风帽安装　安装、找正、找平，制垫、垫垫、上螺栓、固定。

（五）罩类制作安装

工作内容如下。

（1）罩类制作　放样、下料、卷圆，制作罩体、来回弯、零件、法兰，钻孔、铆焊、组合成型。

（2）罩类安装　埋设支架、吊装、对口、找正，制垫、垫垫、上螺栓，固定配重环及钢丝绳、试动调整。

（六）消声器制作安装

（1）消声器制作　放样、下料、钻孔，制作内外套管、木框架、法兰，铆焊、粘贴，填充消声材料，组合。

（2）消声器安装　组对、安装、找正、找平，制垫、垫垫、上螺栓、固定。

（七）空调部件及设备支架制作安装

1. 工作内容

（1）金属空调器壳体

① 制作：放样、下料、调直、钻孔，制作箱体、水槽，焊接、组合、试装；

② 安装：就位、找平、找正，连接、固定、表面清理。

（2）挡水板

① 制作：放样、下料，制作曲板、框架、底座、零件，钻孔，焊接、成型；

② 安装：找平、找正，上螺栓、固定。

（3）滤水器、溢水盘

① 制作：放样、下料、配制零件，钻孔、焊接、上网、组合成型；

② 安装：找平、找正，焊接管道、固定。

（4）密闭门

① 制作：放样、下料，制作门框、零件、开视孔，填料、铆焊、组装；

② 安装：找正、固定。

（5）设备支架

① 制作：放样、下料、调直、钻孔，焊接、成型；

② 安装：测位、上螺栓、固定、打洞、埋支架。

2. 清洗槽、浸油槽、晾干架、LWP滤尘器支架制作安装执行设备支架项目。

3. 风机减振台座执行设备支架项目，定额中不包括减振器用量，应依设计图纸按实计算。

4. 玻璃挡水板执行钢板挡水板相应项目，其材料、机械均乘以系数0.45，人工不变。

5. 保温钢板密闭门执行钢板密闭门项目，其材料乘以系数0.5，机械乘以系数0.45，人工不变。

（八）通风空调设备安装

1. 工作内容

① 开箱检查设备、附件、底座螺栓。

② 吊装、找平、找正、垫垫、灌浆、螺栓固定、装梯子。

2. 通风机安装项目内包括电动机安装，其安装形式包括A、B、C或D型，也适用不锈钢和塑料风机安装。

3. 设备安装项目的基价中不包括设备费和应配备的地脚螺栓价值。

4. 诱导器安装执行风机盘管安装项目。

5. 风机盘管的配管执行第八册《给排水、采暖、燃气工程》相应项目。

（九）净化空调管道及部件制作安装

1. 工作内容

（1）风管制作　放样、下料、折方、轧口、咬口，制作直管、管件、法兰、吊托支架，钻孔、铆焊、上法兰、组对，口缝外表面涂密封胶、风管内表面清洗、风管两端封口。

（2）风管安装　找标高、找平、找正、配合预留孔洞、打支架墙洞、埋设支吊架，风管就位、组装、制垫、垫垫、上螺栓、紧固，风管内表面清洗、管口封闭、法兰口涂密封胶。

（3）部件制作　放样、下料、零件、法兰、预留、预埋，钻孔、铆焊、制作、组装、擦洗。

（4）部件安装　测位、找平、找正、制垫、垫垫、上螺栓、清洗。

（5）高、中、低效过滤器，净化工作台，风淋室安装　开箱、检查、配合钻孔、垫垫、口缝涂密封胶、试装、正式安装。

2. 净化通风管道制作安装项目中包括弯头、三通、变径管、天圆地方等管件及法兰、加固框和吊托支架，不包括过跨风管落地支架。落地支架执行设备支架项目。

3. 净化风管项目中的板材，如设计厚度不同者可以换算，人工、机械不变。

4. 圆形风管执行本章矩形风管相应项目。

5. 风管涂密封胶是按全部口缝外表面涂抹考虑的，如设计要求口缝不涂抹而只在法兰处涂抹者，每 10m² 风管应减去密封胶 1.5kg 和人工 0.37 工日。

6. 过滤器安装项目中包括试装，如设计不要求试装者，其人工、材料、机械不变。

7. 风管及部件项目中，型钢未包括镀锌费，如设计要求镀锌时，另加镀锌费。

8. 铝制孔板风口如需电化处理时，另加电化费。

9. 低效过滤器指 M—A 型、WL 型、LWP 型等系列；中效过滤器指 ZKL 型、YB 型、M 型、ZX-1 型等系列；高效过滤器指 GB 型、GS 型、JX-20 型等系列；净化工作台指 XHK 型、BZK 型、SXP 型、SZP 型、SZX 型、SW 型、SZ 型、SXZ 型、TJ 型、CJ 型等系列。

10. 洁净室安装以重量计算，执行第八章"分段组装式空调器安装"项目。

11. 本章定额按空气洁净度 100000 级编制的。

（十）不锈钢板通风管道及部件制作安装

1. 工作内容

（1）不锈钢风管制作　放样、下料、卷圆、折方，制作管件、组对焊接、试漏、清洗焊口。

（2）不锈钢风管安装　找标高、清理墙洞、风管就位、组对焊接、试漏、清洗焊口、固定。

（3）部件制作　下料、平料、开孔、钻孔，组对、铆焊、攻丝、清洗焊口、组装固定，试动、短管、零件、试漏。

（4）部件安装　制垫、垫垫、找平、找正、组对、固定、试动。

2. 矩形风管执行本章"圆形风管"相应项目。

3. 不锈钢吊托支架执行本章相应项目。

4. 风管凡以电焊考虑的项目，如需使用手工氩弧焊者，其人工乘以系数 1.238，材料乘以系数 1.163，机械乘以系数 1.673。

5. 风管制作安装项目中包括管件，但不包括法兰和吊托支架；法兰和吊托支架应单独列项，计算执行相应项目。

6. 风管项目中的板材如设计要求厚度不同者可以换算，人工、机械不变。

（十一）铝板通风管道及部件制作安装

1. 工作内容

（1）铝板风管制作　放样、下料、卷圆、折方、制作管件、组对焊接、试漏、清洗焊口。

（2）铝板风管安装　找标高、清理墙洞、风管就位、组对焊接、试漏、清洗焊口、固定。

（3）部件制作　下料、平料、开孔、钻孔、组对、焊铆、攻丝、清洗焊口、组装固定，试动、短管、零件、试漏。

（4）部件安装　制垫、垫垫、找平、找正、组对、固定、试动。

2. 风管凡以电焊考虑的项目，如需使用手工氩弧焊者，其人工乘以系数 1.154，材料乘以系数 0.852，机械乘以系数 9.242。

3. 风管制作安装项目中包括管件，但不包括法兰和吊托支架；法兰和吊托支架应单独列项计算执行相应项目。

4. 风管项目中的板材如设计要求厚度不同者可以换算，人工、机械不变。

（十二）塑料通风管道及部件制作安装

1. 工作内容

（1）塑料风管制作　放样、锯切、坡口、加热成型，制作法兰、管件，钻孔、组合焊接。

（2）塑料风管安装　就位、制垫、垫垫、法兰连接、找正、找平、固定。

2. 风管项目规格表示的直径为内径，周长为内周长。

3. 风管制作安装项目中包括管件、法兰、加固框，但不包括吊托支架，吊托支架垫行相应项目。

4. 风管制作安装项目中的主体，板材（指每 10m² 定额用量为 11.6m² 者），如设计要求厚度不同者可以换算，人工、机械不变。

5. 项目中的法兰垫料如设计要求使用品种不同者可以换算，但人工不变。

6. 塑料通风管道胎具材料摊销费的计算方法。

塑料风管管件制作的胎具摊销材料费，未包括在定额内，按以下规定另行计算：

① 风管工程量在 30m² 以上的，每 10m² 风管的胎具摊销木材为 0.06m³，按地区预算价格计算胎具材料摊销费；

② 风管工程量在 30m² 以下的，每 10m² 风管的胎具摊销木材为 0.09m³，按地区预算价格计算胎具材料摊销费。

（十三）玻璃钢通风管道及部件制作安装

1. 工作内容

（1）风管　找标高、打支架墙洞、配合预留孔洞、吊托支架制作及埋设、风管配合修补、粘接、组装就位、找平、找正、制垫、垫垫、上螺栓、紧固。

（2）部件　组对、组装、就位、找正、制垫、垫垫、上螺栓、紧固。

2. 玻璃钢通风管道安装项目中，包括弯头、三通、变径管、天圆地方等管件的安装及法兰、加固框和吊托架的制作安装，不包括过跨风管落地支架。落地支架垫行设备支架项目。

3. 本定额玻璃钢风管及管件按计算工程量加损耗外加工订作，其价值按实际价格；风管修补应由加工单位负责，其费用按实际价格发生，计算在主材费内。

4. 定额内未考虑预留铁件的制作和埋设，如果设计要求用膨胀螺栓安装吊托支架者，膨胀螺栓可按实际调整，其余不变。

（十四）复合型风管制作安装

1. 工作内容

（1）复合型风管制作　放样、切割、开槽、成型、黏合、制作管件、钻孔、组合。

（2）复合型风管安装　就位、制垫、垫垫、连接、找正、找平、固定。

2. 风管项目规格表示的直径为内径，周长为内周长。

3. 风管制作安装项目中包括管件、法兰、加固框、吊托支架。

二、通风空调工程预算定额工程量计算规则

（一）管道制作安装

（1）风管制作安装以施工图规格不同按展开面积计算，不扣除检查孔、测定孔、送风口、吸风口等所占面积。

$$圆管 \ F = \pi DL$$

式中，F 为圆形风管展开面积，m²；D 为圆形风管直径；L 为管道中心线长度。

矩形风管按图示周长乘以管道中心线长度计算。

（2）风管长度一律以施工图示中心线长度为准（主管与支管以其中心线交点划分），包括弯头、三通、变径管、天圆地方等管件的长度，但不得包括部件所占长度。直径和周长按图示尺寸为准展开，咬口重叠部分已包括在定额内，不得另行增加。

（3）风管导流叶片制作安装按图示叶片的面积计算。

（4）整个通风系统设计采用渐缩管均匀送风者，圆形风管按平均直径、矩形风管按平均周长计算。

（5）塑料风管、复合型材料风管制作安装定额所列规格直径为内径，周长为内周长。

（6）柔性软风管安装，按图示管道中心线长度以"m"为计量单位，柔性软风管阀门安装以"个"为计量单位。

（7）软管（帆布接口）制作安装，按图示尺寸以"m²"为计量单位。

（8）风管检查孔重量，按本定额"国际通风部件标准质量表"计算。

（9）风管测定孔制作安装，按其型号以"个"为计量单位。

（10）薄钢板通风管道、净化通风管道、玻璃钢通风管道、复合型材料通风管道的制作安装中已包括法兰、加固框和吊托支架，不得另行计算。

（11）不锈钢通风管道、铝板通风管道的制作安装中不包括法兰和吊托支架，可按相应定额以"kg"为计量单位另行计算。

（12）塑料通风管道制作安装，不包括吊托支架，可按相应定额以"kg"为计量单位另行计算。

（二）部件制作安装

（1）标准部件的制作，按其成品质量以"kg"为计量单位，根据设计型号、规格，按本册定额"国标通风部件标准质量表"计算质量，非标准部件按图示成品质量计算。部件的安装按图示规格尺寸（周长或直径）以"个"为计量单位，分别执行相应定额。

（2）钢百叶窗及活动金属百叶风口的制作以"m²"为计量单位，安装按规格尺寸以"个"为计量单位。

（3）风帽筝绳制作安装按图示规格、长度，以"kg"为计量单位。

（4）风帽泛水制作安装按图示展开面积以"m²"为计量单位。

（5）挡水板制作安装按空调器断面面积计算。

（6）钢板密闭门制作安装以"个"为计量单位。

（7）设备支架制作安装按图示尺寸以"kg"为计量单位，执行第五册《静置设备与工艺金属结构制作安装工程》定额相应项目和工程量计算规则。

（8）电加热器外壳制作安装按图示尺寸以"kg"为计量单位。

（9）风机减振台座制作安装执行设备支架定额，定额内不包括减振器，应按设计规定另行计算。

（10）高、中、低效过滤器，净化工作台安装以"台"为计量单位，风淋室安装按不同质量以"台"为计量单位。

（11）洁净室安装按质量计算，执行本册定额第八章"分段组装式空调器"安装定额。

（三）通风空调设备安装

（1）风机安装按设计不同型号以"台"为计量单位。

（2）整体式空调机组安装，空调器按不同质量和安装方式以"台"为计量单位；分段组装式空调器按质量以"kg"为计量单位。

（3）风机盘管安装按安装方式不同以"台"为计量单位。

（4）空气加热器、除尘设备安装质量不同以"台"为计量单位。

三、通风空调工程造价计价常用数据

（一）主要材料损耗率

（1）风管、部件板材损耗率　见表 6-5。

表 6-5　风管、部件板材损耗率表

序　号	项　　目	损耗率/%	备　　注
	钢板部分		
1	咬口通风管道	13.80	综合厚度
2	焊接通风管道	8.00	综合厚度
3	圆形阀门	14.00	综合厚度
4	方、矩形阀门	8.00	综合厚度
5	风管插板式风口	13.00	综合厚度
6	网式风口	13.00	综合厚度
7	单、双、三层百叶风口	13.00	综合厚度
8	连动百叶风口	13.00	综合厚度
9	钢百叶窗	13.00	综合厚度
10	活动箅板式风口	13.00	综合厚度
11	矩形风口	13.00	综合厚度
12	单面送吸风口	20.00	$\delta=0.7\sim0.9$
13	双面送吸风口	16.00	$\delta=0.7\sim0.9$
14	单双面送吸风口	8.00	$\delta=1.0\sim1.5$
15	带调节板活动百叶送风口	13.00	综合厚度
16	矩形空气分布器	14.00	综合厚度
17	旋转吹风口	12.00	综合厚度
18	圆形、方形直片散流器	45.00	综合厚度
19	流线型散流器	45.00	综合厚度
20	135 型单层双层百叶风口	13.00	综合厚度
21	135 型带导流片百叶风口	13.00	综合厚度
22	圆伞形风帽	28.00	综合厚度
23	锥形风帽	26.00	综合厚度
24	筒形风帽	14.00	综合厚度
25	筒形风帽滴水盘	35.00	综合厚度
26	风帽泛水	42.00	综合厚度
27	风帽筝绳	4.00	综合厚度
28	升降式排气罩	18.00	综合厚度
29	上吸式侧吸罩	21.00	综合厚度
30	下吸式侧吸罩	22.00	综合厚度
31	上、下吸式圆形回转罩	22.00	综合厚度
32	手煅炉排气罩	10.00	综合厚度
33	升降式回转排气罩	18.00	综合厚度
34	整体、分组、吹吸侧边侧吸罩	10.15	综合厚度
35	各型风罩调节阀	10.15	综合厚度
36	皮带防护罩	18.00	$\delta=1.5$
37	皮带防护罩	9.35	$\delta=4.0$
38	电动机防雨罩	33.00	$\delta=1\sim1.5$
39	电动机防雨罩	10.60	$\delta=4$ 以上
40	中、小型零件焊接工作台排气罩	21.00	综合厚度
41	泥芯烘炉排气罩	12.50	综合厚度
42	各式消声器	13.00	综合厚度
43	空调设备	13.00	$\delta=1$ 以下
44	空调设备	8.00	$\delta=1.5\sim3$
45	设备支架	4.00	综合厚度
	塑料部分		
46	塑料圆形风管	16.00	综合厚度
47	塑料矩形风管	16.00	综合厚度
48	圆形蝶阀(外框短管)	16.00	综合厚度
49	圆形蝶阀(阀板)	31.00	综合厚度
50	矩形蝶阀	16.00	综合厚度
51	插板阀	16.00	综合厚度
52	槽边侧吸罩、风罩调节阀	22.00	综合厚度
53	整体槽边侧吸罩	22.00	综合厚度

序号	项目	损耗率/%	备注
	塑料部分		
54	条缝槽边抽风罩(各型)	22.00	综合厚度
55	塑料风帽(各种类型)	22.00	综合厚度
56	插板式侧面风口	16.00	综合厚度
57	空气分布器类	20.00	综合厚度
58	直片式散流器	22.00	综合厚度
59	柔性接口及伸缩节	16.00	综合厚度
	净化部分		
60	净化风管	14.90	综合厚度
61	净化铝板风口类	38.00	综合厚度
	不锈钢板部分		
62	不锈钢板通风管道	8.00	
63	不锈钢板圆形法兰	150.00	$\delta=4\sim10$
64	不锈钢板风口类	8.00	$\delta=1\sim3$
	铝板部分		
65	铝板通风管道	8.00	
66	铝板圆形法兰	150.00	$\delta=4\sim12$
67	铝板风帽	14.00	$\delta=3\sim6$

（2）型钢及其他材料损耗率　见表 6-6。

表 6-6　型钢及其他材料损耗率表

序号	项目	损耗率/%	序号	项目	损耗率/%
1	型钢	4.0	21	泡沫塑料	5.0
2	安装用螺栓(M12 以下)	4.0	22	方木	5.0
3	安装用螺栓(M12 以上)	2.0	23	玻璃丝布	15.0
4	螺母	6.0	24	矿棉、卡普隆纤维	5.0
5	垫圈($\phi12$ 以下)	6.0	25	泡钉、鞋钉、圆钉	10.0
6	自攻螺钉、木螺钉	4.0	26	胶液	5.0
7	铆钉	10.0	27	油毡	10.0
8	开口销	6.0	28	铁丝	1.0
9	橡胶板	15.0	29	混凝土	5.0
10	石棉橡胶板	15.0	30	塑料焊条	6.0
11	石棉板	15.0	31	塑料焊条(编网格用)	25.0
12	电焊条	5.0	32	不锈钢型材	4.0
13	气焊条	2.5	33	不锈钢带母螺栓	4.0
14	氧气	18.0	34	不锈钢铆钉	10.0
15	乙炔气	18.0	35	不锈钢电焊条、焊丝	5.0
16	管材	4.0	36	铝焊粉	20.0
17	镀锌铁丝网	20.0	37	铝型材	4.0
18	帆布	15.0	38	铝带母螺栓	4.0
19	玻璃板	20.0	39	铝铆钉	10.0
20	玻璃棉、毛毡	5.0	40	铝焊条、焊丝	3.0

（二）国际通风部件标准质量表

国际通风部件标准质量表见表 6-7。

表 6-7　国际通风部件标准质量表

名称	带调节板活动百叶风口		单层百叶风口		双层百叶风口		三层百叶风口	
图号	T202—1		T202—2		T202—2		T202—3	
序号	尺寸($A\times B$)/mm	kg/个	尺寸($A\times B$)/mm	kg/个	尺寸($A\times B$)/mm	kg/个	尺寸($A\times B$)/mm	kg/个
1	300×150	1.45	200×150	0.88	200×150	1.73	250×180	3.66
2	350×175	1.79	300×150	1.19	300×150	2.52	290×180	4.22
3	450×225	2.47	300×185	1.40	300×185	2.85	330×210	5.14
4	500×250	2.94	330×240	1.70	330×240	3.48	370×210	5.84
5	600×300	3.60	400×240	1.94	400×240	4.46	410×280	6.41

名称	带调节板活动百叶风口		单层百叶风口		双层百叶风口		三层百叶风口	
图号	T202—1		T202—2		T202—2		T202—3	
序号	尺寸($A \times B$)/mm	kg/个	尺寸($A \times B$)/mm	kg/个	尺寸($A \times B$)/mm	kg/个	尺寸($A \times B$)/mm	kg/个
6	—	—	470×285	2.48	470×285	5.66	450×280	8.01
7	—	—	530×330	3.05	530×330	7.22	490×320	9.04
8	—	—	550×375	3.59	550×375	8.01	470×320	10.10

名称	联动百叶风口		矩形送风口		矩形空气分布器	
图号	T202—4		T203		T206—1	
序号	尺寸($A \times B$)/mm	kg/个	尺寸($A \times B$)/mm	kg/个	尺寸($A \times B$)/mm	kg/个
1	200×150	1.49	60×52	2.22	300×150	4.95
2	250×195	1.88	80×69	2.84	400×200	6.61
3	300×195	2.06	100×87	3.36	500×250	10.32
4	300×240	2.35	120×104	4.46	600×300	12.42
5	350×240	2.55	140×121	5.40	700×350	17.71
6	350×285	2.83	160×139	6.29		
7	400×330	3.52	180×156	7.36		
8	500×330	4.70	200×173	8.65		
9	500×370	4.50	—			

名称	风管插板式送吸风口				旋转吹风口		地上旋转吹风口	
图号	矩形 T208—1		圆形 T208—2		T209—1		T209—2	
序号	尺寸($B \times C$)/mm	kg/个	尺寸($B \times C$)/mm	kg/个	尺寸($D=A$)/mm	kg/个	尺寸($D=A$)/mm	kg/个
1	200×120	0.88	160×80	0.62	250	10.09	250	13.20
2	240×160	1.20	180×90	0.68	280	11.76	280	15.49
3	320×240	1.95	200×100	0.79	320	14.67	320	18.92
4	400×320	2.96	220×110	0.90	360	17.86	360	22.82
5	—		240×120	1.01	400	20.68	400	26.25
6	—		280×140	1.27	450	25.21	450	31.77
7	—		320×160	1.50	—		—	
8	—		360×180	1.79	—		—	
9	—		400×200	2.10	—		—	
10	—		440×220	2.39				
11	—		500×250	2.94				
12	—		560×280	3.53				

名称	圆形直片散流器		方形直片散流器		流线型散流器	
图号	CT211—1		CT211—2		T211—4	
序号	尺寸(ϕ)/mm	kg/个	尺寸($A \times A$)/mm	kg/个	尺寸(d)/mm	kg/个
1	120	3.01	120×120	2.34	160	3.97
2	140	3.29	160×160	2.73	200	5.45
3	180	4.39	200×200	3.91	250	7.94
4	220	5.02	250×250	5.29	—	
5	250	5.54	320×320	7.43	—	
6	280	7.42	400×400	8.89	—	
7	320	8.22	500×500	12.23	—	
8	360	9.04	—		—	
9	400	10.88	—		—	
10	450	11.98	—		—	
11	500	13.07	—		—	

名称	单面送吸风口				双面送吸风口			
图号	Ⅰ型 T212—1		Ⅱ型 T212—1		Ⅰ型 T212—2		Ⅱ型 T212—2	
序号	尺寸($A \times A$)/mm	kg/个	尺寸(D)/mm	kg/个	尺寸($A \times A$)/mm	kg/个	尺寸(D)/mm	kg/个
1	100×100		100	1.37	100×100		100	1.54
2	120×120	2.01	120	1.85	120×120	2.07	120	1.97
3	140×140		140	2.23	140×140		140	2.32
4	160×160	2.93	160	2.68	160×160	2.75	160	2.76
5	180×180		180	3.14	180×180		180	3.20
6	200×200	4.01	200	3.73	200×200	3.63	200	3.65
7	220×220		220	5.51	220×220		220	5.17
8	250×250	7.12	250	6.68	250×250	5.83	250	6.18
9	280×280		280	8.08	280×280		280	7.42
10	320×320	10.84	320	10.27	320×320	8.20	320	9.06
11	360×360		360	12.52	360×360		360	10.74
12	400×400	15.68	400	14.93	400×400	11.19	400	12.81
13	450×450		450	18.20	450×450		450	15.26
14	500×500	23.08	500	22.01	500×500	15.50	500	18.36

名称	活动算板式风口		网式风口				加热器上通阀	
图号	T261		三面 T262		矩形 T262		T101—1	
序号	尺寸($A \times B$)/mm	kg/个	尺寸($A \times B$)/mm	kg/个	尺寸($A \times B$)/mm	kg/个	尺寸($A \times B$)/mm	kg/个
1	235×200	1.06	250×200	5.27	200×150	0.56	650×250	13.00
2	325×200	1.39	300×200	5.95	250×200	0.73	1200×250	19.68
3	415×200	1.73	400×200	7.95	350×250	0.99	1100×300	19.71
4	415×250	1.97	500×250	10.97	450×300	1.27	1800×300	25.87
5	505×250	2.36	600×250	13.03	550×350	1.81	1200×400	23.19
6	595×250	2.71	620×300	14.19	600×400	2.05	1600×400	28.19
7	535×300	2.80	—	—	700×450	2.44	1800×400	33.78
8	655×300	3.35	—	—	800×500	2.83	—	—
9	775×300	3.70	—	—	—	—	—	—
10	655×400	4.08	—	—	—	—	—	—
11	775×400	4.75	—	—	—	—	—	—
12	895×400	5.42	—	—	—	—	—	—

名称	空气加热器旁通阀							
图号	T101—2							
序号	尺寸(SRZ)/mm		kg/个	尺寸(SRZ)/mm		kg/个	尺寸(SRZ)/mm		kg/个	尺寸(SRZ)/mm		kg/个

序号	尺寸(SRZ)/mm		kg/个	尺寸(SRZ)/mm		kg/个	尺寸(SRZ)/mm		kg/个	尺寸(SRZ)/mm		kg/个
1	D 5×5Z X	1型	11.32	D 10×6Z X	1型	18.14	D 10×7Z X	1型	18.14	D 15×10Z X	1型	25.09
2		2型	13.98		2型	22.45		2型	22.45		2型	31.70
3		3型	14.72		3型	22.73		3型	22.91		3型	30.74
4		4型	18.20		4型	27.99		4型	27.99		4型	37.81
5	D 10×5Z X	1型	18.14	D 15×6Z X	1型	25.09	D 15×7Z X	1型	25.09	D 17×10Z X	1型	28.65
6		2型	22.45		2型	31.70		2型	31.70		2型	35.97
7		3型	22.73		3型	30.74		3型	30.74		3型	35.10
8		4型	27.99		4型	37.81		4型	37.81		4型	42.86
9	D 6×6Z X	1型	12.42	D 7×7Z X	1型	13.95	D 17×7Z X	1型	28.65	D 12×6Z X	1型	21.64
10		2型	15.62		2型	17.48		2型	35.97		2型	26.73
11		3型	16.21		3型	19.95		3型	35.10		3型	26.61
12		4型	20.08		4型	22.07		4型	42.96		4型	32.61

名称	圆形瓣式启动阀				圆形蝶阀（拉链式）			
图号	T301—5				非保温 T302—1		保温 T320—2	
序号	尺寸(ϕA_1)/mm	kg/个	尺寸(ϕA_1)/mm	kg/个	尺寸(D)/mm	kg/个	尺寸(D)/mm	kg/个
1	400	15.06	900	54.80	200	3.63	200	3.85
2	420	16.02	910	53.25	220	3.93	220	4.17
3	450	17.59	1000	63.93	250	4.40	250	4.67
4	455	17.37	1004	65.48	280	4.90	280	5.22
5	500	20.33	1170	72.57	320	5.78	320	5.92
6	520	20.31	1200	82.68	360	6.53	360	6.68
7	550	22.23	1250	86.50	400	7.34	400	7.55
8	585	22.94	1300	89.16	450	8.37	450	8.51
9	600	29.67	—	—	500	13.22	500	11.32
10	620	28.35	—	—	560	16.07	560	13.78
11	650	30.21	—	—	630	18.55	630	15.65
12	715	35.37	—	—	700	22.54	700	19.32
13	750	39.29	—	—	800	26.62	800	22.49
14	780	41.55	—	—	900	32.91	900	28.12
15	800	42.38	—	—	1000	37.66	1000	31.77
16	840	44.21	—	—	1120	45.21	1120	39.42

名称	方形蝶阀（拉链式）				矩形蝶阀（拉链式）						
图号	非保温 T302—3		保温 T302—4		非保温 T302—5				保温 T302—6			
序号	尺寸($A \times A$)/mm	kg/个	尺寸($A \times A$)/mm	kg/个	尺寸($A \times B$)/mm	kg/个	尺寸($A \times B$)/mm	kg/个	尺寸($A \times B$)/mm	kg/个	尺寸($A \times B$)/mm	kg/个
1	120×120	3.04	120×120	3.20	200×250	5.17	320×630	17.44	200×250	5.33	320×63	15.55
2	160×160	3.78	160×160	3.97	200×320	5.85	320×800	22.43	200×320	6.03	320×800	20.07
3	200×200	4.54	200×200	4.78	200×400	6.68	400×500	15.74	200×400	6.87	400×500	13.95
4	250×250	5.68	250×250	5.86	200×500	9.74	400×630	19.27	200×500	9.96	400×630	17.09
5	320×320	7.25	320×320	7.44	250×320	6.45	400×800	24.58	250×320	6.64	400×800	21.91
6	400×400	10.07	400×400	10.28	250×400	7.31	500×630	21.58	250×400	7.51	500×630	18.97
7	500×500	19.14	500×500	16.70	250×500	10.58	500×800	27.40	250×500	10.81	500×800	24.20
8	630×630	27.08	630×630	23.63	250×630	13.29	630×800	30.87	250×630	13.53	630×800	27.14
9	800×800	37.75	800×800	32.67	320×400	12.46	—	—	320×400	11.19	—	—
10	1000×1000	49.55	1000×1000	42.42	320×500	14.18	—	—	320×500	12.64	—	—

名称	钢制蝶阀（手柄式）									
图号	圆形 T302—7				方形 T302—8		矩形 T302—9			
序号	尺寸(D)/mm	kg/个	尺寸(D)/mm	kg/个	尺寸($A \times A$)/mm	kg/个	尺寸($A \times B$)/mm	kg/个	尺寸($A \times B$)/mm	kg/个
1	100	1.95	360	7.94	120×120	2.87	200×250	4.98	320×630	17.11
2	120	2.24	400	8.86	160×160	3.61	200×320	5.66	320×800	22.10
3	140	2.52	450	10.65	200×200	4.37	200×400	6.49	400×500	15.41
4	160	2.81	500	13.08	250×250	5.51	200×500	9.55	400×630	18.94
5	180	3.12	560	14.80	320×320	7.08	250×320	6.26	400×800	34.25
6	200	3.43	630	18.51	400×400	9.90	250×400	7.12	500×630	21.23
7	200	3.72	—	—	500×500	17.70	250×500	10.39	500×800	30.54
8	250	4.22	—	—	630×630	25.31	250×630	13.10	—	—
9	280	6.22	—	—	—	—	320×400	12.13	—	—
10	320	7.06	—	—	—	—	320×500	13.85	—	—

名称	圆形风管止回阀				方形风管止回阀				密闭式斜插板阀			
图号	垂直式 T303—1		水平式 T303—1		垂直式 T303—2		水平式 T303—2		T309			
序号	尺寸(D)/mm	kg/个	尺寸(D)/mm	kg/个	尺寸(A×A)/mm	kg/个	尺寸(A×A)/mm	kg/个	尺寸(D)/mm	kg/个	尺寸(D)/mm	kg/个
1	220	5.53	220	5.69	200×200	6.74	200×200	6.73	80	2.620	210	9.276
2	250	6.22	250	6.41	250×250	8.34	250×250	8.37	90	3.019	220	10.396
3	280	6.95	280	7.17	320×320	10.58	320×320	10.70	100	3.427	240	11.756
4	320	7.93	320	8.26	400×400	13.24	400×400	13.43	110	3.836	250	12.466
5	360	8.98	360	9.33	500×500	19.43	500×500	19.81	120	4.225	260	13.046
6	400	9.97	400	10.36	630×630	26.60	630×630	27.72	130	4.755	380	14.376
7	450	11.25	450	11.73	800×800	36.13	800×800	37.33	140	5.203	300	16.186
8	500	13.69	500	14.19	—		—		150	5.752	320	17.776
9	560	15.42	560	16.14	—		—		160	6.201	340	19.616
10	630	17.42	630	18.26	—		—		170	6.760	—	
11	700	20.81	700	21.85	—		—		180	7.219	—	
12	800	24.12	800	25.68	—		—		190	7.810	—	
13	900	29.53	900	31.13	—		—		200	9.056	—	

名称	手动密闭式对开多叶阀							
图号	T308—1							
序号	尺寸(A×B)/mm	kg/个	尺寸(A×B)/mm	kg/个	尺寸(A×B)/mm	kg/个	尺寸(A×B)/mm	kg/个
1	160×320	8.90	400×400	13.10	1000×500	25.90	1250×800	52.10
2	200×320	9.30	500×400	14.20	1250×500	31.60	1600×800	65.40
3	250×320	9.80	630×400	16.50	1600×500	50.80	2000×800	75.50
4	320×320	10.50	800×400	19.10	250×630	16.10	1000×1000	51.10
5	400×320	11.70	1000×400	22.40	630×630	22.80	1250×1000	61.40
6	500×320	12.70	1250×400	27.40	800×630	33.10	1600×1000	76.80
7	630×320	14.70	200×500	12.80	1000×630	37.90	2000×1000	88.10
8	800×320	17.30	250×500	13.40	1250×630	45.50	1600×1250	90.40
9	1000×320	20.20	500×500	16.70	1600×630	57.70	2000×1250	103.20
10	200×400	10.60	630×500	19.30	800×800	37.90	—	
11	250×400	11.10	800×500	22.40	1000×800	43.10	—	

名称	手动对开式多叶阀							
图号	T308—2							
序号	尺寸(A×B)/mm	kg/个	尺寸(A×B)/mm	kg/个	尺寸(A×B)/mm	kg/个	尺寸(A×B)/mm	kg/个
1	320×160	5.51	400×1000	15.42	630×250	9.80	800×1600	31.54
2	320×200	5.87	400×1250	18.05	630×320	10.57	800×2000	48.38
3	320×250	6.29	500×200	7.85	630×400	11.51	1000×800	23.91
4	320×320	6.90	500×250	8.27	630×500	12.63	1000×1000	28.31
5	320×800	10.99	500×320	9.02	630×630	14.07	1000×1250	30.17
6	320×1000	14.52	500×400	9.84	630×800	16.12	1000×1600	30.16
7	400×200	6.64	500×500	10.84	630×1000	19.83	1000×2000	57.73
8	400×250	7.13	500×800	13.98	630×1250	23.08	1250×160	44.57
9	400×320	7.73	500×1000	17.45	630×1600	27.55	1250×2000	67.47
10	400×400	8.46	500×1250	20.27	800×800	18.86	160×1600	52.45
11	400×800	12.17	500×1600	24.39	800×1250	26.50	1600×2000	78.23

名称	泥芯烘炉排气罩		升降式回转排气罩		止吸式侧吸罩			下吸式侧吸罩		
图号	T407—1、T407—2		T409		T401—1			T401—2		
序号	尺寸	kg/个	尺寸(D)/mm	kg/个	尺寸(A×φ)/mm		kg/个	尺寸(A×φ)/mm		kg/个
1	6m²	191.41	400	18.71	600×200	Ⅰ型	21.73	600×220	Ⅰ型	29.31
2	1.3m³	81.83	500	21.76	600×220	Ⅱ型	25.35	600×220	Ⅱ型	31.03
3	—	—	600	23.83	750×250	Ⅰ型	24.50	750×250	Ⅰ型	32.65
4					750×250	Ⅱ型	28.09	750×250	Ⅱ型	34.35
5					900×280	Ⅰ型	27.12	900×280	Ⅰ型	35.95
6					900×280	Ⅱ型	30.67	900×280	Ⅱ型	37.64

名称	中、小型零件焊接台排气罩			整体槽侧吸罩		分组槽边侧吸罩		分组侧吸罩调节阀	
图号	T401—3			T403—1		T403—1		T403—1	
序号	尺寸(A×B)/mm		kg/个	尺寸(B×C)/mm	kg/个	尺寸(B×C)/mm	kg/个	尺寸(B×C)/mm	kg/个
1	小型	300×200	8.30	120×500	19.13	300×120	14.70	300×120	8.89
2	零件	400×250	9.58	150×600	24.06	370×120	17.49	370×120	10.21
3	台	500×320	11.14	120×500	24.17	450×120	20×46	450×120	11.72
4	中型零件台		25.27	150×600	31.18	550×120	23.46	550×120	13.58
5			—	200×700	35.47	650×120	26.83	650×120	15.48
6			—	150×600	35.72	300×140	15.52	300×140	9.19
7			—	200×700	42.19	370×140	18.41	370×140	10.57
8			—	150×600	41.48	450×140	21.39	450×140	12.11
9			—	200×700	49.43	550×140	24.60	550×140	14.03
10			—	200×600	50.36	650×140	27.86	650×140	15.96
11			—	200×700	59.47	300×160	16.18	300×160	9.69
12				—	—	370×160	19.10	370×160	11.16
13						450×160	22.06	450×160	12.72
14						550×160	25.37	550×160	14.68
15						650×160	28.59	650×160	16.66

名称	槽边吹风罩		槽边吸风罩					
图号	T403—2		T403—2					
序号	尺寸(B×C)/mm	kg/个	尺寸(A×C)/mm	kg/个	尺寸(B×C)/mm	kg/个	尺寸(B×C)/mm	kg/个
1	300×100	12.73	300×100	14.05	370×400	46.30	550×200	37.07
2	300×120	13.61	300×120	16.28	370×500	56.63	550×300	47.70
3	370×100	15.30	300×150	19.27	450×100	19.82	440×400	59.64
4	370×120	16.30	300×200	23.35	450×120	22.73	550×500	72.53
5	450×100	17.81	300×400	38.20	450×200	31.85	650×100	26.17
6	450×120	18.84	300×400	38.20	450×200	31.85	650×120	29.76
7	550×100	20.88	300×500	46.76	450×300	40.88	650×150	34.35
8	550×120	22.04	370×100	17.02	450×400	51.08	650×200	40.91
9	650×100	23.79	370×120	19.71	450×500	62.09	650×300	52.10
10	650×120	24.98	370×150	23.06	550×100	23.16	650×400	64.57
11	—	—	370×200	28.22	550×120	26.48	650×500	78.04
12	—	—	370×300	36.91	550×150	30.93	—	—

名称	槽边吸风罩调节阀						槽边吹风罩调节阀	
图号	T403—2						T403—2	
序号	尺寸(B×C)/mm	kg/个	尺寸(B×C)/mm	kg/个	尺寸(B×C)/mm	kg/个	尺寸(B×C)/mm	kg/个
1	300×100	8.43	370×400	16.86	550×200	15.77	300×100	8.43
2	300×120	8.89	370×500	19.22	550×300	17.97	300×120	8.89
3	300×150	9.55	450×100	11.12	550×400	21.24	370×100	9.72
4	300×200	10.69	450×120	11.71	550×500	24.09	370×120	10.21
5	300×300	12.80	450×150	12.47	650×100	14.89	450×100	11.22
6	300×400	14.98	450×200	13.73	650×120	15.49	450×120	11.71
7	300×500	17.36	450×300	16.26	650×150	16.39	550×100	13.06
8	370×100	9.70	450×400	18.82	650×200	17.81	550×120	13.60
9	370×120	10.21	450×500	21.35	650×300	20.74	650×100	14.89
10	370×150	10.92	550×100	13.06	650×400	23.68	650×120	15.48
11	370×200	12.10	550×120	13.6	650×500	26.98	—	—
12	370×300	14.8	550×150	14.47	—	—	—	—

名称	条缝槽边抽风罩							
图号	单侧Ⅰ型 86T414				单侧Ⅱ型 86T414			
序号	尺寸(A×E×F)/mm	kg/个	尺寸(A×E×F)/mm	kg/个	尺寸(A×E×F)/mm	kg/个	尺寸(A×E×F)/mm	kg/个
1	400×120×120	9.44	600×140×140	19.37	400×120×120	8.01	600×140×140	13.42
2	400×140×120	11.55	600×170×140	21.12	400×140×120	9.21	600×170×140	14.82
3	400×140×120	11.55	800×120×160	18.74	400×140×120	9.21	800×120×160	14.88
4	400×170×120	12.51	800×140×160	23.41	400×170×120	10.16	800×140×160	16.70
5	500×120×140	11.65	800×140×160	27.63	500×120×140	9.84	800×140×160	17.59
6	50×140×140	14.04	800×170×160	29.76	500×140×140	11.09	800×170×160	19.27
7	500×140×140	15.08	1000×120×180	23.51	500×140×140	11.41	1000×120×180	18.71
8	500×170×140	16.64	1000×140×180	28.96	500×170×140	12.67	1000×140×180	20.66
9	600×120×140	14.37	1000×160×180	33.90	500×170×140	11.44	1000×170×180	21.48
10	600×140×140	17.04	1000×170×180	38.09	600×140×140	12.78	1000×170×180	23.74

名称	条缝槽边抽风罩							
图号	双侧Ⅰ型 86T414				双侧Ⅱ型、周边型 86T414			
序号	尺寸(A×E×E)/mm	kg/个	尺寸(A×B×E)/mm	kg/个	尺寸(A×B×E)/mm	kg/个	尺寸(A×B×E)/mm	kg/个
1	600×500×140	27.30	1200×600×140	59.73	600×500×140	36.97	1200×600×140	64.77
2	600×600×140	30.54	1200×700×170	60.46	600×600×140	38.14	1200×700×170	75.95
3	600×700×170	36.42	1200×800×170	67.35	600×700×170	45.21	1200×800×170	79.01
4	800×500×140	38.07	1200×1000×200	82.78	800×500×140	46.62	1200×1000×200	92.74
5	800×600×140	39.32	1200×1200×200	76.92	800×600×140	47.80	1200×1200×200	101.26
6	800×700×170	44.05	1500×700×170	77.76	800×700×170	56.04	1500×700×170	88.43
7	800×800×170	45.12	1500×800×170	80.23	800×800×170	58.84	1500×800×170	91.02
8	1000×500×140	44.26	1500×1000×200	97.08	1000×500×140	59.11	1500×1000×200	107.34
9	1000×600×140	46.42	1500×1200×200	104.47	1000×600×140	60.05	1500×1200×200	116.16
10	1000×700×170	54.70	2000×700×170	102.93	1000×700×170	69.47	2000×700×170	95.57
11	1000×800×170	60.62	2000×800×170	110.97	1000×800×170	71.82	2000×800×170	101.68
12	1000×1000×200	70.41	2000×100×200	123.82	1000×1000×200	84.66	2000×1000×200	118.64
13	1200×500×140	50.80	2000×1200×200	127.83	1200×500×140	63.83	2000×120×200	125.46

名称	LWP 滤尘器支架		LWP 滤尘器安装(框架)				风机减振台座	
图号	T521—1、T521—5		立式、匣式 T521—2		人字式 T521—3		CG327	
序号	尺寸/mm	kg/个	尺寸(A×H)/mm	kg/个	尺寸(A×H)/mm	kg/个	尺寸/mm	kg/个
1	清洗槽	53.11	528×588	8.99	1400×11100	49.25	2.8A	25.20
2	油槽	33.70	528×1111	12.90	2100×1100	73.71	3.2A	28.60
3	晾 Ⅰ型	59.02	528×1634	16.12	2800×1100	98.38	3.6A	30.40
4	干 Ⅱ型	83.95	528×2157	19.35	1400×1633	62.04	4A	34.00
5	架 Ⅲ型	105.32	1051×1111	22.03	2100×1633	92.85	4.5A	39.60
6	—	—	1051×1634	26.07	2800×1633	123.81	5A	47.80
7	—	—	1051×2157	31.32	1400×2156	73.57	6C	211.10
8			1574×1634	33.01	210×2156	110×14	6D	188.80
9			1574×2157	37.64	2800×2156	146.90	8C	291.30
10			2108×2157	57.47	3500×2156	183.45	8D	310.10
11			2642×2157	78.79	3450×2679	215.33	10C	399.50
12			—	—	—	—	10D	310.10
13							12C	600.30
14							12D	415.70
15							16B	693.50

名称	滤水器及溢水盘		风管检查孔		圆伞形风帽		锥形风帽	
图号	T704—11		T614		T609		T610	
序号	尺寸(DN)/mm	kg/个	尺寸(B×D)/mm	kg/个	尺寸(D)/mm	kg/个	尺寸(D)/mm	kg/个
1	滤 70Ⅰ型	11.11	270×230	1.68	200	3.17	200	11.23
2	水 100Ⅱ型	13.68	370×340	2.89	220	3.59	220	12.86
3	器 150Ⅲ型	17.56	520×480	4.95	250	4.28	250	15.17
4	溢 150Ⅰ型	14.76	—	—	280	5.09	280	17.93
5	水 200Ⅱ型	21.69			320	6.27	320	21.96
6	盘 250Ⅲ型	26.79			360	7.66	360	26.28
7					400	9.03	400	31.27
8					450	11.79	450	40.71
9					500	13.97	500	48.26
10					560	16.92	560	58.63
11					630	21.32	630	73.09
12					700	25.54	700	87.68
13					800	40.83	800	114.77
14					900	50.55	900	142.56
15					1000	60.62	1000	172.05
16					1120	75.51	1120	212.98
17					1250	92.40	1250	260.51

名称	上吸式圆回转罩		下吸式圆回转罩		升降式排气罩		手段炉排气罩	
图号	T410—1 (墙上、钢柱上)		T410—2 (钢柱、混凝土柱上)		T412		T413	
序号	尺寸(D)/mm	kg/个	尺寸(D)/mm	kg/个	尺寸(φ₀)/mm	kg/个	尺寸(D)/mm	kg/个
1	320	189.11	320	214.16	400	72.23	400	116
2	400	215.94	400	259.78	600	104.00	450	118
3	450	241.74	450	265.75	800	131.00	500	120

名称	上吸式圆回转罩		下吸式圆回转罩		升降式排气罩		手段炉排气罩	
图号	T410—1 (墙上、钢柱上)		T410—2 (钢柱、混凝土柱上)		T412		T413	
序号	尺寸(D)/mm	kg/个	尺寸(D)/mm	kg/个	尺寸(φ₀)/mm	kg/个	尺寸(D)/mm	kg/个
4	560	335.15	560	338.37	1000	169.00	560	184
5	630	394.30	630	385.46	1200	204.00	630	188
6	—	—	—	—	1500	299.00	700	189
7	—	—	—	—	2000	449.00	—	—

名称	筒形风帽		筒形风帽滴水盘		片式消声器		矿棉管式消声器	
图号	T611		T611—1		T701—1		T701—2	
序号	尺寸(D)/mm	kg/个	尺寸(D)/mm	kg/个	尺寸(A)/mm	kg/个	尺寸(A×B)/mm	kg/个
1	200	8.93	200	4.16	900	972	320×320	32.98
2	280	14.74	280	5.66	1300	1365	320×420	38.91
3	400	26.54	400	7.14	1700	1758	320×520	44.88
4	500	53.68	500	12.97	2500	2544	370×370	38.91
5	630	78.75	630	16.03			370×495	46.50
6	700	94.00	700	18.48			370×620	53.91
7	800	103.75	800	26.24			420×420	44.89
8	900	159.54	900	29.64			420×570	53.91
9	1000	191.33	1000	33.33			420×720	62.88

名称	聚酯泡沫管式消声器		卡普隆管式消声器		弧形声流式消声器		阻抗复合式消声器	
图号	T701—3		T701—4		T701—5		T701—6	
序号	尺寸(A×B)/mm	kg/个	尺寸(A×B)/mm	kg/个	尺寸(A×B)/mm	kg/个	尺寸(A×B)/mm	kg/个
1	300×300	17	360×360	38.44	800×800	639	800×500	82.68
2	300×400	20	360×460	32.93	1200×800	874	800×600	96.08
3	300×500	23	360×560	37.83	—	—	1000×600	120.56
4	350×350	20	410×410	32.93	—	—	1000×800	134.62
5	350×475	23	410×535	39.04			1200×800	111.20
6	350×600	27	410×660	45.01			1200×1000	124.19
7	400×400	23	460×460	37.83			1500×1000	155.10
8	400×550	27	460×610	45.01			1500×1400	214.82
9	400×700	31	460×760	52.10			1800×1330	252.54
10	—	—	—	—			2000×1500	347.65

名称	塑料直片散流器		塑料插板式侧面风口						塑料风机插板阀	
图号	T235—1		Ⅰ型圆形 T236—1		Ⅰ型方形 T236—1		Ⅱ型 T236—1		T351—1	
序号	尺寸(D)/mm	kg/个	尺寸(A×B)/mm	kg/个	尺寸(A×B)/mm	kg/个	尺寸(A×B₁)/mm	kg/个	尺寸(D)/mm	kg/个
1	160	1.97	160×80	0.33	200×120	0.42	360×188	1.93	195	2.01
2	200	2.62	180×90	0.37	240×160	0.54	400×208	2.22	228	2.42
3	250	3.41	200×110	0.41	320×140	1.03	440×228	2.51	260	2.87
4	320	4.46	220×110	0.46	400×320	1.64	500×258	3.00	292	3.34
5	400	9.34	240×120	0.51	—	—	560×288	3.53	325	4.99
6	450	10.51	280×140	0.61	—	—	—	—	390	6.62
7	500	11.67	320×160	0.78	—	—	—	—	455	8.05

名称	塑料直片散流器		塑料插板式侧面风口						塑料风机插板阀	
图号	T235—1		Ⅰ型圆形 T236—1		Ⅰ型方形 T236—1		Ⅱ型 T236—1		T351—1	
序号	尺寸(D)/mm	kg/个	尺寸(A×B)/mm	kg/个	尺寸(A×B)/mm	kg/个	尺寸(A×B₁)/mm	kg/个	尺寸(D)/mm	kg/个
8	560	13.31	360×180	1.12	—	—	—	—	520	10.11
9	—	—	400×200	1.33	—	—	—	—	—	—
10	—	—	440×220	1.52	—	—	—	—	—	—
11	—	—	500×250	1.81	—	—	—	—	—	—
12	—	—	560×280	2.12	—	—	—	—	—	—

名称	塑料空气分布器							
图号	网板式 T231—1		活动百叶 T231—1		矩形 T231—2		圆形 T234—3	
序号	尺寸(A_1×H)/mm	kg/个	尺寸(A_1×H)/mm	kg/个	尺寸(A×H)/mm	kg/个	尺寸(D)/mm	kg/个
1	250×385	1.90	250×385	2.79	300×450	2.89	160	2.62
2	300×480	2.52	300×480	4.19	400×600	4.54	200	3.09
3	350×580	3.33	350×580	5.62	500×710	6.84	250	5.26
4	450×770	6.15	450×770	11.10	600×900	10.33	320	7.29
5	500×870	7.64	500×870	14.16	700×1000	12.91	400	12.04
6	550×965	8.92	550×965	16.47			450	15.47

名称	塑料蝶阀(手柄式)				塑料蝶阀(拉链式)			
图号	圆形 T354—1		方形 T354—1		圆形 T354—2		方形 T354—2	
序号	尺寸(D)/mm	kg/个	尺寸(A×A)/mm	kg/个	尺寸(D)/mm	kg/个	尺寸(A×A)/mm	kg/个
1	100	0.86	120×120	1.13	200	1.75	200×200	2.13
2	120	0.97	160×160	1.49	220	1.89	250×250	2.78
3	140	1.09	200×200	2.15	250	2.26	320×320	4.36
4	160	1.25	250×250	2.87	280	2.66	400×400	7.09
5	180	1.41	320×320	4.48	320	3.22	500×500	10.72
6	200	1.78	400×400	7.21	360	4.81	630×630	17.40
7	220	1.98	500×500	10.84	400	5.71	—	—
8	250	2.35	—	—	450	7.17		
9	280	2.75			500	8.54		
10	320	3.31			560	11.41		
11	360	4.93			630	13.91		
12	400	5.83						
13	450	7.29						
14	500	8.66						

名称	塑料插板阀				塑料整体槽边罩		塑料分组槽边罩	
图号	圆形 T355—1		方形 T355—2		T451—1		T451—1	
序号	尺寸(D)/mm	kg/个	尺寸(A×A)/mm	kg/个	尺寸(B×C)/mm	kg/个	尺寸(B×C)/mm	kg/个
1	200	2.85	200×200	3.39	120×500	6.50	300×120	5.00
2	220	3.14	250×250	4.27	150×600	8.11	370×120	5.93
3	250	3.64	320×320	7.51	120×500	8.29	450×120	7.02
4	280	4.83	400×400	11.11	150×600	10.25	550×120	8.13
5	320	6.44	500×500	17.48	200×700	12.14	650×120	9.19
6	360	8.23	630×630	25.59	150×600	12.39	300×140	5.20

名称	塑料插板阀				塑料整体槽边罩		塑料分组槽边罩	
图号	圆形 T355—1		方形 T355—2		T451—1		T451—1	
序号	尺寸(D)/mm	kg/个	尺寸(A×A)/mm	kg/个	尺寸(B×C)/mm	kg/个	尺寸(B×C)/mm	kg/个
7	400	9.12	—	—	200×700	14.44	370×140	6.32
8	450	11.83	—	—	150×600	14.34	450×140	7.14
9	500	15.33	—	—	200×700	17.12	550×140	8.51
10	560	18.64	—	—	200×600	17.15	650×140	9.59
11	630	21.97	—	—	200×700	20.58	300×160	5.47
12	—	—	—	—	—	—	370×160	6.58
13	—	—	—	—	—	—	450×160	7.59
14	—	—	—	—	—	—	550×160	8.88
15	—	—	—	—	—	—	650×160	9.93

名称	塑料分组罩调节阀		塑料槽边吹风罩		塑料槽吸风罩			
图号	T451—1		T451—2		T451—2			
序号	尺寸(B×C)/mm	kg/个	尺寸(B×C)/mm	kg/个	尺寸(B×C)/mm	kg/个	尺寸(B×C)/mm	kg/个
1	300×120	3.09	300×100	4.41	300×100	4.89	450×120	7.93
2	370×120	3.50	300×120	4.70	300×120	5.68	450×150	9.26
3	450×120	3.96	370×100	5.30	300×150	6.72	400×200	11.15
4	550×120	4.63	370×120	5.63	300×200	8.17	450×300	14.35
5	650×120	5.20	450×100	6.16	300×300	10.64	450×400	17.94
6	300×140	3.25	450×120	6.52	300×400	13.42	450×500	21.86
7	370×140	3.66	550×100	7.23	300×500	16.46	550×100	8.03
8	450×140	4.20	550×120	7.61	370×100	5.92	550×120	9.23
9	550×140	4.82	650×100	8.22	370×120	6.88	550×150	10.79
10	650×140	5.41	650×120	8.64	370×150	8.07	550×200	12.98
11	300×160	3.39	—	—	370×200	9.90	550×300	16.72
12	370×160	3.81	—	—	370×300	12.90	—	—
13	450×160	4.31	—	—	370×400	16.28	—	—
14	550×160	4.99	—	—	370×500	19.62	—	—
15	650×160	5.60	—	—	450×100	6.89	—	—

名称	塑料槽边吸风罩		塑料槽边吸风罩调节阀					
图号	T451—2		T451—2					
序号	尺寸(B×C)/mm	kg/个	尺寸(B×C)/mm	kg/个	尺寸(B×C)/mm	kg/个	尺寸(B×C)/mm	kg/个
1	550×400	20.95	300×100	2.96	370×400	5.64	550×200	5.37
2	550×500	25.51	300×120	3.09	370×500	6.38	550×300	6.21
3	650×100	9.08	300×150	3.33	450×100	3.82	550×400	7.11
4	650×120	10.37	300×200	3.66	450×120	4.00	550×500	7.99
5	650×150	12.00	300×300	4.37	450×150	4.23	650×100	5.02
6	650×200	14.31	300×400	5.10	450×200	4.64	650×120	5.02
7	650×300	18.24	300×500	5.81	450×200	5.43	650×150	5.54
8	650×400	22.66	370×100	3.35	450×400	6.22	650×200	5.99
9	650×500	27.44	370×120	3.50	450×500	7.07	650×300	6.91
10	—	—	370×150	3.76	550×100	4.46	650×400	7.88
11	—	—	370×200	4.16	550×120	4.64	650×500	8.83
12	—	—	370×300	4.86	550×150	4.91	—	—

名称	塑料槽边吹风罩调节阀		塑料条缝槽边排风罩						
图号	T451—2		单侧 A 型 94T415				单侧 B 型 94T415		
序号	尺寸(B×C)/mm	kg/个	尺寸(A×E×F)/mm	kg/个	尺寸(A×E×F)/mm	kg/个	尺寸(A×E×F)/mm	kg/个	尺寸(A×E×F)/mm	kg/个
1	300×100	2.96	400×120×120	2.63	600×140×140	5.36	400×120×120	2.24	600×140×140	3.74
2	300×120	3.09	400×140×120	3.22	600×170×140	5.84	400×140×120	2.58	600×170×140	4.14
3	370×100	3.35	400×140×120	3.22	800×120×160	5.84	300×140×120	2.58	800×120×160	4.12
4	370×120	3.50	400×170×120	3.48	800×140×160	6.46	400×170×120	2.84	800×140×160	4.64
5	450×100	3.82	500×120×140	3.23	800×140×160	7.62	500×120×140	2.74	800×140×160	4.90
6	450×120	4.08	500×140×140	3.89	800×170×160	8.21	500×140×140	3.09	800×170×160	5.36
7	550×100	4.46	500×140×140	4.15	1000×120×180	6.46	500×140×140	3.19	1000×120×180	5.16
8	550×120	4.62	500×170×140	4.61	1000×140×180	7.97	500×170×140	3.53	1000×140×180	5.71
9	650×100	5.02	600×120×140	3.98	1000×140×180	9.33	600×120×140	3.24	1000×140×180	5.96
10	650×120	5.22	600×140×140	4.72	1000×170×180	10.48	600×140×140	3.56	1000×170×180	6.59

名称	塑料圆伞形风帽		塑料锥形风帽		塑料筒形风帽		铝板圆伞形风帽	
图号	T654—1		T654—2		T654—3		T609	
序号	尺寸(D)/mm	kg/个	尺寸(D)/mm	kg/个	尺寸(D)/mm	kg/个	尺寸(D)/mm	kg/个
1	200	2.28	200	4.97	200	5.03	200	1.12
2	220	2.64	220	5.74	220	5.98	220	1.27
3	250	3.41	250	7.02	250	7.87	250	1.53
4	280	4.20	280	9.78	280	9.61	280	1.82
5	320	5.89	320	12.17	320	12.23	320	2.25
6	360	7.79	360	15.18	360	17.18	360	2.75
7	400	9.24	400	18.55	400	22.57	400	3.25
8	450	12.77	450	22.37	450	28.15	450	4.22
9	500	16.25	500	27.69	500	37.72	500	5.01
10	560	19.44	560	35.90	560	49.50	560	6.09
11	630	26.87	630	53.17	630	61.96	630	7.68
12	700	36.58	700	64.89	700	82.21	700	9.22
13	800	45.59	800	82.55	800	105.45	800	14.74
14	900	57.98	900	102.86	900	132.04	900	18.27
15	—	—	—	—	—	—	1000	21.92
16	—	—	—	—	—	—	1120	27.33
17	—	—	—	—	—	—	1250	33.46

注：片式消声器包括外壳及密闭质量。

（三）除尘设备质量表

除尘设备质量表见表 6-8。

表 6-8　除尘设备质量表

名称	CLG 多管式除尘器		CLS 水膜式除尘器		CLT/A 旋风式除尘器			
图号	T501		T503		T505			
序号	型号	kg/个	尺寸(ϕ)/mm	kg/个	尺寸(ϕ)/mm	kg/个	尺寸(ϕ)/mm	kg/个
1	9 管	300	315	83	300 单筒	106	450 三筒	927
2	12 管	400	443	110	300 双筒	132	450 四筒	1053
3	16 管	500	570	190	350 单筒	132	450 六筒	1749
4	—	—	634	227	350 双筒	280	500 单筒	276
5	—	—	730	288	350 三筒	540	500 双筒	584
6	—	—	793	337	350 四筒	615	500 三筒	1160
7	—	—	888	398	400 单筒	175	500 四筒	1320
8	—	—	—	—	400 双筒	358	500 六筒	2154
9	—	—	—	—	400 三筒	688	550 单筒	339
10	—	—	—	—	400 四筒	805	550 双筒	718
11	—	—	—	—	400 六筒	1428	550 三筒	1394
12	—	—	—	—	450 单筒	213	550 四筒	1603

名称	CLT/A 旋风式除尘器		XLP 旋风式除尘器		卧式旋风水膜式除尘器				
T505	T513		CT531		CT531				
序号	尺寸(ϕ)/mm	kg/个	尺寸(ϕ)/mm	kg/个	尺寸(ϕ)/mm	kg/个		尺寸 L/型号	kg/个
1	600 单筒	432	750 单筒	645	300A 型	52		1420/1	193
2	600 双筒	887	750 双筒	1456	300B 型	46		1430/2	231
3	600 三筒	1706	750 三筒	2708	420A 型	94		1680/3	310
4	600 四筒	2059	750 四筒	3626	420B 型	83		1980/4	405
5	600 六筒	3524	750 六筒	5577	540A 型	151	檐板脱水	2285/5	503
6	650 单筒	500	800 单筒	878	540B 型	134		2620/6	621
7	650 双筒	1062	800 双筒	1915	700A 型	252		3140/7	969
8	650 三筒	2050	800 三筒	3356	700B 型	222		3850/8	1224
9	650 四筒	2609	800 四筒	4411	820A 型	346		4155/9	1604
10	650 六筒	4156	800 六筒	6462	820B 型	309		4740/10	2481
11	700 单筒	564	—	—	940A 型	450		5320/11	2926
12	700 双筒	1244	—	—	940B 型	397		31507/7	893
13	700 三筒	2400	—	—	1060A 型	601	旋风脱水	3820/8	1125
14	700 四筒	3189	—	—	1060B 型	498		4235/9	1504
15	700 六筒	4883	—	—	—	—		4760/10	2264
16	—	—	—	—	—	—		5200/11	2636

名称	CLK 扩散式除尘器		CCJ/A 机组式除尘器		MC 脉冲袋式除尘器	
图号	CT533		CT534		CT536	
序号	尺寸(D)/mm	kg/个	型号	kg/个	型号	kg/个
1	150	31	CCJ/A-5	791	24-I	904
2	200	49	CCJ/A-7	956	36-I	1172
3	250	71	CCJ/A-10	1196	48-I	1328
4	300	98	CCJ/A-14	2426	60-I	1633
5	350	136	CCJ/A-20	3277	72-I	1850
6	400	214	CCJ/A-30	3954	84-I	2106
7	450	266	CCJ/A-40	4989	96-I	2264
8	500	330	CCJ/A-60	6764	120-I	2702
9	600	583	—	—	—	—
10	700	780	—	—	—	—

名称	XCX 型旋风式除尘器		XNX 型旋风式除尘器		XP 型旋风式除尘器	
图号	CT537		CT538		CT501	
序号	尺寸(ϕ)/mm	kg/个	尺寸(ϕ)/mm	kg/个	尺寸(ϕ)/mm	kg/个
1	200	20	400	62	200	20
2	300	36	500	95	300	39
3	400	63	600	135	400	66
4	500	97	700	180	500	102
5	600	139	800	230	600	141
6	700	184	900	288	700	193
7	800	234	1000	456	800	250
8	900	292	1100	546	900	307
9	1000	464	1200	646	1000	379
10	1100	555	—	—	—	—
11	1200	653	—	—	—	—
12	1300	761	—	—	—	—

（四）通风管道板材用量计算表

1. 编制各用量计算表所依据的基本公式

（1）每米风管所需板材面积

$$板材面积（m^2/m）=\pi D\times(1+板材损耗率)$$

或

$$板材面积（m^2/m）=2(A+B)\times(1+板材损耗率)$$

式中，D 为风管直径，m；A、B 为风管边长，m。

（2）每米风管所需板材质量

$$板材质量（kg/m）=\pi D\times(1+板材损耗率)\times 每平方米板材质量$$

或

$$板材质量（kg/m）=2(A+B)\times(1+板材损耗率)\times 每平方米板材质量$$

式中，D 为风管直径，m；A、B 为风管边长，m。

2. 板材用量计算表

（1）常用咬口连接圆形风管钢板用量　常用咬口连接圆形风管钢板用量依据下列公式计算。

① 每米风管钢板用量 （m²/m）=3.573D。

② 每米风管钢板用量 （kg/m）=3.573$D\times$每平方米钢板质量。

注：式中 D 为风管直径。

③ 每平方米钢板质量：3.925kg/m² （δ=0.5mm）；7.85kg/m² （δ=1mm）；5.888kg/m² （δ=0.75mm）；9.42kg/m² （δ=1.2mm）。

④ 钢板损耗率为 13.8%。

（2）咬口连接矩形风管钢板用量

① 常用咬口连接矩形风管钢板用量依据下列公式计算。

a. 每米风管钢板用量 （m²/m）=2.276($A+B$)。

b. 每米风管钢板用量 （kg/m）=2.276($A+B$)$\times$每平方米钢板质量。

注：式中 A、B 为风管边长。

② 每平方米钢板质量同上述常用咬口连接图形风管每平方米钢板的质量。

③ 钢板损耗率为 13.8%。

（3）圆形焊接风管钢板用量

① 圆形焊接风管钢板用量依据下列公式计算。

a. 每米风管钢板用量 （m²/m）=3.391D。

b. 每米风管钢板用量 （kg/m）=3.391$D\times$每平方米钢板质量。

注：式中 D 为风管直径。

② 每平方米钢板质量：11.78kg/m² (δ＝1.5mm)；15.7kg/m² (δ＝2mm)；19.63kg/m² (δ＝2.5mm)；23.55kg/m² (δ＝3mm)。

③ 钢板损耗率为8％。

（4）矩形焊接风管钢板用量

① 矩形焊接风管钢板用量依据下列公式计算。

a. 风管钢板用量（m²/m）＝2.16(A＋B)。

b. 风管钢板用量（kg/m）＝2.16(A＋B)×每平方米钢板质量。

注：式中A、B为风管边长。

② 每平方米钢板质量和钢板损耗率同上述圆形焊接风管。

（5）净化风管钢板用量

① 净化风管钢板用量依据下列公式计算。

a. 每米风管钢板用量（m²/m）＝2.298(A＋B)。

b. 每米风管钢板用量（kg/m）＝2.298(A＋B)×每平方米钢板质量。

注：式中A、B为风管边长。

② 每平方米钢板质量同上述常用咬口连接圆形风管。

③ 钢板损耗率为14.9％。

（6）不锈钢风管板材用量

① 不锈钢风管板材用量依据下列公式计算。

a. 每米风管钢板用量（m²/m）＝3.391D。

b. 每米风管钢板用量（kg/m）＝3.391D×每平方米钢板质量。

注：式中D为风管直径。

② 每平方米不锈钢板质量为：15.7kg/m² (δ＝2mm)；23.55kg/m² (δ＝3mm)。

③ 板材损耗率为8％。

（7）风管铝板用量

① 风管铝板用量依据下列公式计算。

a. 每米风管铝板用量（m²/m）＝3.391D。

b. 每米风管铝板用量（kg/m）＝3.391D×每平方米铝板质量。

注：式中D为风管直径。

② 每平方米铝板质量为：5.6kg/m² (δ＝2mm)；8.4kg/m² (δ＝3mm)。

③ 铝板损耗率为8％。

（8）铝板矩形风管铝板用量

① 铝板矩形风管铝板用量依据下列公式计算。

a. 铝板用量（m²/m）＝2.16(A＋B)。

b. 铝板用量（kg/m）＝2.16(A＋B)×每平方米铝板质量。

注：式中A、B为风管边长。

② 每平方米铝板质量和铝板损耗率同上述风管铝板用量。

（9）塑料风管板材用量

① 塑料风管板材用量依据下列公式计算。

a. 塑料板用量（m²/m）＝3.642D。

b. 塑料板用量（kg/m）＝3.642D×每平方米塑料板质量。

注：式中D为风管直径。

② 每平方米塑料板质量按硬质聚氯乙烯板取值，具体数值为：4.44kg/m² (δ＝3mm)；5.92kg/m² (δ＝4mm)；7.4kg/m² (δ＝5mm)；8.88kg/m² (δ＝6mm)；11.84kg/m² (δ＝8mm)。

③ 塑料板损耗率为 16%。

(10) 塑料矩形风管板材用量

① 塑料矩形风管板材用量依据下列公式计算。

a. 塑料板用量 $(m^2/m)=2.32(A+B)$。

b. 塑料板用量 $(kg/m)=2.32(A+B)\times$每平方米塑料板质量。

注：式中 A、B 为风管边长。

② 每平方米塑料板质量和塑料板损耗率同上述塑料风管板材用量。

第三节　通风空调工程量清单项目设置及计算规则

(1) 通风及空调设备及部件制作安装　工程量清单项目设置及工程量计算规则应按表 6-9 的规定执行。

表 6-9　通风及空调设备及部件制作安装（编码：030901）

项目编码	项目名称	项目特征	计量单位	工程量计算规则	工程内容
030901001	空气加热器（冷却器）	(1)规格 (2)质量 (3)支架材质、规格 (4)除锈、刷油设计要求			(1)安装 (2)设备支架制作、安装
030901002	通风机	(1)形式 (2)规格 (3)支架材质、规格 (4)除锈、刷油设计要求		按设计图示数量计算	(1)安装 (2)减振台座制作、安装 (3)设备支架制作、安装 (4)软管接口制作、安装 (5)支架台座除锈、刷油
030901003	除尘设备	(1)规格 (2)质量 (3)支架材质、规格 (4)除锈、刷油设计要求	台		(1)安装 (2)设备支架制作、安装 (3)支架除锈、刷油
030901004	空调器	(1)形式 (2)质量 (3)安装位置		按设计图示数量计算，其中分段组装式空调器按设计图纸所示质量以"kg"为计量单位	(1)安装 (2)软管接口制作、安装
030901005	风机盘管	(1)形式 (2)安装位置 (3)支架材质、规格 (4)除锈、刷油设计要求			(1)安装 (2)软管接口制作、安装 (3)支架制作、安装、除锈、刷油
030901006	制作安装	(1)型号 (2)特征(带视孔或不带视孔) (3)支架材质、规格 (4)除锈、刷油设计要求	个		
030901007	挡水板制作安装	(1)材质 (2)除锈、刷油设计要求	m²	按设计图示数量计算	(1)制作、安装 (2)除锈、刷油
030901008	滤水器、溢水盘制作安装	(1)特征 (2)用途 (3)除锈、刷油设计要求	kg		
030901009	金属壳体制作安装				
030901010	过滤器	(1)型号 (2)过滤功效 (3)除锈、刷油设计要求			(1)安装 (2)框架制作、安装 (3)除锈、刷油
030901011	净化工作台	类型	台		
030901012	风淋室	质量			安装
030901013	洁净室				

（2）通风管道制作安装　工程清单项目设置及工程量计算规则应按表 6-10 的规定执行。

表 6-10　通风管道制作安装（编码：030902）

项目编码	项目名称	项目特征	计量单位	工程量计算规则	工 程 内 容
030902001	碳钢通风管道制作安装	(1)材质 (2)形状 (3)周长或直径 (4)板材厚度 (5)接口形式 (6)风管附件、支架设计要求 (7)除锈、刷油、防腐、绝热及保护层设计要求	m²	(1)按设计图示以展开面积计算，不扣除检查孔、测定孔、送风口、吸风口等所占面积，风管长度一律以设计图示中心线长度为准（主管与支管以其中心线交点划分），包括弯头、三通、变径管、天圆地方等管件的长度，但不包括部件所占的长度。风管展开面积不包括风管、管口重叠部分面积。直径和周长按图示尺寸为准展开 (2)渐缩管：圆形风管按平均直径，矩形风管按平均周长	(1)风管、管件、法兰、零件、支吊架制作、安装 (2)弯头导流叶片制作、安装 (3)过跨风管落地支架制作、安装 (4)风管检查孔制作 (5)温度、风量测定孔制作 (6)风管保温及保护层 (7)风管、法兰、法兰加固框、支吊架、保护层除锈、刷油
030902002	净化通风管制作安装				
030902003	不锈钢板风管制作安装	(1)形状 (2)周长或直径 (3)板材厚度 (4)接口形式 (5)支架法兰的材质 (6)除锈、刷油、防腐、绝热及保护层设计要求			(1)风管制作、安装 (2)法兰制作、安装 (3)吊托支架制作、安装 (4)风管保温、保护层 (5)保护层及支架、法兰除锈、刷油
030902004	铝板通风管道制作安装	(1)形状 (2)周长或直径 (3)板材厚度 (4)接口形式 (5)支架法兰的材质 (6)除锈、刷油、防腐、绝热及保护层设计要求			(1)风管制作、安装 (2)法兰制作、安装 (3)吊托支架制作、安装 (4)风管保温、保护层 (5)保护层及支架、法兰除锈、刷油
030902005	塑料通风管道制作安装				
030902006	玻璃钢通风管道	(1)形状 (2)厚度 (3)周长或直径			(1)制作、安装 (2)支吊架制作安装 (3)风管保温、保护层 (4)保护层及支架、法兰除锈、刷油
030902007	复合型风管制作安装	(1)材质 (2)形状(圆形、矩形) (3)周长或直径 (4)支(吊)架材质、规格 (5)除锈、刷油设计要求			(1)制作、安装 (2)托吊支架制作、安装、除锈、刷油
030902008	柔性软风管	(1)材质 (2)规格 (3)保温套管设计要求	m	按设计图示中心线长度计算，包括弯头、三通、变径管、天圆地方等管件的长度，但不包括部件所占的长度	(1)安装 (2)风管接头安装

（3）通风管道部件制作安装　工程量清单项目设置及工程量计算规则应按表 6-11 的规定执行。

（4）通风工程检测、调试　工程量清单项目设置及工程量计算规则应按表 6-12 的规定执行。

表 6-11　通风管道制作安装（编码：030903）

项目编码	项目名称	项目特征	计量单位	工程量计算规则	工 程 内 容
030903001	碳钢调节阀制作安装	(1)类型 (2)规格 (3)周长 (4)质量 (5)除锈、刷油设计要求		(1)按设计图示数量计算（包括空气加热器上通阀、空气加热器旁通阀、圆形瓣式启动阀、风管蝶阀、风管止回阀、密闭式斜插板阀、矩形风管三通调节阀、对开多叶调节阀、风管防火阀、各类型风罩调节阀制作安装等） (2)若调节阀为成品时,制作不再计算	(1)安装 (2)制作 (3)除锈、刷油
030903002	柔性软风管阀门	(1)材质 (2)规格		按设计图示数量计算	安装
030903003	铝蝶阀	规格			
030903004	不锈钢蝶阀				
030903005	塑料风管阀门制作安装	(1)类型 (2)形状 (3)质量		按设计图示数量计算（包括塑料风管蝶阀、塑料插板阀、各类型风罩塑料调节阀）	
030903006	玻璃负蝶阀	(1)类型 (2)直径或周长	个	按设计图示数量计算	
030903007	碳钢风口、散流器制作安装（百叶窗）	(1)类型 (2)规格 (3)形式 (4)质量 (5)除锈、刷油设计要求		(1)按设计图示数量计算（包括百叶风口、矩形送风口、矩形空气分布器、风管插板风口、旋转吹风口、圆形散流器、方形散流器、流线型散流器、送吸风口、活动算式风口、网式风口、钢百叶窗等） (2)百叶窗按设计图示以框内面积计算 (3)风管插板风口制作已包括安装内容 (4)若风口、分布器、散流器、百叶窗为成品时,制作不再计算	(1)风口制作、安装 (2)散流器制作、安装 (3)百叶窗安装 (4)除锈、刷油
030903008	不锈钢风口、散流器制作安装（百叶窗）			(1)按设计图示数量计算（包括风口、分布器、散流器、百叶窗） (2)若风口、分布器、散流器、百叶窗为成品时,制作不再计算	制作、安装
030903009	塑料风口、散流器制作安装（百叶窗）				
030903010	玻璃钢风口	(1)类型 (2)规格		按设计图示数量计算（包括玻璃钢百叶风口、玻璃钢矩形送风口）	风口安装
030903011	铝及铝合金风口、散流器制作安装	(1)类型 (2)规格 (3)质量		按设计图示数量计算	(1)制作 (2)安装
030903012	碳钢风帽制作安装	(1)类型 (2)规格 (3)形式 (4)质量 (5)风帽附件设计要求 (6)除锈、刷油设计要求		(1)按设计图示数量计算 (2)若风帽为成品时,制作不再计算	(1)风帽制作、安装 (2)筒形风帽滴水盘制作、安装 (3)风帽筝绳制作、安装 (4)风帽泛水制作、安装 (5)除锈、刷油
030903013	不锈钢风帽制作安装				
030903014	塑料风帽制作安装				

项目编码	项目名称	项目特征	计量单位	工程量计算规则	工程内容
030903015	铝板伞形风帽制作安装	(1)类型 (2)规格 (3)形式 (4)质量 (5)风帽附件设计要求 (6)除锈、刷油设计要求		(1)按设计图示数量计算 (2)若伞形风帽为成品时，制作不再计算	(1)铝板伞形风帽制作安装 (2)风帽筝绳制作、安装 (3)风帽泛水制作、安装
030903016	玻璃钢风帽安装	(1)类型 (2)规格 (3)风帽附件设计要求	个	按设计图示数量计算（包括圆伞形风帽、锥形风帽、筒形风帽）	(1)玻璃钢风帽安装 (2)筒形风帽滴水盘安装 (3)风帽筝绳安装 (4)风帽泛水安装
030903017	碳钢罩类制作安装	(1)类型 (2)除锈、刷油设计要求		按设计图示数量计算（包括玻璃带防护罩、电动机防雨罩、侧吸罩、中小型零件焊接台排气罩、整体分组式槽边侧吸罩、吹吸式槽连通风罩、条缝槽边抽风罩、泥芯烘炉排气罩、升降式排气罩、手煅炉排气罩）	(1)制作、安装 (2)除锈、刷油
030903018	塑料罩类制作安装	(1)类型 (2)形式	kg	按设计图示数量计算（包括塑料槽连侧吸罩、塑料槽边风罩、塑料条缝槽边抽风罩）	
030903019	柔性接口及伸缩节制作安装	(1)材质 (2)规格 (3)法兰接口设计要求	m²	按设计图示数量计算	制作、安装
030903020	消声器制作安装	类型	kg	按设计图示数量计算（包括片式消声器、矿棉管式消声器、聚酯泡沫管式消声器、卡普隆纤维管式消声器、弧形水流式消声器、阻抗复合式消声器、微穿孔板消声器、消声弯头）	
030903021	静压箱制作安装	(1)材质 (2)规格 (3)形式 (4)除锈标准、刷油防腐设计要求	m²	按设计图示数量计算	(1)制作、安装 (2)支架制作、安装 (3)除锈、刷油、防腐

表 6-12　通风工程检测、调试（编码：030904）

项目编码	项目名称	项目特征	计量单位	工程量计算规则	工程内容
030904001	通风工程检测、调试	系统	系统	按由通风设备、管道及部件等组成的通风系统计算	(1)管道漏光试验 (2)漏风试验 (3)通风管道风量测定 (4)风压测定 (5)温度测定 (6)各系统风口、阀门调整

（5）通风空调工程适用于通风（空调）设备及部件、通风管道及部件的制作安装工程。

第四节　通风空调工程计价实例

投 标 总 价

建 设 单 位：＿＿＿＿＿＿＿＿＿＿＿×××＿＿＿＿＿＿＿＿＿＿＿

工 程 名 称：＿＿＿＿＿＿＿＿＿某办公楼空调工程＿＿＿＿＿＿＿＿＿

投 标 总 价(小写)：＿＿＿＿＿＿＿＿1913971.32＿＿＿＿＿＿＿＿

　　　　(大写)：＿＿＿＿壹佰玖拾壹万叁仟玖佰柒拾壹元叁角贰分＿＿＿＿

投 标 人：＿＿＿＿＿＿×××＿＿＿＿＿＿　(单位签字盖章)

法定代表人：＿＿＿＿＿＿×××＿＿＿＿＿＿　(签字盖章)

编 制 时 间：＿＿＿＿＿2009-01-28＿＿＿＿＿

某办公楼空调工程
工程量清单报价表

投　标　人：＿＿＿＿＿＿＿＿＿×××＿＿＿＿＿＿＿＿＿＿　（单位签字盖章）

法定代表人：＿＿＿＿＿＿＿＿＿×××＿＿＿＿＿＿＿＿＿＿　（签字盖章）

造价工程师及注册证号：＿＿＿＿＿＿×××　×××＿＿＿＿＿＿　（签字盖执业专用章）

编　制　时　间：＿＿＿＿＿＿2009-01-28＿＿＿＿＿＿＿＿＿

单位工程费汇总表

工程名称：某办公楼空调工程

序　号	项目名称	金额(元)
一	分部分项工程量清单计价合计	1503042.2
1.1	其中：人工费＋机械费	627562.38
二	措施项目费	129277.86
三	其他项目费	
四	税费前工程选价合计	1632320.06
五	规费	215693.19
5.1	工程排污费	
5.2	社会保障费	164358.59
5.2.1	养老保险	102669.21
5.2.2	失业保险	10292.02
5.2.3	医疗保险	41105.34
5.2.4	生育保险	5146.01
5.2.5	工伤保险	5146.01
5.3	住房公积金	51334.6
5.4	危险作业意外伤害保险	
六	工程定额测定费	2217.62
七	税金	63740.45
	合　计	1913971.32

分部分项工程量清单计价表

工程名称：某办公楼空调工程

序号	项目编码	项目名称	计量单位	工程数量	金额/元 综合单价	金额/元 合价
	C	安装工程				
	C.9	通风空调工程				
1	030901004016	整体式空调机组安装　制冷量 110kW 以下	台	20	699.5	13990
2	030902001006	镀锌薄钢板矩形风管制作安装($\delta=1.2$mm 以内咬口)　周长 800mm 以下	10m²	24.7	1137.19	28088.59
3	030902001007	镀锌薄钢板矩形风管制作安装($\delta=1.2$mm 以内咬口)　周长 2000mm 以下	10m²	19.8	1024.35	20282.13
4	030902001008	镀锌薄钢板矩形风管制作安装($\delta=1.2$mm 以内咬口)　周长 4000mm 以下	10m²	62.2	975.72	60689.78
5	030902001009	镀锌薄钢板矩形风管制作安装($\delta=1.2$mm 以内咬口)　周长 4000mm 以上	10m²	49.3	1069.23	52713.04
6	030901005001	风机盘管安装　吊顶式	台	1368	148.16	202682.88
7	030902009010	软管接口制作安装	m²	1954	276.89	541043.06
8	030902009012	温度、风量测定孔制作安装 T615	个	20	51.86	1037.2
9	030903001012	碳钢圆、方形风管止回阀安装　周长 800mm 以内	个	635	21.48	13639.8
10	030903001015	碳钢圆、方形风管止回阀安装　周长 3200mm 以内	个	273	48.08	13125.84
11	030903011007	铝及铝合金旋流风口安装　直径 800mm 以内	个	1262	219.78	277362.36
12	030903011020	铝及铝合金百叶风口安装　周长 4000mm 以内	个	652	82.08	53516.16
13	030903020034	阻抗复合式消声器安装　截面积 3.5m² 以下	10 个	39.6	2488.39	98540.24
14	030904001001	系统调整费	系统	1	74533.95	74533.95
15	030905001001	高层增加费	项	1	34476.01	34476.01
16	030905001002	超高增加费	项	1		
17	030905001005	脚手架搭拆费	项	1	17200.14	17200.14
18	030901002001	离心式通风机安装　型号 4-72 16B (1)风机台座制作安装 CG327：375kg/台 (2)帆布接口：10m²	台	1	60.51	60.51
19	030901002016	离心式通风机安装　风量 4500m³/h 以下 (1)离心式通风机安装 4-72 12C (2)风机台座制作安装 CG327：375kg/台 (3)帆布接口：2.95m²	台	1	60.51	60.51
		合计				1503042.2

分部分项工程量清单综合单价分析表

工程名称：某办公楼空调工程

单位：元

| 序号 | 项目编码 | 项目名称 | 工程内容 | 综合单价组成 | | | | | | | 综合单价 |
				人工费	材料费	主材费	机械使用费	管理费	利润	
1	03090100 4016	整体式空调机组安装制冷量 110kW以下	整体式空调机组安装 制冷量 110kW以下	391.88	3.74		49.11	74.09	95.25	
			超高增加费——超高费（±标高 3.6～12m，通风空调工程）	61.72				10.37	13.33	699.5
			合计	453.6	3.74		49.11	84.46	108.58	
2	03090200 1006	镀锌薄钢板矩形风管制作安装（δ=1.2mm以内咬口）周长 800mm以下	镀锌薄钢板矩形风管制作安装（δ=1.2mm以内咬口）周长 800mm以下	359.35	256.68	254.23	36.57	66.51	85.52	
			镀锌钢板δ0.5mm			254. 2291984				1137.19
			超高增加费——超高费（±标高 800mm以下，通风空调工程）	56.6				9.51	12.23	
			合计	415.95	256.68	254.23	36.57	76.02	97.75	
3	03090200 1007	镀锌薄钢板矩形风管制作安装（δ=1.2mm以内咬口）周长 2000mm以下	镀锌薄钢板矩形风管制作安装（δ=1.2mm以内咬口）周长 2000mm以下	261.63	213.41	364.73	19.57	47.24	60.74	
			镀锌钢板δ0.75mm			364.729				1024.35
			超高增加费——超高费（±标高 3.6～12m，通风空调工程）	41.21				6.92	8.9	
			合计	302.84	213.41	364.73	19.57	54.16	69.64	
4	03090200 1008	镀锌薄钢板矩形风管制作安装（δ=1.2mm以内咬口）周长 4000mm以下	镀锌薄钢板矩形风管制作安装（δ=1.2mm以内咬口）周长 4000mm以下	196.62	174.99	470.79	10.81	34.85	44.8	
			镀锌钢板δ1mm			470. 7905997				975.72
			超高增加费——超高费（±标高 3.6～12m，通风空调工程）	30.97				5.2	6.69	
			合计	227.59	174.99	470.79	10.81	40.05	51.49	

续表

序号	项目编码	项目名称	工程内容	人工费	材料费	主材费	机械使用费	管理费	利润	综合单价
5	030902001009	镀锌薄钢板矩形风管制作安装（周长4000mm以上）	镀锌薄钢板矩形风管制作安装（δ=1.2mm以内咬口）周长4000mm以上	238.8	205.04		7.84	41.44	53.27	1069.23
			镀锌钢板δ1.2mm 超高增加费——超高费（±标高3.6~12m，通风空调工程）	37.61		470.7906004		6.32	8.12	
			合计	276.41	205.04	470.79	7.84	47.76	61.39	
6	030901005001	风机盘管安装 吊顶式	风机盘管安装 吊顶式	48.85	73.2		5.31	9.1	11.7	148.16
			合计	48.85	73.2		5.31	9.1	11.7	
7	030902009010	软管接口制作安装	软管接口制作安装	81.14	144.02		2.08	13.98	17.98	276.89
			超高增加费——超高费（±标高3.6~12m，通风空调工程）	12.78				2.15	2.76	
			合计	93.92	144.02		2.08	16.13	20.74	
8	030902009012	温度、风量测定孔制作安装 T615	温度、风量测定孔制作安装 T615	24.03	9.25		2.98	4.54	5.83	51.86
			超高增加费——超高费（±标高3.6~12m，通风空调工程）	3.78				0.64	0.82	
			合计	27.81	9.25		2.98	5.18	6.65	
9	030903001012	碳钢圆、方形风管止回阀安装 周长800mm以内	碳钢圆、方形风管止回阀安装 周长800mm以内	9.86	5.68			1.66	2.13	21.48
			超高增加费——超高费（±标高3.6~12m，通风空调工程）	1.55				0.26	0.34	
			合计	11.41	5.68			1.92	2.47	
10	030903001015	碳钢圆、方形风管止回阀安装 周长3200mm以内	碳钢圆、方形风管止回阀安装 周长3200mm以内	19.7	16.52			3.31	4.26	48.08
			超高增加费——超高费（±标高3.6~12m，通风空调工程）	3.1				0.52	0.67	
			合计	22.8	16.52			3.83	4.93	
11	030903011007	铝及铝合金旋流风口安装 直径800mm以内	铝及铝合金旋流风口安装 直径800mm以内	104.03	53.13			17.48	22.47	219.78
			超高增加费——超高费（±标高3.6~12m，通风空调工程）	16.38				2.75	3.54	
			合计	120.41	53.13			20.23	26.01	

序号	项目编码	项目名称	工程内容	综合单价组成						综合单价
				人工费	材料费	主材费	机械使用费	管理费	利润	
12	030903011020	铝及铝合金百叶风口安装 周长4000mm以内	铝及铝合金百叶风口安装 周长4000mm以内	42.58	12.03		1.33	7.38	9.48	
			超高增加费——超高费(土标高3.6~12m, 通风空调工程)	6.71				1.13	1.45	82.08
			合计	49.29	12.03		1.33	8.51	10.93	
13	030903020034	阻抗复合式消声器安装 截面积3.5m²以下	阻抗复合式消声器安装 截面积3.5m²以下	1406.63	235			236.31	303.83	
			超高增加费——超高费(土标高3.6~12m, 通风空调工程)	221.54				37.22	47.85	2488.39
			合计	1628.17	235			273.53	351.68	
14	030904001001	系统调整费	系统调试费——系统调试费(通风空调工程)	17001.36	51004.07			2856.23	3672.29	74533.95
			合计	17001.36	51004.07			2856.23	3672.29	
15	030905001001	高层增加费	高层建筑增加费——19~21层(通风空调工程)	24910.41				4184.95	5380.65	34476.01
			合计	24910.41				4184.95	5380.65	
17	030905001005	脚手架搭拆费	脚手架搭拆——脚手架搭拆(通风空调工程)	3923.39	11770.17			659.13	847.45	17200.14
			合计	3923.39	11770.17			659.13	847.45	
18	030901002001	离心式通风机安装 风量4500m³/h以下 4-72 16B (1)风机台座制作安装 CG327;375kg/台 (2)帆布接口:10m²	离心式通风机安装 风量4500m³/h以下	33.53	14.11			5.63	7.24	60.51
			合计	33.53	14.11			5.63	7.24	
19	030901002016	离心式通风机安装 风量4500m³/h以下 离心式通风机安装 4-72;12C (1)风机台座制作安装 CG327;375kg/台 (2)帆布接口 (3)帆布接口	离心式通风机安装 风量4500m³/h以下	33.53	14.11			5.63	7.24	60.51
			合计	33.53	14.11			5.63	7.24	

分部分项工程量清单综合单价计算表

工程名称：某办公楼空调工程　　　　　　　　　　　　　　　　　　　　　　　计量单位：台

项目编码：030901004016　　　　　　　　　　　　　　　　　　　　　　　　工程数量：20

项目名称：整体式空调机组安装　制冷量110kW以下　　　　　　　　　　　综合单价：699.5元

序号	定额编码	工程内容	单位	数量	其中：(元)					
					人工费	材料费	机械费	管理费	利润	小计
1	9-38	整体式空调机组安装制冷量110kW以下	台	20	391.88	3.74	49.11	74.09	95.25	614.07
2	9-511	超高增加费——超高费(±标高3.6~12m,通风空调工程)	元	1	61.72			10.37	13.33	85.42

其余略。

措施项目清单计价表

工程名称：某办公楼空调工程

序　号	项 目 名 称	金额/元
一	措施项目	129277.86
1	安全文明施工措施费	60245.99
2	夜间施工增加费	
3	二次搬运费	
4	已完工程及设备保护费	
5	冬雨季施工费	43929.37
6	市政工程干预费	25102.5
7	焦炉施工大棚(C.4炉窑砌筑工程)	
8	组装平台(C.5静置设备与工艺金属结构制作安装工程)	
9	格架式抱杆(C.5静置设备与工艺金属结构制作安装工程)	
10	其他措施项目费	
	合计	129277.86

其他项目清单计价表

工程名称：某办公楼空调工程

序　号	项 目 名 称	金额/元
1	暂列金额	
2	暂估价	
2.1	材料暂估价	
2.2	专业工程暂估价	
3	计日工	
4	总承包服务费	
5	工程担保费	
	合计	

零星工作项目计价表

工程名称：某办公楼空调工程

序号	名　称	计量单位	数量	金额/元	
				综合单价	合价
1	人工				
	技工	工日	25	55	1375
	小计				1375
2	材料				
	角钢	kg	1350	3.5	4725
	小计				4725
3	机械				
	角磨机	台班	30	85	2550
	小计				2550
	合计				8650

措施项目费分析表

工程名称：某办公楼空调工程

序号	措施项目名称	单位	数量	金额/元					
				人工费	材料费	机械使用费	管理费	利润	小计
一	措施项目				129277.86				129277.86
1	安全文明施工措施费	项	1		60245.99				60245.99
2	夜间施工增加费	项	1						
3	二次搬运费	项	1						
4	已完工程及设备保护费	项	1						
5	冬雨季施工费	项	1		43929.37				43929.37
6	市政工程干预费	项	1		25102.5				25102.5
7	焦炉施工大棚(C.4 炉窑砌筑工程)	项	1						
8	组装平台(C.5 静置设备与工艺金属结构制作安装工程)	项	1						
9	格架式抱杆(C.5 静置设备与工艺金属结构制作安装工程)	项	1						
10	其他措施项目费	项	1						
	合计			129277.86					129277.86

清单项目工料机分析表

工程名称：某办公楼空调工程
清单编码：030901004016　　　　　　　　　　　　　　　清单数量：20
清单名称：整体式空调机组安装　制冷量110kW以下　　　综合单价：699.5元

序号	编号	名　　称	单位	数量	单价	费用单价
一		直接费	元	(1)+(2)+(3)+(4)+(5)		506.45
1		人工费	元			453.6
	RGFTZ	人工费调整	元	61.721	1	61.72
	R00002	普工	工日	2.757	40	110.28
	R00001	技工	工日	5.12	55	281.6
2		材料费	元			3.74
	CLFTZ	材料费调整	元		1	
	C00605	棉纱头	kg	0.45	8.3	3.74
3		机械费	元			49.11
	JXFTZ	机械费调整	元		1	
	05009	电动卷扬机单筒慢速30kN	台班	0.45	109.13	49.11
4		主材费	元			
5		设备费	元			
二		管理费	元	*16.80		84.46
三		利润	元	*21.60		108.59
四		综合成本	元	(一)+(二)+(三)		699.5

单位工程主材汇总表

工程名称：某办公楼空调工程

序号	名称及规格	单位	材料量	市场价	合计
1	镀锌钢板δ0.75mm	m²	225.324	32.05	7221.63
2	镀锌钢板δ0.5mm	m²	281.086	22.34	6279.46
3	镀锌钢板δ1mm	m²	707.836	41.37	29283.18
4	镀锌钢板δ1.2mm	m²	561.034	41.37	23209.98
5	风机盘管	台	1368		
	合计				65994.25

参 考 文 献

[1] 中华人民共和国住房和城乡建设部主编. 建设工程工程量清单计价规范. GB 50500—2008. 北京：中国计划出版社，2008.

[2] 《建设工程工程量清单计价规范》编制组. 建设工程工程量清单计价规范. GB 50500—2008. 宣贯辅导教材. 北京：中国计划出版社，2008. 09.

[3] 全国统一安装工程预算定额：第二册 电气设备安装工程. GYD-202—2000. 北京：中国计划出版社，2001. 07.

[4] 全国统一安装工程预算定额：第七册 消防及安全防范设备安装工程. GYD-207—2000. 北京：中国计划出版社，2001. 07.

[5] 全国统一安装工程预算定额：第八册 给排水、采暖、燃气工程. GYD-208—2000. 北京：中国计划出版社，2001. 07.

[6] 全国统一安装工程预算定额：第九册 通风空调工程. GYD-209—2000. 北京：中国计划出版社，2001. 07.

[7] 建设部标准定额研究所·全国统一安装工程预算定额编制说明. 北京：中国计划出版社，2003. 08.

[8] 中华人民共和国建设部标准定额司. 全国统一安装工程预算工程量计算规则. 北京：中国计划出版社，2001. 07.

[9] 辽宁省定额站. 辽宁省建设工程计价依据安装工程计价定额：第二册 电气设备安装工程. 沈阳：沈阳出版社，2008. 07.

[10] 辽宁省定额站. 辽宁省建设工程计价依据安装工程计价定额：第七册 消防及安全防范设备安装工程. 沈阳：沈阳出版社，2008. 07.

[11] 辽宁省定额站. 辽宁省建设工程计价依据安装工程计价定额. 第八册 给排水、采暖、燃气工程. 沈阳：沈阳出版社，2008. 07.

[12] 辽宁省定额站. 辽宁省建设工程计价依据安装工程计价定额：第九册 通风空调工程. 沈阳：沈阳出版社，2008. 07.

[13] 辽宁省建设厅，辽宁省财政厅. 辽宁省建设工程计价依据建设工程费用标准. 沈阳：辽宁人民出版社，2008.

[14] 于国清主编. 建筑设备工程CAD制图与识图. 北京：机械工业出版社，2009. 01.

[15] 张玉萍主编. 新编建筑设备工程. 北京：化学工业出版社，2008. 07.

[16] 《建筑安装工程预决算与工程量清单计价一本通安装工程》编委会. 建筑安装工程预决算与工程量清单计价一本通安装工程. 北京：地震出版社，2007. 08.

[17] 张清奎主编. 建筑安装工程预算员必读. 北京：中国建筑工业出版社，2006. 08.

[18] 管锡珺，夏宪成主编. 建筑安装计量与计价. 北京：中国电力出版社，2009. 02.

[19] 马爱华主编. 看图学水暖安装工程预算. 北京：中国电力出版社，2008. 09.

[20] 张振迎主编. 建筑设备安装技术与实例. 北京：化学工业出版社，2009. 05.

[21] 张志成，何国欣主编. 工程量清单计价. 郑州：黄河水利出版社，2009. 02.

[22] 祁慧增主编. 工程量清单招投标案例. 郑州：黄河水利出版社，2007. 04.

[23] 吴信平主编. 建筑电气安装工程计价. 北京：机械工业出版社，2009. 01.

[24] 张宝军等编著. 建筑设备工程计量计价与应用. 北京：中国建筑工业出版社，2007. 08.

[25] 姜玲主编. 装饰工程工程量清单与招投标. 北京：中国电力出版社，2009. 06.